普通高等教育"十三五"规划教材

中兽医学

杨雨辉 主 编

陈 云 魏 荣 张 红 张德显 副主编

中国林业出版社

内 容 简 介

本书包括绪论及6篇内容,其中,绪论主要介绍中兽医学的概念、发展简史、基本特点以及学习中兽医学的目的和方法;第一至第五章为第一篇,主要介绍的是中兽医学的基础理论;第六至第八章为第二篇,主要介绍的是中兽医学的辨证论治学基础;第九至第二十二章为第三篇,主要介绍的是中兽医学的中药及方剂;第二十三、第二十四章为第四篇,主要介绍的是针灸;第二十五章、第二十六章为第五篇,主要介绍的是病证防治;最后一篇是中兽医学实验指导。本书参考了历代医家论著并结合作者多年的教学经验,将各部分知识都配上了朗朗上口的歌诀,容易记忆。本书适合动物医学、动物科学专业的本科生、高等职业院校相关专业的学生及兽医从业人员使用。

图书在版编目(CIP)数据

中兽医学/杨雨辉主编. — 北京:中国林业出版社,2019.10(2021.5重印)
普通高等教育"十三五"规划教材
ISBN 978-7-5219-0370-6

Ⅰ.①中⋯ Ⅱ.①杨⋯ Ⅲ.①中兽医学 Ⅳ.①S853

中国版本图书馆 CIP 数据核字(2019)第 274652 号

中国林业出版社·教育分社

策划编辑:高红岩　　责任编辑:高红岩　李树梅　　责任校对:苏　梅
电　　话:(010)83143554　传　真:(010)83143516

出版发行	中国林业出版社(100009　北京市西城区德内大街刘海胡同7号) E-mail:jiaocaipublic@ 163. com　电话:(010)83143500 http://www.forestry.gov.cn/lycb.html
经　　销	新华书店
印　　刷	三河市祥达印刷包装有限公司
版　　次	2019 年 10 月第 1 版
印　　次	2021 年 5 月第 2 次印刷
开　　本	850mm×1168mm　1/16
印　　张	18.75
字　　数	450 千字
定　　价	45.00 元

未经许可,不得以任何方式复制或抄袭本书之部分或全部内容。

版权所有　侵权必究

前　言

中兽医学是我国高等农业院校动物医学专业的重要课程之一，是研究中国传统兽医的理、法、方、药及针灸技术，以防治家畜疾病为主要内容的一门综合性课程。本书参考了国内近年出版的有关中兽医学和中医学的教材，从基础理论、辨证论治基础、中药及方剂、针灸和病证防治5个部分，系统地阐述了中兽医学的基本理论知识。

中兽医学源远流长、博大精深，知识点较多，且较难记忆。为了能使其适应高等院校动物医学专业的教学，便于学生理解和记忆，本书将中兽医学中的知识点进行了凝练。同时，本书将中兽医学的重点和难点编成歌诀，使其更加容易记忆。本书歌诀是海南大学教育教学改革研究项目"hdjy1952"的研究成果，本书是海南大学名师工作室项目"hdms202015"的成果，该项目内容填补了中兽医学该方面的空白。

因编写人员的水平所限，书中难免还会存在不当之处，敬请广大读者批评指正。

编　者
2019年6月

目　录

前　言

绪　论 ……………………………………………………………………………………… 1
 一、中兽医学的概念 …………………………………………………………………… 1
 二、中兽医学发展简史 ………………………………………………………………… 1
 三、中兽医学的基本特点 ……………………………………………………………… 4
 四、学习中兽医学的目的和方法 ……………………………………………………… 5

第一篇　基础理论

第一章　阴阳五行 ……………………………………………………………………… 9
 第一节　阴阳学说 ………………………………………………………………………… 9
  一、阴阳学说的基本概念 ……………………………………………………………… 9
  二、阴阳学说的基本内容 ……………………………………………………………… 9
  三、阴阳学说在中兽医学中的应用 …………………………………………………… 10
 第二节　五行学说 ………………………………………………………………………… 12
  一、五行学说的基本概念 ……………………………………………………………… 12
  二、五行学说的基本内容 ……………………………………………………………… 12
  三、五行学说在中兽医学中的应用 …………………………………………………… 14
 第三节　阴阳学说和五行学说的相互关系 …………………………………………… 15

第二章　脏　腑 ………………………………………………………………………… 16
 第一节　概说 ……………………………………………………………………………… 16
  一、脏腑学说的概念 …………………………………………………………………… 16
  二、脏腑学说的内容 …………………………………………………………………… 16
 第二节　五脏 ……………………………………………………………………………… 17
  一、心 …………………………………………………………………………………… 17
  二、肺 …………………………………………………………………………………… 18
  三、脾 …………………………………………………………………………………… 20
  四、肝 …………………………………………………………………………………… 21
  五、肾 …………………………………………………………………………………… 23

第三节　六腑 ··· 25
　　　一、胆 ··· 25
　　　二、胃 ··· 25
　　　三、小肠 ··· 25
　　　四、大肠 ··· 26
　　　五、膀胱 ··· 26
　　　六、三焦 ··· 26
　　第四节　脏腑之间的关系 ·· 26
　　　一、脏与脏之间的关系 ··· 26
　　　二、腑与腑之间的关系 ··· 28
　　　三、脏与腑之间的关系 ··· 29

第三章　气、血、津液 ·· 30
　　第一节　气 ·· 30
　　　一、气的基本概念 ·· 30
　　　二、气的生成 ·· 30
　　　三、气的运动 ·· 30
　　　四、气的生理功能 ·· 30
　　　五、气的分类 ·· 31
　　第二节　血 ·· 31
　　　一、血的概念 ·· 31
　　　二、血的生成 ·· 32
　　　三、血的生理功能 ·· 32
　　第三节　津液 ··· 32
　　　一、津液的概念 ··· 32
　　　二、津液的生成、输布和排泄 ·· 32
　　第四节　气、血、津液之间的关系 ·· 33
　　　一、气和血的关系 ·· 33
　　　二、气和津液的关系 ··· 33
　　　三、血和津液的关系 ··· 34

第四章　经　络 ··· 35
　　第一节　经络的基本概念和经络系统 ··· 35
　　　一、经络的概念 ··· 35
　　　二、经络系统的组成 ··· 35
　　第二节　十二经脉 ·· 36
　　　一、十二经脉的命名 ··· 36
　　　二、十二经脉的循行路线 ··· 37
　　　三、十二经脉的流注次序 ··· 37
　　第三节　经络的主要作用 ··· 38

一、生理方面 ··· 38
　　二、病理方面 ··· 38
　　三、治疗方面 ··· 38
第五章　病因病机 ··· 39
　第一节　病因病机的基本概念 ··· 39
　第二节　病因 ··· 39
　　一、外感致病因素 ·· 39
　　二、内伤致病因素 ·· 42
　　三、其他致病因素 ·· 42
　第三节　病机 ··· 43
　　一、正邪消长 ··· 43
　　二、升降失常 ··· 44
　　三、阴阳失调 ··· 44

第二篇　辨证论治基础

第六章　诊　法 ··· 47
　第一节　望诊 ··· 47
　　一、望全身 ·· 47
　　二、望局部 ·· 47
　　三、察口色 ·· 49
　第二节　闻诊 ··· 50
　　一、闻声音 ·· 50
　　二、嗅气味 ·· 51
　第三节　问诊 ··· 51
　第四节　切诊 ··· 51
　　一、切脉 ··· 51
　　二、触诊 ··· 52
第七章　辨　证 ··· 53
　第一节　基本概念 ·· 53
　第二节　八纲辨证 ·· 53
　　一、表里 ··· 53
　　二、寒热 ··· 55
　　三、虚实 ··· 56
　　四、阴阳 ··· 57
　　五、八纲辨证与八证论 ··· 58
　第三节　脏腑辨证 ·· 58
　　一、心与小肠病证 ·· 58

二、肝与胆病证 60
　　三、脾与胃病证 62
　　四、肺与大肠病证 66
　　五、肾与膀胱病证 69
　第四节　六经和卫气营血辨证 70
　　一、六经病证 70
　　二、卫气营血病证 72

第八章　防治法则 74
　第一节　预防 74
　　一、未病先防 74
　　二、既病防变 74
　第二节　治则 74
　　一、扶正与祛邪 74
　　二、调整阴阳 75
　　三、治病求本 75
　　四、整体观念 76
　第三节　治法 76
　　一、中药内治法 77
　　二、中药外治法 78

第三篇　中药及方剂

第九章　中药及方剂总论 81
　第一节　采集、加工及贮藏 81
　　一、采集 81
　　二、加工 82
　　三、贮藏 82
　第二节　炮制 82
　　一、炮制目的 82
　　二、炮制方法 82
　第三节　中药的性能 84
　　一、四气五味 84
　　二、升降沉浮 85
　　三、归经 86
　　四、毒性 86
　第四节　配伍禁忌 86
　　一、配伍 86
　　二、禁忌 87

第五节 方剂 ··· 87
    一、方剂的组成原则 ·· 87
    二、方剂的加减化裁 ·· 88

第十章 解表药及方剂 ·· 89
第一节 辛温解表药及方剂 ·· 89
    一、辛温解表药 ·· 89
    二、辛温解表方 ·· 91
第二节 辛凉解表药及方剂 ·· 92
    一、辛凉解表药 ·· 92
    二、辛凉解表方 ·· 94

第十一章 清热药及方剂 ·· 95
第一节 清热泻火药及方剂 ·· 95
    一、清热泻火药 ·· 95
    二、清热泻火方 ·· 96
第二节 清热凉血药及方剂 ·· 97
    一、清热凉血药 ·· 97
    二、清热凉血方 ·· 98
第三节 清热燥湿药及方剂 ·· 99
    一、清热燥湿药 ·· 99
    二、清热燥湿方 ··· 101
第四节 清热解毒药及方剂 ··· 101
    一、清热解毒药 ··· 101
    二、清热解毒方 ··· 103

第十二章 泻下药及方剂 ··· 104
第一节 攻下药及方剂 ··· 104
    一、攻下药 ··· 104
    二、攻下方 ··· 105
第二节 润下药及方剂 ··· 105
    一、润下药 ··· 105
    二、润下方 ··· 106

第十三章 消导药及方剂 ··· 108
    一、消导药 ··· 108
    二、消导方 ··· 109

第十四章 止咳化痰平喘药及方剂 ····································· 111
第一节 温化寒痰药及方剂 ··· 111
    一、温化寒痰药 ··· 111
    二、温化寒痰方 ··· 112
第二节 清化热痰药及方剂 ··· 113

一、清化热痰药 ··· 113
　　二、清化热痰方 ··· 114
第三节　止咳平喘药及方剂 ··· 114
　　一、止咳平喘药 ··· 114
　　二、止咳平喘方 ··· 116

第十五章　温里药及方剂 ··· 118
　　一、温中散寒药 ··· 118
　　二、温中散寒方 ··· 120
　　三、回阳救逆方 ··· 121

第十六章　祛湿药及方剂 ··· 122
第一节　祛风湿药及方剂 ··· 122
　　一、祛风湿药 ··· 122
　　二、祛风湿方 ··· 124
第二节　利湿药及方剂 ··· 125
　　一、利湿药 ··· 125
　　二、利湿方 ··· 127
第三节　芳香化湿药及方剂 ··· 127
　　一、芳香化湿药 ··· 127
　　二、芳香化湿方 ··· 129

第十七章　理气药及方剂 ··· 131
　　一、理气药 ··· 131
　　二、理气方剂 ··· 134

第十八章　理血药及方剂 ··· 135
第一节　活血祛瘀药及方剂 ··· 135
　　一、活血祛瘀药 ··· 135
　　二、活血化瘀方剂 ··· 138
第二节　止血药及方剂 ··· 139
　　一、止血药 ··· 139
　　二、止血方剂 ··· 141

第十九章　收敛药及方剂 ··· 142
第一节　涩肠止泻药及方剂 ··· 142
　　一、涩肠止泻药 ··· 142
　　二、涩肠止泻方 ··· 143
第二节　敛汗涩精药及方剂 ··· 144
　　一、敛汗涩精药 ··· 144
　　二、敛汗涩精方剂 ··· 145

第二十章　补虚药及方剂 ·· 146
第一节　补气药及方剂 ·· 146
一、补气药 ·· 146
二、补气方剂 ·· 148
第二节　补血药及方剂 ·· 149
一、补血药 ·· 149
二、补血方剂 ·· 150
第三节　助阳药及方剂 ·· 150
一、助阳药 ·· 151
二、助阳方剂 ·· 152
第四节　滋阴药及方剂 ·· 153
一、滋阴药 ·· 153
二、滋阴方剂 ·· 155

第二十一章　平肝药及方剂 ·· 157
第一节　平肝明目药及方剂 ·· 157
一、平肝明目药 ·· 157
二、平肝明目方剂 ·· 158
第二节　平肝熄风药及方剂 ·· 158
一、平肝熄风药 ·· 158
二、疏散外风方剂 ·· 160
三、平熄内风方剂 ·· 161

第二十二章　外用药及方剂 ·· 162
一、外用药 ·· 162
二、外用方剂 ·· 164

第四篇　针　灸

第二十三章　针灸学 ·· 169
一、针灸的概念 ·· 169
二、针灸用具 ·· 169
三、针前准备 ·· 171
四、针刺方法 ·· 172
五、针术 ·· 175
六、灸术 ·· 175
七、其他疗法 ·· 176

第二十四章　穴位 ·· 177
第一节　针灸的穴位 ·· 177
一、穴位的基本知识 ·· 177

二、犬猫的常用穴位 ·· 179
  三、马的常用穴位 ·· 197
  四、牛的常用穴位 ·· 208
 第二节 家畜常见病的针灸处方 ······································ 216
  一、犬的常见针灸处方 ·· 216
  二、马的常见病针灸处方 ·· 218
  三、牛的常见病针灸处方 ·· 222
 第三节 针刺麻醉 ·· 226
  一、常用的针刺麻醉穴位 ·· 226
  二、术前准备 ·· 226
  三、针麻的方法 ·· 227
  四、针麻效果的判定 ·· 228
  五、影响针麻效果的因素 ·· 228

第五篇 病证防治

第二十五章 总 论 ··· 231
  一、温热病病证防治 ·· 231
  二、脏腑病病证防治 ·· 231
  三、外科与伤科病证防治 ·· 234
  四、胎产病病证防治 ·· 235
第二十六章 常见病证 ··· 237
  一、发热 ·· 237
  二、咳嗽 ·· 239
  三、喘证 ·· 240
  四、腹胀 ·· 241
  五、腹痛 ·· 243
  六、泄泻 ·· 244
  七、痢疾 ·· 246
  八、便秘 ·· 247
  九、呕吐 ·· 247
  十、慢草与不食 ·· 248
  十一、黄疸 ·· 249
  十二、淋证 ·· 250
  十三、五攒痛 ·· 251
  十四、虚劳证 ·· 251
  十五、痹证 ·· 252
  十六、不孕 ·· 253
  十七、疮黄疔毒 ·· 254

第六篇　实验指导

实验一　寒邪、热邪致病的实验观察 …… 259
实验二　猪的切诊 …… 260
实验三　药用植物的采集及标本制作 …… 261
实验四　中药的炒制 …… 262
实验五　中药粉末的显微观察 …… 263
实验六　黄芩苷的提取 …… 264
实验七　蟛蜞菊中黄酮的提取及含量测定 …… 265
实验八　广藿香中多糖的提取及含量测定 …… 266
实验九　中药多糖的纯化与分离 …… 267
实验十　中药水提物与醇提物的抗氧化活性比较 …… 268
实验十一　清热药体外抗菌实验 …… 269
实验十二　清热药体内抗菌实验 …… 271
实验十三　清热药体内抗病毒实验 …… 272
实验十四　补气药的免疫调节作用 …… 273
实验十五　理气药对离体肠管的作用 …… 274
实验十六　五苓散的利尿作用 …… 275
实验十七　犬常用穴位的取穴法 …… 276
实验十八　兔常用穴位的取穴法 …… 277
实验十九　猪常用穴位的取穴法 …… 278
实验二十　白针疗法 …… 279
实验二十一　血针疗法 …… 281
实验二十二　火针疗法 …… 282

参考文献 …… 283

绪 论

一、中兽医学的概念

中兽医学(Traditional Chinese Veterinary Medicine)是中国传统兽医学的简称,是专门研究中国传统兽医理、法、方、药及针灸技术,以防治动物(家畜、家禽、伴侣动物、水产动物、竞技动物以及野生动物)病证和动物保健为主要内容的一门综合性应用学科。

中兽医学理论体系内容包括基础理论、诊法、中药、方剂、针灸和病证防治等部分。各部分自成体系,相对于现代兽医学,具有独特的理论体系和诊疗手段。

二、中兽医学发展简史

(一)中兽医学的起源

中兽医学有着悠久的历史,其起源可以追溯到原始社会(远古至公元前22世纪),即人类开始驯化野生动物,并将其转变为家畜的时期。人类在饲养动物的过程中,逐步对动物疾病有所了解,并不断地寻求治疗方法,这就促成了兽医知识的起源。

在原始社会人类将野生动物驯化为家畜。例如,桂林甑皮岩遗址(距今约11310±180—7580±410)就出土有家猪的骨骼,浙江河姆渡遗址(距今约6310±100—6065±120)出土有猪、犬和水牛的骨骸。又如,在新石器时代的河南仰韶遗址(约公元前5000—前3000)中,发掘出有猪、马、牛等家畜的骨骼以及石刀、骨针和陶器等。

对药物的认识,同样也源于人类的生产劳动和生活实践。原始人集体出猎,共同采集食物,必然发生过因食用某种植物而使所患疾病得以治愈,或因误食某种植物而中毒的事例。经过无数次尝试,人们对某些植物的治疗作用和毒性有了认识,获得了原始的药理学和毒理学知识。《淮南子·修务训》中有"神农……尝百草之滋味……一日而遇七十毒"的记载,便生动地说明了药物起源的情况。

(二)中兽医学知识的积累和初步发展

夏商时期(公元前21世纪—前11世纪),随着农业、畜牧业和手工业水平的不断提高,兽医知识得到了初步发展。

商代(公元前16世纪—前11世纪),分栏护养有了进一步发展,在甲骨文中,已有表示猪圈、羊栏、牛棚、马厩等的象形文字。药酒及一些人畜通用的病名在甲骨文也有记载,如胃肠病、体内寄生虫病、齿病等。对药物也有了进一步的认识,北藁城商代遗址中,出土有郁李仁、桃仁等药物。商代青铜器用于阉割术或宫刑,为针灸、手术等治疗技术的进步提供了有利条件。

殷周时出现的带有自发朴素性质的阴阳和五行学说，后来成为中医和中兽医学的指导思想和推理工具。西周到春秋时期（公元前11世纪—前476）去势术已用于猪、马、牛等动物。《周礼·天官》中已有"兽医，掌疗兽病，疗兽疡。凡疗兽病，灌而行之，以节之，以动其气，观其所发而养之。凡疗兽疡，灌而刮之，以发其恶，然后药之、养之、食之"的记载。当时不但设有专职兽医治疗动物疾病，而且已将内科病（兽病）和外科病（兽疡）区别开来。并在治疗方法上采用了灌药、手术、护理、食疗等综合措施。当时的书籍中，还记载有不少对家畜危害较大的疾病，如猪囊虫、狂犬病、疥癣、传染病、运动障碍以及外血吸虫（如马、牛虻）等。《周礼》《诗经》和《山海经》中，载有人畜通用的药物一百多种，并有兽医专用药物的记载，如"流赭（赭石）以涂牛马无病"等。《周礼》中还有"内饔……辨腥、臊、膻、香之不可食者"的记载，这是我国最早的肉品检验。并且出了造父（约公元前10世纪）、孙阳（号伯乐，约公元前7世纪）、王良（约公元前6世纪）等畜牧兽医名人。

（三）中兽医学知识的不断总结和学术体系的形成及发展

漫长的封建社会是中兽医学知识不断总结，最终形成学术体系并得到发展的时期。战国时期，出现了专门诊治马病的"马医"（见《列子》）。约公元前3世纪出现了《黄帝内经》，该著作被认为是我国现存最早、最珍贵的一部医学典籍，汇集了古代人民与疾病作斗争的珍贵经验和理论知识。该书分《素问》和《灵枢》两部。《素问》着重论述了医学基础理论与各家医论；《灵枢》又名《针经》，重点介绍了针灸经络的理论和针刺手法的运用。中兽医学的基本理论最早便源于《黄帝内经》。受其影响，中兽医学形成了以阴阳五行为指导思想，以整体观念和辨证论治为特点的学术体系。

秦代颁布了世界上最早的畜牧兽医法规"厩苑律"（见《云梦秦简》），汉代（公元前206—220）经进一步修订，更名为"厩律"。《神农本草经》，我国最早的一部人畜通用的药学专著，该书收载药物365种（植物药252种、动物药67种、矿物药46种），其中特别提到"牛扁杀牛虱小虫，又疗牛病""桐花主傅猪疮""柳叶主马疥痂疮""梓叶傅猪疮"等。张仲景（约150—219年）所著的《伤寒杂病论》一书，不仅充实和发展了前人辨证论治的原则，也对中兽医学产生了深远影响。张仲景所创立的六经辨证方法及其许多方剂，一直为兽医临床所沿用。

三国时期，华佗（110—207年）曾发明了全身麻醉剂"麻沸散"，并进行了剖腹涤肠手术，相传他还有关于鸡、猪去势的著述。

魏晋南北朝时期，名医葛洪（281—341年）所著的《肘后备急方》中有治六畜"诸病方"，除记有灸熨和"谷道人手"等诊疗技术以及用黄丹治"马脊疮"等十几种动物疾病的治疗方法外，还指出疥癣中有虫，并提出了"杀所咬犬，取脑敷之"的防治狂犬病的方法。

北魏时，贾思勰所著的《齐民要术》中有畜牧兽医专卷，记有包括掏结术，猪、羊的去势术，用削蹄法治疗漏蹄，以及群发病的防治措施等治疗家畜疾病的方技40多种。

梁时，曾有《伯乐疗马经》出现。

隋代，兽医学的分科已趋完善，出现了有关病证诊治、方药及针灸等的专著，如《治马、牛、驼、骡等经》《治马经》《治马经图》《杂撰马经》《伯乐治马杂病经》《疗马方》以及《马经孔穴图》等（原书均已散失）。

唐代出现兽医教育的开端。据《旧唐书》记载，神龙年间（705—707年）的太仆寺中设有

"兽医六百人,兽医博士四人,学生一百人"。贞元末年(约804年),日本人平仲国等曾到中国学习兽医。唐代李石编著的《司牧安骥集》为我国现存最早的较为完整的一部中兽医学古籍,也是我国最早的一部兽医学教科书(明代时,日本有名为《假名安骥集》的编译本流传),对中兽医学的理法方药等均有较全面的论述。唐高宗显庆四年(659年)所颁布的《新修本草》,收载药物844种,被认为是世界上最早的一部人畜通用的药典。

宋代,设置了"牧养上下监,以养疗京城诸坊病马",这是我国已知最早的兽医院。宋代还设有我国最早的尸体剖检机构"皮剥所";最早的兽医药房"药蜜库"也出现在宋代(见《宋史》)。

元代著名兽医卞宝(卞管勾)著有《痊骥通玄论》一书,除对马的起卧症(包括掏结术)进行了总结性论述外,还提出了"胃气不和,则生百病"的脾胃发病学说。

明代著名兽医喻本元、喻本亨兄弟集前人和自己的兽医学理论及临床经验之大成,于1608年编著了《元亨疗马集》(附牛驼经)。该书理法方药俱备,是国内外流传最广的一部中兽医古典著作。明代著名科学家李时珍(1518—1593年),"岁历三十稔,书考八百余家",编著了举世闻名的《本草纲目》,该书收载药物1892种,方剂11 096个,其中专述兽医方面的内容有200多条。

清代时,李玉书对《元亨疗马集》进行了改编。赵学敏编著了《串雅外编》,其中特列有"医禽门"和"医兽门"。郭怀西编著有《新刻注释马牛驼经大全集》。

(四)近代中兽医学的发展陷入了困境

这一时期的主要著作有《活兽慈舟》(李南晖,约1873年),是我国较早记载犬、猫疾病的书籍。《猪经大全》对48种猪病提出了疗法,并附有病形图,是我国现存中兽医古籍中唯一的一部猪病学专著。1904年,北洋政府在保定建立了北洋马医学堂,从此,西方现代兽医学开始有系统地在中国传播,使得中国出现了两种不同学术体系的兽医学,因而有了中、西兽医学之分。当时国内的反动统治阶级对中医和中兽医学采取了摧残及扼杀的政策,于1929年悍然通过了"废止旧医案",立即遭到了广大人民群众的强烈反对。在此情况下,民间兽医遭受歧视和压迫,严重地阻碍了中兽医学的发展。

与当时反动统治者的做法相反,中国共产党在其领导的根据地积极倡导中、西(兽)医结合。1928年,毛泽东在《井冈山的斗争》一文中就提出"用中西两法治疗"。解放区的华北大学农学院(开始属北方大学),在1947年便开始学习和研究中兽医学术,并把中兽医学作为兽医专业的必修课。

(五)中兽医学发展的新阶段

中华人民共和国成立初期,人民政府及时发出了"保护畜牧业,防止兽疫"的指示,并重视发挥民间兽医的作用。1956年1月,国务院颁布了"加强民间兽医的工作"的指示,对中兽医提出了"团结、使用、教育和提高"的政策。同年9月在北京召开了第一届全国民间兽医座谈会,提出了"使中西兽医紧密结合,把我国兽医学术推向一个新的阶段"的战略目标。1958年,毛泽东同志作出"中国医药学是一个伟大的宝库,应当努力发掘,加以提高"的指示,进一步明确了中兽医学的发展方向。1956年便在中国畜牧兽医学会中成立了中兽医学小组,而后又于1979年成立了中西兽医结合学术研究会,后更名为中国畜牧兽医学会中兽医学分会。

改革开放以来,随着我国对外交流的不断增加,中兽医学特别是兽医针灸在国外的影响也越来越大，不少院校先后多次举办了国际兽医针灸培训班，接受外国留学生，或派出专家到国外讲学，促进了中兽医学在世界范围内的传播。

三、中兽医学的基本特点

中兽医学的形成过程，受我国古代朴素唯物论和自发辩证法的指导和影响，在长期的临床实践中，逐步形成了以整体观念和辨证论治为特色的学术体系。

（一）整体观念

这种机体自身整体性、内外环境的统一性的思想，称之为整体观念。中兽医学的整体观念，实际上是指动物体本身的整体性和动物体与自然环境的整体性两个方面，它贯穿于中兽医学生理、病理、诊法、辨证和治疗的各个方面。

1. 动物体本身的整体性　中兽医认识疾病，首先着眼于整体，重视整体与局部之间的关系。一方面，机体某一部分的病变，可以影响到其他部分，甚至引起整体性的病理改变；另一方面，整体的状况又可影响局部的病理过程。总之，疾病是整体患病，局部病变是整体患病的局部表现。中兽医诊察疾病，往往从整体出发，通过观察机体外在的各种临床表现，去分析研究内在的全身或局部的病理变化，即"察其外而知其内"。中兽医治疗疾病亦从整体出发，既注意脏腑之间的联系，又注意脏腑与形体、窍、液的联系，从整体观念出发，确定治疗原则和治疗方法的具体体现。

2. 动物体与自然环境的相关性　中兽医学认为，动物体与自然环境之间是相互对立而又统一的。动物不能离开自然界而生存，自然环境的变化可以直接或间接地影响动物体的生理功能。当动物能够通过调节自身的功能活动以适应所处环境的变化时，便不致引起疾病，否则就会导致病理过程。环境对动物有选择、淘汰作用（优胜劣汰），环境对动物有被动适应的要求；动物对环境有依赖作用、动物对环境又主动适应的能力。动物应该与环境保持统一整体，才能保证其正常的生活，否则将会产生疾病或被环境淘汰。

总之，中兽医学中的整体观念，对于动物疾病的防治有着极为重要的指导意义。临床实践中，一定要从整体观念出发，既要考虑到动物体本身的整体性，又要注意到动物体和外界环境的相关性，只有这样才能对疾病做出正确的诊断，采取有效的防治措施。

（二）辨证论治

辨证论治包括相互关联的辨证和论治两个过程。它是中兽医认识疾病、确定防治措施的基本过程。"辨证"就是把通过四诊及其他各种诊断手段所获取的病情资料，在中兽医学理论的指导下进行分析综合，以判断为某种性质的"证"的过程，即识别疾病证候的过程；"论治"是根据证的性质确定治则和治法的过程。

1. 辨证与论治的关系　辨证是论治的前提和依据，论治是治疗疾病的手段和方法，也是辨证的目的和结果。治疗原则和治疗措施是否恰当，取决于辨证是否正确；而辨证论治的正确性，又有待于临床治疗效果的检验。

因此，辨证和论治是诊疗疾病过程中相互联系不可分割的两个方面，也是理法方药在临床上的具体运用。

2. "病""证""症"三者的关系　"病"，是指有特定病因、病理、发病形式、发展规律和转归的一个完整的病理过程，即疾病的全过程，如感冒、痢疾、肺炎等。病是症状和证的前提，是基本矛盾，它反映机体的健康问题。

"症"，即症状，是疾病的具体临床表现，如发热、咳嗽、呕吐、疲乏无力等。症是局部的、一般的、表面的现象，是一般矛盾，它包含于证和病。

"证"，既不是疾病的全过程，又不是疾病的某一项临床表现，而是对疾病发展过程中，不同阶段和不同类型病机的本质，包括病因（如风寒、风热、湿热等）、病位（如表、里、脏、腑等）、病性（如寒、热等）和邪正关系（如虚、实等）的概括，它既反映了疾病发展过程中该阶段病理变化的全面情况，同时也提出了治疗方向。证是疾病的本质、核心，是主要矛盾，它反映病的本质，包含主要症状。

由之可见，"病"是机体发生病理变化的全过程，"症"专指病证的外在表现，"证"是对疾病过程不同阶段和不同类型的概括。换言之，由于"证"反映的是疾病在某一特定阶段病理变化的实质，因此，在辨病基础上的辨证是中兽医认识和分析疾病的重要特点。

四、学习中兽医学的目的和方法

（一）学习目的

通过理论学习和教学实习，掌握以"整体观念"和"辨证论治"为特点的基本理论和实际操作技能，初步具有独立分析及诊治动物疾病的能力，并能贯彻"继承和发扬祖国兽医学遗产"的方针，为发展畜牧业生产和提高人民生活质量服务。

（二）学习方法

以唯物辨证法为指导。

注意理论联系实际。

注意中西兽医学是两套不同的学术体系。

第一篇 基础理论

第一章 阴阳五行

阴阳五行学说，是我国古代带有朴素唯物论和自发辩证法性质的哲学思想，是用以认识世界和解释世界的一种世界观和方法论。在 2000 多年以前的春秋战国时期，这一学说被引用到医药学中来，作为推理工具，借以说明动物体的组织结构、生理功能和病理变化，并指导临床的辨证及病证防治，成为中兽医学基本理论的重要组成部分。

第一节　阴阳学说

阴阳是古人用来说明一切矛盾着的事物中对立而又统一的两种不同属性的代名词，是古代的一种宇宙观和方法论，属于我国古代的唯物论和辩证法范畴。阴阳学说认为，世界是物质性的整体，宇宙间一切事物不仅其内部存在着阴阳的对立统一，而且其发生、发展和变化都是阴阳对立统一的结果。中兽医学引用阴阳学说来阐释兽医学中的许多问题以及动物和自然的关系，它贯穿于中兽医学的各个方面，成为中兽医学的指导思想。

一、阴阳学说的基本概念

阴阳是对相互关联又相互对立的两种事物，或同一事物内部对立双方属性的概括，具有对立统一的属性。阴阳的对立统一理论，一般用"相反相成"概括。"相反"就是说两个矛盾方面的互相排斥，或互相斗争。"相成"就是说在一定条件下两个矛盾方面互相联结起来，获得统一性。

阴阳所代表的事物属性，不是绝对的，而是相对的。这种相对性，一方面表现为阴阳双方是通过比较而加以区分的，单一事物无法确定阴阳；另一方面，则表现为阴阳之中复有阴阳。

一般认为，识别阴阳的属性，是以上下、动静、有形无形等为准则。概括起来，凡是向上的、运动的、无形的、温热的、向外的、明亮的、亢进的、兴奋的及强壮的均属于阳，而凡是向下的、静的、有形的、寒凉的、向内的、晦暗的、减退的、抑制的及虚弱的均属于阴。

二、阴阳学说的基本内容

（一）阴阳的对立

1. 含义　阴阳对立是阴阳双方的互相排斥、互相斗争，指阴阳所代表的事物的两个属性是相反的，但同时又是统一的，即相互对立就是对立统一。

2. 表现　主要表现在阴阳之间是相互制约、相互斗争、相互排斥、相互消长的。

【古籍】《素问·疟论》说:"阴阳上下交争,虚实更作,阴阳相移。"

【例】天与地、上与下、内与外、动与静、升与降、出与入、昼与夜、寒与热、虚与实、聚与散。

3. 结果　阴平阳秘或阴阳失衡。

(二)阴阳的互根

1. 含义　阴阳互根是指阴阳之间的相互依存、相互为用的关系。阴阳对立的双方,任何一方都不能脱离另一方而单独存在,双方共处于一个统一体中。

2. 表现　一方面,阴阳双方是互为对方存在的条件,"孤阴不生,独阳不长";另一方面,阴阳双方可以相互滋生(或相互转化),"阴可以生阳,阳可以生阴"。

【古籍】《素问·阴阳应象大论》说:"阳根于阴,阴根于阳""阴在内,阳之守也;阳在外,阴之使也。"

【例】热为阳,寒为阴,没有热就无所谓寒;上为阳,下为阴,没有上也无所谓下。

3. 结果　阴阳双方生则同生,亡则同亡,亡阴导致亡阳,亡阳导致亡阴。阴阳双方在一定条件下可以相互转化,重阴必阳,重阳必阴。

(三)阴阳的消长

1. 含义　阴阳消长,是阴阳之间互为增减盛衰的运动,即阴阳对立双方的增减、盛衰、进退的运动。

2. 表现　阴阳对立双方不是处于静止不变的状态,而是始终处于此盛彼衰,此增彼减,此进彼退的运动变化之中。

【古籍】《素问·阴阳应象大论》说:"阴盛则阳病,阳盛则阴病"。

【例】当阴阳消长的变化,使得阴阳平衡失调,就会引起了"阳气虚"或"阴液不足"的病证。

3. 结果　在一定范围内的消长,属于正常变化,即"阴平阳秘"的状态。当阴阳消长过程中,某一方"消"或"长"的太过,超出一定的范围时,即出现"偏盛偏衰"的现象。

(四)阴阳的转化

1. 含义　阴阳转化是指阴阳对立的双方,在一定的条件下,可以各自向其相反的方向转化,即阴可以转化为阳,阳也可以转化为阴。如果说阴阳消长是属于量变的过程,而阴阳转化属于质变的过程。

2. 表现　阴阳相互转化,一般都表现在事物变化的"物极"阶段,即"物极必反"。

【古籍】《灵枢·论疾诊尺篇》说:"寒生热,热生寒,此阴阳之变也"。

3. 条件性　阴阳转化是有条件的,一般是在量变到达一定的限度的基础上引发阴阳转化。

三、阴阳学说在中兽医学中的应用

阴阳学说贯穿于中兽医学理论体系的各个方面,用以说明动物体的组织结构,生理功能和病理变化,并指导临床诊断和治疗。

(一)生理方面

1. 说明动物体的组织结构　动物体是一个既对立又统一的有机整体,其组织结构可以用阴阳两个方面来加以概括说明。

【例】体表为阳，体内为阴；上部为阳，下部为阴；背部为阳，胸腹为阴；外侧为阳，内侧为阴；腑为阳，脏为阴。

2. 说明动物体的生理　一般认为，物质为阴，功能为阳，正常的生命活动是阴阳这两个方面保持对立统一的结果。

【古籍】《素问·生气通天论》说："阴者，藏精而起亟也；阳者，卫外而为固也。""阴平阳秘，精神乃治。""阴阳离决，精气乃绝。"

(二)病理方面

1. 说明疾病的病理变化　疾病是动物体内的阴阳失去相对平衡，出现偏盛偏衰的结果。在阴阳偏盛方面，阴邪致病，可使阴偏盛而阳伤，出现"阴盛则寒"；相反，阳邪致病，可使阳偏盛而阴伤，出现"阳盛则热"。在阴阳偏衰方面，阳气不足，不能制阴，则阴相对有余，发生阳虚阴盛的虚寒证；相反，阴液亏虚，不能制阳，则阳相对有余，发生阴虚阳亢的虚热证。

【古籍】《素问·阴阳应象大论》说："阴胜则阳病，阳胜则阴病，阴胜则寒，阳胜则热。"《素问·调经论》说："阳虚则外寒，阴虚则内热。"

【例】阴阳偏盛：寒湿阴邪侵入机体，致使"阴盛其阳"，从而发生"冷伤之证"，动物表现为口色青黄，脉象沉迟，鼻寒耳冷，身颤肠鸣，不时起卧；热燥阳邪侵犯机体，致使"阳盛其阴"，从而发生"热伤之证"，动物表现出高热，唇舌鲜红，脉象洪数，耳耷头低，行走如痴等症状。阴阳偏衰：某些慢性消耗性疾病，在其发展过程中，会因阳气虚弱致使阴精化生不足，或因阴精不足致使阳气化生无源，最后导致阴阳两虚。

2. 说明疾病的发展　在病证的发展过程中，由于病性和条件的不同，可以出现阴阳的相互转化。

【古籍】《素问·阴阳应象大论》说："寒极生热，热极生寒"。

【例】患败血症的动物，开始表现为体温升高，口舌红，脉洪数等热象，当严重者发生"暴脱"时，则转而表现为四肢厥冷，口舌淡白，脉沉细等寒象。

3. 判断疾病的转归　当疾病经过"调其阴阳"，恢复"阴平阳秘"的状态，则以痊愈而告终；若继续恶化，终致"阴阳离决"，则以死亡为转归。

(三)诊断方面

既然阴阳失调是疾病发生、发展的根本原因，因此任何疾病无论其临床症状如何错综复杂，只要在收集症状和进行辨证时以阴阳为纲加以概括，就可以执简驭繁，抓住疾病的本质。

1. 分析症状的阴阳属性　一般来说，凡口色红、黄、赤紫者为阳，口色白、青、黑者为阴；凡脉象浮、洪、数、滑者为阳，沉、细、迟、涩者为阴；凡声音高亢、洪亮者为阳，低微、无力者为阴；身热属阳，身寒属阴；口干而渴者属阳，口润不渴者属阴；躁动不安者属阳，蹲卧静默者属阴。

2. 辨别证候的阴阳属性　一切病证，不外"阴证"和"阳证"两种。八纲辨证就是分别从病性(寒热)、病位(表里)和正邪消长(虚实)几方面来辨阴阳，并以阴阳作为总纲统领各证的。临床辨证，首先要分清阴阳，才能抓住疾病的本质。

【古籍】《素问·阴阳应象大论》说:"善诊者,察色按脉,先别阴阳。"《元亨疗马集》说:"凡察兽病,先以色脉为主……然后定夺其阴阳之病。"

(四)治疗方面

1. 确定治疗原则 由于阴阳偏盛偏衰是疾病发生的根本原因,因此,泻其有余,补其不足,调整阴阳,使其平衡就成为诊疗疾病的基本原则。

【古籍】《素问·至真要大论》说:"谨察阴阳所在而调之,以平为期。"

2. 用阴阳来概括药物的性味与功能,指导临床用药 一般来说,温热性的药物属阳,寒凉性的药物属阴;辛、甘、淡味的药物属阳,酸、咸、苦味的药物属阴;具有升浮、发散作用的药物属阳,具有沉降、涌泄作用的药物属阴。此外,根据药物的阴阳属性,就可以灵活地运用药物调整机体的阴阳,以期补偏救弊。

【古籍】《神农本草经》说:"疗寒以热药,疗热以寒药。"《素问·至真要大论》说:"寒者热之,热者寒之。"

(五)预防方面

由于动物体与外界环境密切相关,动物体的阴阳必须适应四时阴阳的变化,否则便易引起疾病。因此,需要调整动物自身的阴阳平衡,调整动物体与外界环境之间的阴阳平衡。

【古籍】《素问·四气调神大论》说:"春夏养阳,秋冬养阴,以从其根……逆之则灾害生,从之则苛疾不起……"《元亨疗马集·腾驹牧养法》说:"凡养马者,冻暖屋,夏凉棚。"

【例】通过春季放大血、灌四季调理药等方法,调和气血,协调阴阳,可以预防疾病。加强饲养管理,增强动物体的适应能力,就可以防止疾病的发生。

第二节 五行学说

五行学说属于中国古代唯物论和辩证法范畴,属元素论的宇宙观,是一种朴素的系统论。五行学说认为,宇宙间的一切事物,都是由木、火、土、金、水五种物质所构成的,自然界各种事物和现象的发展变化,都是这五种物质不断运动和相互作用的结果,天地万物的运动秩序都要受五行生克制化法则的统一支配。在中兽医学中,五行学说被用以说明动物体的生理功能、病理变化,并指导临床实践。

一、五行学说的基本概念

1. 五 狭义的"五"是指金、木、水、火、土五种物质;广义的"五"是指由上述五种物质抽象出来的五类物质的属性。

2. 行 是指运行、运动变化,也有行列、次序之意。

3. 五行 是指金、木、水、火、土五种物质及其运动和变化。

二、五行学说的基本内容

(一)五行的特性

五行的特性,来自古人对木、火、土、金、水五种物质的自然现象及其性质的直接观察和抽象概括。

1. 木的特性 "木曰曲直"。原指树木的枝条具有生长、柔和、能曲又能直的特性，后引申为凡有生长、升发、条达、舒畅等性质或作用的事物，均属于木。

【古籍】《尚书·洪范》说："木曰曲直"。

2. 火的特性 "火曰炎上"。原指火具有温热、蒸腾向上的特性，后引申为凡有温热、向上等性质或作用的事物，均属于火。

【古籍】《尚书·洪范》说："火曰炎上"。

3. 土的特性 "土爰稼穑"。稼穑，泛指人类种植和收获谷物等农事活动。由于农事活动均在土地上进行，因而引申为凡有生化、承载、受纳等性质或作用的事物，均属于土。

【古籍】《尚书·洪范》说："土爰稼穑"。

4. 金的特性 "金曰从革"。原指金属物质可以顺从人意，变革形状，铸造成器。又因金之质地沉重，且常用于杀伐，因而引申为凡有沉降、肃杀、收敛等性质或作用的事物，均属于金。

【古籍】《尚书·洪范》说："金曰从革"。

5. 水的特性 "水曰润下"。原指水有滋润下行的特点，后引申为凡有滋润、下行、寒凉、闭藏等性质或作用的事物，均属于水。

【古籍】《尚书·洪范》说："水曰润下"。

(二) 五行的归类

五行学说按属性直接归类法或按属性间接推演法，将自然界的事物和现象，以及动物体脏腑组织器官的生理、病理现象，归属于木、火、土、金、水五行之中，见表1-1。

表1-1 五行归类表

五行	自然界						动物体					
	五色	五味	五气	五方	五季	五化	五脏	五腑	五官	五体	五志	五脉
木	青	酸	风	东	春	生	肝	胆	目	筋	怒	弦
火	赤	苦	暑	南	夏	长	心	小肠	舌	脉	喜	洪
土	黄	甘	湿	中	长夏	化	脾	胃	口	肌肉	思	代
金	白	辛	燥	西	秋	收	肺	大肠	鼻	皮毛	悲	浮
水	黑	咸	寒	北	冬	藏	肾	膀胱	耳	骨	恐	沉

(三) 五行的相互关系

1. 五行相生 生，即滋生、助长、促进。五行相生，是指五行之间存在着有序的滋生、助长和促进的关系，借以说明事物间相互协调的一面。五行通过相生关系将其中一行与其他两行联系在了一起，其中一行充当"生我"，另一行充当"我生"。

【次序】木生火，火生土，土生金，金生水，水生木。

2. 五行相克 克，即克制、抑制、制约。五行相克，是指五行之间存在着有序的克制和制约关系，借以说明事物间相颉颃的一面。五行通过相克关系将其中一行与其他两行联系在了一起，其中一行充当我的"所胜"，另一行充当我的"所不胜"。

【次序】木克土，土克水，水克火，火克金，金克木。

3. 五行制化 制化，掌握事物的变化之意，在五行学说中指五行的生克互用。五行相生与相克是不可分割的两个方面，没有生，就没有事物的发生和成长；没有克，就不能维持正常协调关系的变化与发展。因此，必须生中有克（化中有制），克中有生（制中有话），相互联系，才能维持和促进事物相对平衡协调和发展变化。

4. 五行相乘 乘，凌也，有欺侮之意。五行相乘，是指五行中某一行对其所胜一行的过度克制，即相克太过，是事物间关系失去相对平衡的另一种表现。引起五行相乘的原因有"太过"和"不及"两个方面。"太过"是指五行中的某一行过于亢盛，对其所胜加倍克制，导致被乘者虚弱。"不及"是指某一行自身虚弱，难以抵御来自所不胜者的正常克制，使虚者更虚。

【次序】木乘土，土乘水，水乘火，火乘金，金乘木。

5. 五行相侮 侮，有欺侮、欺凌之意。五行相侮，是指五行中某一行对其所不胜一行的反向克制，即反克，又称"反侮"，是事物间关系失去相对平衡的另一种表现。引起相侮的原因也有"太过"和"不及"两个方面。"太过"是指五行中的某一行过于强盛，使原来克制它的一行不但不能克制它，反而受到它的反克。"不及"是指五行中的某一行过于虚弱，不仅不能克制其所胜的一行，反而受到它的反克。

【次序】木侮金，金侮火，火侮水，水侮土，土侮木。

6. 母子相及 及，即累及、连累之意。母子相及，是指五行之中互为母子的各行之间相互影响的关系，属于五行之间相生异常的变化。包括母病及子和子病犯母两种类型。母病及子，指五行中作为母的一行异常，必然影响到子的一行，结果是母子都出现异常；子病犯母，指五行中作为子的一行异常，会影响到作为母的一行，结果母子都出现异常。

三、五行学说在中兽医学中的应用

在中兽医学中，五行学说主要是以五行的特性来分析说明动物体脏腑、组织器官的五行属性，以五行的生克制化关系来分析脏腑、组织器官的各种生理功能及其相互关系，以五行的乘侮关系和母子相及来阐释脏腑病变的相互影响，并指导临床的辨证论治。

（一）生理方面

1. 按五行的特性来分别脏腑器官的属性 木有升发、舒畅条达的特性，肝喜条达而恶抑郁，主管全身气机的舒畅条达，故肝属"木"；火有温热炎上的特性，心阳有温煦之功，故心属"火"；土有生化万物的特性，脾主运化水谷，为气血生化之源，故脾属"土"；金性清肃、收敛，肺有肃降作用，故肺属"金"；水有滋润、下行、闭藏的特性，肾有藏精、主水的作用，故肾属"水"。

2. 以五行生克制化的关系，说明脏腑器官之间相互资生和制约的关系 肝能制约脾（木克土），脾能资生肺（土生金），而肺又能制约肝（金克木）等。又如，心火可以助脾土的运化（火生土），肾水可以抑制心火的有余（水克火），其他依此类推。五行学说认为机体就是通过这种生克制化以维持相对的平衡协调，保持正常的生理活动。

（二）病理方面

根据五行学说，疾病的发生是五行生克制化关系失调的结果，五脏之间在病理上存在着生与克的传变关系。相生的传变关系包括母病及子和子病犯母两种类型，相克的传变关系包括相乘为病和相侮为病两条途径。一般来说，按照相生规律传变时，母病及子，病情较轻，子病犯母，病情较重；按照相克规律传变时，相乘传变，病情较重，相侮传变，病情较轻。

1. 母病及子 指疾病的传变是从母脏传及子脏，如肝（木）病传心（火）、肾（水）病及肝（木）等。

2. 子病犯母 指疾病的传变是从子脏传及母脏，如脾（土）病传心（火）、心（火）病及肝（木）等。

3. 相乘为病 即相克太过而为病，其原因一是"太过"，一是"不及"。如肝气过旺，对脾的克制太过，肝病传于脾，则为"木旺乘土"；若先有脾胃虚弱，不能耐受肝的相乘，致使肝病传脾，则为"土虚木乘"。

4. 相侮为病 即反向克制而为病，其原因亦为"太过"和"不及"。如肝气过旺，肺无力对其加以制约，导致肝病传肺（木侮金），称为"木火刑金"；又如脾土不能制约肾水，致使肾病传脾（水侮土），称为"土虚水侮"。

（三）诊断方面

五行学说认为，动物体脏腑与五官、五体、五色、五液、五脉之间是存在着五行属性联系的一个有机整体，脏腑的各种功能活动及其异常变化可反映于体表的相应组织器官，即"有诸内，而必形诸外"。

（四）治疗方面

五行学说不仅用以说明人体的生理活动和病理现象，综合四诊，推断病情，而且也可以确定治疗原则和制订治疗方法。五行学说认为疾病是脏腑之间生克制化关系失调，出现"太过"或"不及"，因此抑制其过亢，使其恢复协调平衡便成为治疗的关键。根据相生规律提出的治疗原则是"虚则补其母，实者泻其子"，按照相克规律提出的治疗原则是"抑强扶弱"。

第三节 阴阳学说和五行学说的相互关系

中兽医学是以阴阳学说和五行学说两者互相结合作为理论基础的。阴阳学说用对立互根、消长转化的观点来说明动物体的生理功能及病理变化，而五行学说则用五行归类及生化克制的论点来说明脏腑组织的性质及其相互关系。阴阳学说和五行学说虽各有特点，但两者在实践中相互印证，相互补充。

在中兽医学临床上，论阴阳必涉及五行，而言五行必联系阴阳。因此，必须把阴阳和五行结合起来，从而更有利于正确认识动物体的生命活动及其变化。

第二章

脏 腑

第一节 概说

一、脏腑学说的概念

脏腑，即内脏及其功能的总称，是动物体的重要组成部分。研究动物体各脏腑器官的生理活动、病理变化及其相互关系的学说，称为脏腑学说。古人称脏腑为"藏象"。"藏"，即脏，指藏于体内的内脏；"象"，即形象或征象，指脏腑的生理活动和病理变化反映于外的征象。

二、脏腑学说的内容

脏腑学说的内容，主要包括五脏、六腑、奇恒之腑及其相联系的组织、器官的功能活动以及它们之间的相互关系。

五脏是心、肝、脾、肺、肾五个内脏的总称。脏，通藏，有贮藏之意，为精气贮藏之所。五脏的共同生理功能是主"藏精气"，即化生和贮藏精、气、血和津液等精微物质，主持复杂的生命活动。五脏主藏精气，精气盈满为宜；但不盛贮水谷和浊气，产生的浊气则及时输注于腑，由腑传导排泄而出。所以，五脏的共同生理功能特点是"藏而不泻，满而不能实"。

六腑是胆、胃、小肠、大肠、膀胱和三焦的合称。腑，通府，有府库之意，乃水谷盛存之处。六腑的共同生理功能是主"传化物"，即受纳和腐熟水谷，传化和排泄糟粕。六腑主传导，在消化水谷过程中，虚实更替，实则水谷充盈，虚则水谷排空；但不贮藏精气，产生的精气则随时输注于脏，由脏藏之而供机体之用。所以，六腑的共同生理功能特点是"泻而不藏，实而不能满"。

奇恒之腑是脑、髓、骨、脉、胆、胞宫的总称。它们的结构多为中空，与腑相似；但功能多主藏精气，与腑有别而类似于脏。由于它们似脏非脏，似腑非腑，故称之为奇恒之腑。胆本为六腑之一，但其所藏之胆汁为精汁，类似于五脏"藏精气"，故而又将其划作奇恒之腑。奇恒之腑的功能多隶属于五脏，且无阴阳表里及配属关系。

脏与腑之间存在着阴阳、表里的关系。脏在里，属阴；腑在表，属阳；心与小肠、肝与胆、脾与胃、肺与大肠、肾与膀胱、心包络与三焦相表里。脏与腑之间的表里关系，是通过经脉来联系的，脏的经脉络于腑，腑的经脉络于脏，彼此经气相通，在生理和病理上相互联系、相互影响。

第二节 五脏

一、心

(一)概述

心位于胸中，有心包护于外。心的主要生理功能是主血脉和藏神。心开窍于舌，在液为汗。心的经脉下络于小肠，与小肠相表里。心与小肠、脉、面、舌等构成心系统。其阴阳属性为"阳中之太阳"，五行属性为火。心与四时之夏气相通应，为脏腑之大主，生命的主宰，故称为"君主之官"。

(二)心的生理功能

1. 主血脉 心是血液运行的动力，脉是血液运行的通道。心主血脉，是指心有推动血液在脉管内运行，以营养全身的作用。

心主血脉的生理功能主要是行血和生血。行血，是指心脏推动血液在脉内运行，血液运载着营养物质以供养全身，使全身获得充分的营养，维持正常的生理活动。生血，是指饮食水谷通过胃受纳和脾的运化，成为水谷精微，上输给心肺，在肺吐故纳新之后，贯注心脉，变化而赤，成为血液。心具有生血之功，可以使人身之血不断地得到补充。

【病理】血液循环的基本病理变化不外血行的迟缓或滞涩、疾速、出血数端，与心之寒热虚实有关。其治，血热宜凉心，血寒宜温经，出血宜止血，血瘀当活血化瘀，从心而治，调节心之寒热虚实，使之归于阴阳气血和谐，则心主血脉功能恢复正常。

【古籍】《素问·痿论》说："心主身之血脉"。

2. 藏神 神，指精神活动，即机体对外界事物的客观反映。心藏神，是指心为一切精神活动的主宰。

心藏神的生理作用有二：其一，"主任物"，即主思维、意识、精神，在正常情况下，心接受和反映客观外界事物，进行精神、意识、思维活动；其二，主宰生命活动，即心是人体生命活动的主宰，五脏六腑必须在心的统一指挥下，才能进行统一协调的正常生命活动。

【病理】心藏神的生理功能异常，不仅可以出现意识、思维和情志活动的异常，如反应迟钝、精神萎靡，甚则昏迷不醒等，而且还可以影响其他脏腑的功能活动，甚至危及整个生命。其治，应在五脏一体观的指导下，从调整五脏的阴阳气血入手，尤以调心之阴阳气血为要务。

【古籍】《灵枢·本神篇》说："所以任物者谓之心"。《安骥集·清浊五脏论》也有"心藏神"之说。《安骥集·碎金五脏论》说："心虚无事多惊恐，心痛癫狂脚不宁"。

(三)心的生理特性

1. 心为阳脏主阳气 五脏应合四时阴阳，即五脏阴阳与四时阴阳相和谐。心为五脏六腑之大主，为阳中之太阳，以阳气为用。心的阳气具有温煦和推动作用，能维持人体正常的血液循环，并使心神振奋，进而维持人的生命活动。

2. 心气与夏气相通应 心为阳脏而主阳气，自然界中在夏季以火热为主，在人体则与阳中之太阳的心相应。心气与夏气相通应，是说心的阳气在夏季较为旺盛。

(四) 心与五窍、五液的关系

1. 开窍于舌 舌为心之苗，心经的别络上行于舌，因而心的气血上通于舌，舌的生理功能直接与心相关。

【病理】心血充足，则舌体柔软红润，运动灵活；心血不足，则舌色淡而无光；心血瘀阻，则舌色青紫；心经有热，则舌质红绛，口舌生疮。

【古籍】《素问·阴阳应象大论》中说："心主舌……开窍于舌"，《安骥集·师皇五脏论》也说"心者外应于舌"。

2. 在液为汗 汗是津液发散于肌腠的部分，即汗由津液所化生。津液是血液的重要组成部分，血为心所主，血汗同源，故称"汗为心之液"，又称心主汗。

【病理】心阳不足，常常引起腠理不固而自汗；心阴血虚，往往导致阳不摄阴而盗汗。又因血汗同源，津亏血少，则汗源不足；而发汗过多，又容易伤津耗血。

【古籍】《灵枢·决气篇》说："腠理发泄，汗出溱溱，是谓津。"《素问·宣明五气篇》指出："五脏化液，心为汗"。《灵枢·营卫生会篇》说："夺血者无汗，夺汗者无血"。

附：心包络

心包络，又称心包或膻中，与六腑中的三焦互为表里。它是心的外卫器官，有保护心脏的作用。当外邪侵犯心脏时，一般是由表入里，由外而内，先侵犯心包络。如《灵枢·邪客篇》说："故诸邪之在于心者，皆在于心之包络"。实际上，心包受邪所出现的病证与心是一致的。如热性病出现神昏症状，虽称为"邪入心包"，而实际上是热盛伤神，在治法上可采用清心泄热之法。由此可见，心包络与心在病理和用药上基本相同。

二、肺

(一) 概述

肺与大肠、皮毛、鼻等构成肺系统。肺在五行属金，在五脏阴阳属阳中之阴，肺的经脉下络于大肠，与大肠相表里。肺主气，司呼吸，助心行血。通调水道，宣发卫气，朝百脉而助心行血。肺与四时之秋相应。

(二) 肺的生理功能

1. 主气 肺主气，是指肺有主宰一身之气的生成、出入与代谢的功能。

(1) 主呼吸之气：肺司呼吸，即肺主呼吸之气，是指肺主管呼吸运动，吸入自然界的清气，呼出体内的浊气，进行气体交换的功能。肺通过不断地呼浊吸清，吐故纳新，促进了人体气的生成，以维持正常的生命活动。

(2) 主一身之气：肺主一身之气，是指肺有主持一身各脏腑之气的作用，即肺通过呼吸而参与气的生成和调节气机的作用。肺主一身之气的生理功能有二。其一，参与生成宗气。宗气由水谷精微之气与肺所吸入的清气，在元气的作用下而生成。宗气是促进和维持机体机能活动的动力，它一方面维持肺的呼吸功能，进行吐故纳新，使内外气体得以交换；另一方面由肺入心，推动血液运行，并宣发到身体各部，以维持脏腑组织的机能活动。其二，调节全身气机。气机是指气的运动，升降出入为其基本形式。肺的呼吸运动，是气的升降出入运动的具体体现。肺有节律的一呼一吸，对全身之气的升降出入运动起着重要的调节作用。

【古籍】《素问·六节脏象论》说："肺者，气之本"；《安骥集·天地五脏论》也说："肺为气海"。

2. 主宣肃 肺主宣肃包括肺主宣发和肺主肃降两个方面。肺主宣发和肃降，实际上是指肺气的运动具有向上、向外宣发和向下、向内肃降的双向作用。

肺主宣发，其气机运动表现为升与出，其生理作用主要表现在三个方面：其一，将体内代谢过的气体呼出体外；其二，将脾传输至肺的水谷精微之气布散全身，外达皮毛；其三，宣发卫气，以发挥其温分肉和司腠理开合的作用。

肺主肃降，其气机运动表现为降与入，其生理作用主要也表现在三个方面：其一，通过肺的下降作用，吸入自然界清气；其二，将津液和水谷精微向下布散全身，并将代谢产物和多余水液下输于肾和膀胱，排出体外；其三，通过肃清肺和呼吸道内的异物，以保持呼吸道的洁净。

【病理】肺气的宣发和肃降，在生理情况下，相互依存和相互制约。如果两者的功能失去协调，就会发生肺气失宣或肺失肃降的病变。前者以咳嗽为其特征，后者以喘促气逆为其特征。

【古籍】《灵枢·决气篇》说："上焦开发，宣五谷味，熏肤、充身、泽毛，若雾露之溉，是谓气"。

3. 通调水道 肺的宣发和肃降运动对体内水液的输布、运行和排泄有疏通和调节的作用。通过肺的宣发，将津液与水谷精微布散于全身，并通过宣发卫气而司腠理的开合，调节汗液的排泄。通过肺的肃降，津液和水谷精微不断向下输送，代谢后的水液经肾的气化作用，化为尿液由膀胱排出体外。

【病理】肺的宣降功能失常，就会影响到机体的水液代谢，出现水肿、腹水、胸水以及泄泻等症。

【古籍】《素问·经脉别论》说："饮入于胃，游溢精气，上输于脾，脾气散精，上归于肺，通调水道，下输膀胱。"

4. 主一身之表，外合皮毛 一身之表，包括皮肤、汗孔、被毛等组织，简称皮毛，是机体抵御外邪侵袭的外部屏障。肺合皮毛，是指肺与皮毛之间存在着极为密切的关系，肺经有病可以反映于皮毛，而皮毛受邪也可传之于肺。

【病理】肺气虚的动物，不仅易汗，而且经久可见皮毛焦枯或被毛脱落；而外感风寒，也可影响到肺，出现咳嗽、流鼻涕等症状。

【古籍】《素问·咳论》说："皮毛者，肺之合也，皮毛先受邪气，邪气以从其合也。"

（三）肺的生理特性

1. 肺为华盖 华盖，原指古代封建帝王出行时所用的车盖。肺为华盖是肺具有保护脏腑、抵御外邪侵袭功能的高度概括。

2. 肺为娇脏 肺为清虚之体，外合皮毛，开窍于鼻，与天气直接相通，故六淫等外邪侵袭机体，无论从口鼻而入，还是从皮毛而入，均易犯肺而致病。此外，肺为百脉之所朝，凡他脏腑之寒热病变，常易上及于肺。又因肺叶娇嫩，不耐寒热，故易受邪侵。所以，称肺为"娇脏"。

3. 肺气与秋气相通应 肺乃清虚之体，性喜清润而气主降。自然界中，秋季气候清肃，空气明润。肺气与秋气相通应，是说肺气在秋季最旺盛。

(四)肺与五窍、五液的关系

1. 开窍于鼻 鼻为肺窍，有司呼吸和主嗅觉的功能。肺气正常则鼻窍通利，嗅觉灵敏。同时，鼻为肺的外应。

【病理】如外邪犯肺，肺气不宣，常见鼻塞流涕，嗅觉不灵等症状。又如肺热壅盛，常见鼻翼扇动等。鼻为肺窍，鼻又可成为邪气犯肺的通道，如湿热之邪侵犯肺卫，多由鼻窍而入。此外，喉是呼吸的门户和发音器官，又是肺脉通过之处，其功能也受肺气的影响，肺有异常，往往引起声音嘶哑、喉痹等病变。

【古籍】《灵枢·脉度篇》说："肺气通于鼻，肺和则鼻能知香臭矣"。《安骥集·师皇五脏论》中说："肺者，外应于鼻"。

2. 在液为涕 鼻为肺窍，故其分泌物属于肺。肺气正常与否，常可以通过鼻涕的变化反映出来。肺气正常，则鼻涕润泽鼻窍而不外流；若肺受邪气，则鼻涕的分泌和性状均会发生变化。

【病理】肺受风寒之邪，则鼻流清涕；肺受风热之邪，则鼻流黄浊脓涕；肺败，则鼻流黄绿色腥臭脓涕；肺受燥邪，则鼻干无涕。

【古籍】《素问·宣明五气篇》说："五脏化液……肺为涕"。

三、脾

(一)概述

脾与胃、肉、唇、口等构成脾系统。脾在五行属土，在五脏阴阳属阴中之至阴，脾的经脉络于胃，与胃相表里。脾主运化，统血，主肌肉四肢，输布水谷精微，为"气血生化之源""后天之本"。脾与四时之长夏相应。

(二)脾的生理功能

1. 主运化 脾主运化，主要是运化水谷及水湿的功能。机体的脏腑经络、四肢百骸、筋肉、皮毛，均有赖于脾的运化以获取营养，故称脾为"后天之本""五脏之母"。

(1)运化水谷：脾将胃初步消化的水谷进一步消化及吸收，并将营养物质转输到心、肺，通过经脉运送到周身，以供机体生命活动之需。脾的这种功能健旺，称为"健运"。脾气健运，其运化水谷的功能旺盛，全身各脏腑组织才能得到充分的营养以维持正常的生命活动。

(2)运化水湿：脾有促进水液代谢的作用。脾在运输水谷精微的同时，也把水液运送到周身各组织中，以发挥其滋养濡润的作用。

2. 主生血统血 脾主生血，指脾具有生血的功能。脾为后天之本，气血生化之源，脾运化的水谷精微是生成血液的主要物质基础，脾的运化功能健旺，水谷精微则源源不断地化生，由脾上输于肺，成为血液化生的主要物质基础，经心肺的气化作用生成血液。脾主统血，指脾有统摄血液在脉中正常运行，不致溢出脉外的功能。脾统血的作用是通过气的摄血作用而实现的，脾为气血生化之源，气为血帅，血随气行。

【病理】脾失健运，水谷精微乏源，则气血化生减少而血液亏虚，出现头晕眼花、面色萎黄，唇、舌、爪、甲淡白无华等血虚征象。此外，脾失健运，气血虚衰，则不能统摄血液，导致出血，临床表现为皮下出血、便血、尿血等。

【古籍】《景岳·全书血证》说："血……源源而来，生化于脾"。《难经·四十二难》说："脾……主裹血，温五脏"。《医碥·气血》说："脾统血，血随气流行之义也"。

3. 主升清 升，指上升和输布；清，指精微物质。脾主升清与胃主降浊相对，属脾的功能特点。脾气升清是指脾气上输精微于心肺而化生气血和维持内脏位置相对恒定的功能。

4. 主肌肉四肢 脾可为肌肉四肢提供营养，以确保其健壮有力和正常发挥功能。肌肉和四肢的功能活动，有赖于脾所运化的水谷精微的濡养。

【病理】脾失健运，则动物消瘦、肌肉萎软、四肢无力。

【古籍】《素问·痿论》说："脾主身之肌肉"。《元亨疗马集·定脉歌》说："肉瘦毛长戊己（脾）虚"。《素问·阴阳应象大论》说："今脾病，不能为胃行其津液，四肢不得禀水谷气，气日以衰，脉道不利，筋骨肌肉，皆无气以生，故不用焉"。

(三)脾的生理特性

1. 脾宜升则健 脾气上升，是指脾的气机运动特点是以上升为主，脾健旺则运化水谷精微的功能正常。脾能升清，则气血生化有源。

2. 脾喜燥恶湿 脾为太阴湿土之脏，胃为阳明燥土之腑。脾喜燥恶湿，与胃喜润恶燥相对而言，脾能运化水湿，以调节体内水液代谢的平衡，脾虚不运最易生湿，而湿邪过胜又最易困脾。

3. 脾气与长夏相应 长夏，气候多雨而潮湿。脾主长夏，是指脾气旺于长夏，脾脏的生理功能活动，与长夏的阴阳变化相互通应。

(四)脾与五窍、五液的关系

1. 开窍于口 脾主水谷的运化，口是水谷摄入的门户；又脾气通于口，与食欲有着直接联系。脾气旺盛，则食欲正常。若脾失健运，则动物食欲减退，甚至废绝。脾主运化，其华在唇，脾有经络与唇相通，唇是脾的外应。

【病理】脾不健运，脾气衰弱，则食欲不振，营养不佳，口唇淡白无光；脾有湿热，则口唇红肿；脾经热毒上攻，则口唇生疮。

【古籍】《灵枢·脉度篇》说："脾气通于口，脾和则能知五谷矣"。《安骥集·碎金五脏论》说："脾不磨时马不食"。

2. 在液为涎 涎，即口津，是口腔分泌的液体，具有湿润口腔，帮助食物吞咽和消化的作用。脾的运化功能正常，则津液上注于口而为涎，以辅助脾胃之消化，但不溢出口外。

【病理】脾胃不和，则涎液分泌增加，发生口涎自出等现象；脾气虚弱，气虚不能摄涎，则涎液自口角而出；脾经热毒上攻，则口唇生疮，口流黏涎。

【古籍】《素问·宣明五气篇》说："五脏化液……脾为涎"。《安骥集·师皇五脏论》也说："脾者外应于唇，唇即生涎，涎即润其肉"。

四、肝

(一)概述

肝，与胆、筋、爪、目等构成肝系统。肝位于腹腔右上侧季肋部，有胆附于其下。肝有经脉络于胆，与胆相表里。肝在五行属木，主要生理功能是藏血，主疏泄，主筋。肝开窍于目，在液为泪。肝有经脉络于胆，与胆相表里。

(二)肝的生理功能

1. 藏血 指肝有贮藏血液及调节血量的功能。当动物休息或静卧时,机体对血液的需要量减少,一部分血液则贮藏于肝脏;而在使役或运动时,机体对血液的需要量增加,肝脏便排出所藏的血液,以供机体活动所需。肝血供应的充足与否,与动物耐受疲劳的能力有着直接的关系。当动物使役或运动时,若肝血供给充足,则可增加对疲劳的耐受力,否则便易于产生疲劳。

【病理】肝血不足,血不养目,则发生目眩、目盲;或血不养筋,则出现筋肉拘挛或屈伸不利。肝不藏血,则可引起动物不安或出血。肝的阴血不足,还可引起阴虚阳亢或肝阳上亢,出现肝火、肝风等证。

【古籍】《素问·六节脏象论》说:"肝为罢极之本"。

2. 主疏泄 肝主疏泄,是指肝具有保持全身气机疏通调达,通而不滞,散而不郁的作用。肝的疏泄功能,主要表现在协调脾胃运化,调畅气血运行,调控精神活动和通调水液代谢四个方面。

(1)协调脾胃运化:肝气疏泄是保持脾胃正常消化功能的重要条件。这是因为,一方面,肝的疏泄功能,使全身气机疏通畅达,能协助脾胃之气的升降和二者的协调;另一方面,肝能输注胆汁,以帮助食物的消化,而胆汁的输注又直接受肝疏泄功能的影响。

(2)调畅气血运行:肝的疏泄功能直接影响到气机的调畅,而气之与血,如影随形,气行则血行,气滞则血瘀。因此,肝疏泄功能正常是保持血流通畅的必要条件。

(3)调控精神活动:动物的精神活动,除"心藏神"外,与肝气也有密切关系。肝疏泄功能正常,也是保持精神活动正常的必要条件。

(4)通调水液代谢:肝主疏泄,能调畅三焦的气机,促进上中下三焦肺、脾、肾三脏调节水液代谢的功能,即通过促进脾之运化水湿、肺之布散水津、肾之蒸化水液,以调节水液代谢。

【病理】肝主疏泄的功能异常,则会导致黄疸,食欲减退,嗳气,肚腹胀满等消化功能紊乱的现象。也会出现血瘀、呕血、衄血等现象,以及水肿、胸水、腹水等水液代谢障碍的病变。同时,还可引起精神活动异常,出现躁动或精神沉郁,胸胁胀痛等症状。

3. 主筋 筋,即筋膜(包括肌腱),是联系关节、约束肌肉、主司运动的组织。筋附着于骨及关节,由于筋的收缩及弛张而使关节运动自如。肝主筋,是指肝有为筋提供营养,以维持其正常功能的作用。肝主筋的功能与"肝藏血"有关,因为筋需要肝血的滋养,才能正常发挥其功能。

【病理】肝血不足,血不养筋,可出现四肢拘急,或萎弱无力,伸屈不灵等症。若邪热劫津,津伤血耗,血不营筋,可引起四肢抽搐,角弓反张,牙关紧闭等肝风内动之证。

【古籍】《素问·痿论》说:"肝主身之筋膜"。《素问·经脉别论》说:"食气入胃,散精于肝,淫气于筋"。

(三)肝的生理特性

1. 肝喜条达 肝属木,木性条达,故条达亦为肝之性,肝喜条达是指肝性喜舒展、条畅、畅达,实即肝之气机性喜舒畅、条畅。

2. 肝为刚脏 肝具有刚强之性,其气急而动,易亢易逆,故被喻为"将军之官"。

3. 肝气与春气相通应 肝主疏泄，其气主升、主动。在自然界中，春季为一年之始，阳气始生，气候温暖多风。肝气与春气相通应，是说肝气在春季最旺盛，反应最强。

（四）肝与五窍、五液的关系

1. 开窍于目 目主视觉，肝有经脉与之相连，其功能的发挥有赖于五脏六腑之精气，特别是肝血的滋养。

【病理】肝血不足，则两目干涩，视物不清，甚至夜盲；肝经风热，则目亦痒痛；肝火上炎，则目赤肿痛生翳。

【古籍】《素问·五脏生成论》说："肝受血而能视"。《灵枢·脉度篇》也说："肝气通于目，肝和则能辨五色矣"。

2. 在液为泪 肝开窍于目，泪从目出，故泪为肝之液。

【病理】肝的病变常常引起泪的分泌异常。如肝之阴血不足，则泪液减少，两目干涩；肝经风热，则两目流泪生眵。

【古籍】《素问·宣明五气偏》说："五脏化液……肝为泪"。《安骥集·碎金五脏论》说："肝盛目赤饶眵泪，肝热睛昏翳膜生，肝风眼暗生碧晕，肝冷流泪水泠泠"。

五、肾

（一）概述

肾位于腰部，左右各一（前人有左为肾，右为命门之说）。肾与膀胱、骨髓、脑、发、耳、二阴等构成肾系统。肾在五行属水，主要生理功能为主藏精，主命门之火、主水、主纳气、主骨、生髓，通于脑。肾开窍于耳，司二阴，在液为唾。肾有经脉络于膀胱，与膀胱相表里。

（二）肾的生理功能

1. 藏精 肾藏精，是指精的产生、贮藏及转输均由肾所主。肾所藏之精化生肾气，通过三焦，输布全身，促进机体的生长、发育和生殖。"精"是一种精微物质，肾所藏之精即肾阴（真阴、元阴），是构成机体的基本物质，也是机体生命活动的物质基础，它包括先天之精和后天之精两个方面。

（1）先天之精： 即本脏之精，是构成生命的基本物质。它禀受于父母，先身而生，与机体的生长、发育、生殖、衰老都有密切关系。胚胎的形成和发育均以肾精作为基本物质，同时它又是动物出生后生长发育过程中的物质根源。当机体发育成熟时，雄性则有精液产生，雌性则有卵子发育，出现发情周期，开始有了生殖能力；到了老年，肾精衰微，生殖能力也随之而下降，直至消失。

（2）后天之精： 即水谷之精，由五脏、六腑所化生，故又称"脏腑之精"，是维持机体生命活动的物质基础。先天之精和后天之精，是融为一体、相互资生、相互联系的。先天之精有赖后天之精的供养才能充盛，后天之精需要先天之精的资助才能化生，故一方的衰竭必然影响到另一方的功能。

【古籍】《类经·脏象类》说："人之生也，必合阴阳之气，媾父母之精，两精相搏，形神乃成，所谓天地合气，命之曰人也"。《医碥·遗精》说："精者，一身之宝，原于先天而成于后天者，五脏俱有而藏于肾"。

2. 主命门之火 命门之火，一般称元阳或肾阳（真阳），也藏之于肾。它既是肾脏生理功能的动力，又是机体热能的来源。肾主命门之火，是指肾之元阳，有温煦五脏、六腑，维持其生命活动的功能。肾所藏之精需要命门之火的温养，才能发挥其滋养各组织器官及繁殖后代的作用。五脏、六腑的功能活动，也有赖于肾阳的温煦才能正常，特别是后天脾胃之气需要先天命门之火的温煦，才能更好地发挥运化的作用。

3. 主水 肾主水，是指肾在机体水液代谢过程中起着升清降浊的作用。肾主水的功能，主要靠肾阳（命门之火）对水液的蒸化来完成。

【病理】肾阳不足，命门火衰，气化失常，就会引起水液代谢障碍，发生水肿、胸水、腹水等症。

【古籍】《素问·逆调论》说："肾者，水脏，主津液也"。

4. 主纳气 肾主纳气，是指肾摄纳肺吸入的清气而维持正常呼吸的功能。呼吸虽由肺所主，但吸入之气必须下纳于肾，才能使呼吸调匀。从二者关系来看，肺司呼吸，为气之本；肾主纳气，为气之根。只有肾气充足，元气固守于下，才能纳气正常，呼吸和利。

【病理】肾的纳气功能减退，摄纳无权，吸入之气不能归纳于肾，就会出现呼多吸少、吸气困难、动则喘甚等肾不纳气的病理变化。

【古籍】《医碥·气》说："气根于肾，亦归于肾，故曰肾纳气，其息深深"。《类证治裁·卷之二》说："肺为气之主，肾为气之根，肺主出气，肾主纳气，阴阳相交，呼吸乃和"。

5. 主骨、生髓、通于脑 肾有主管骨骼代谢，滋生和充养骨髓、脊髓及大脑的功能。肾主骨，"齿为骨之余"，故齿也有赖肾精的充养。

(三)肾的生理特性

1. 肾主一身阴阳 肾为水火之宅，寓真阴（命门之水）而涵真阳（命门之火）。五脏六腑之阴，非肾阴不能滋养；五脏六腑之阳，非肾阳不能温煦。肾阴是肾之阴液，具有宁静、滋养和濡养作用，为人体阴液之根本，对全身各脏腑组织起着滋养和濡润作用。肾阳是肾之阳气，具有温煦、推动、兴奋作用，为人体阳气之根本，对全身各脏腑组织起着推动和温煦作用。

2. 肾气与冬气相通应 水在天为寒，在脏为肾。肾气与冬气相通应，是说肾气在冬季最为旺盛。

(四)肾与五窍、五液的关系

1. 开窍于耳，司二阴 肾的上窍是耳。耳为听觉器官，其功能的发挥，有赖于肾精的充养。肾的下窍是二阴。二阴，即前阴和后阴。前阴有排尿和生殖的功能，后阴有排泄粪便的功能，这些功能都与肾有着直接或间接的联系。

【病理】肾精不足，可引起耳鸣、听力减退等症。肾阳不足，则可引起尿频、阳痿、粪便秘结等症。脾肾阳虚，则可导致粪便溏泻。

【古籍】《灵枢·脉度篇》说："肾气通于耳，肾和则耳能闻五音矣"。

2. 在液为唾 唾为口津，自口腔分泌，有帮助食物吞咽和消化的作用。唾与涎，均为口津，二者的区别在于涎自两腮出，溢于口，可自口角流出；唾生于舌下，从口中唾（吐）出。在中医临床上，口角流涎多从脾论治，唾液频吐多从肾论治。但在兽医临床上，二者很难区分。

【古籍】《素问·宣明五气论》说："五脏化液……肾为唾"。

五脏开窍歌诀：
心舌肺鼻肝开目，脾口肾耳司二阴。

第三节　六腑

一、胆

胆附于肝（马有胆管，无胆囊），内藏胆汁。胆汁由肝疏泄而来。胆的主要功能是贮藏和排泄胆汁，以帮助脾胃的运化。胆贮藏和排泄胆汁，和其他腑的传输作用相同，故为六腑之一；但其他腑所盛者皆浊，唯胆所盛者为清净之液，与五脏藏精气的作用相似，故又把胆列为奇恒之腑。胆有经脉络于肝，与肝相表里。胆汁的产生、贮藏和排泄均受肝疏泄功能的调节和控制。

【病理】肝胆湿热，临床上常见到动物食欲减退，发热口渴，尿色深黄，舌苔黄腻，脉弦数，口色黄赤等症状。

【古籍】《脉经》说："肝之余气泄于胆，聚而成精"。《安骥集·天地五脏论》中称"胆为清净之腑"。

二、胃

胃位于膈下，上接食道，下连小肠。胃有经脉络于脾，与脾相表里。胃的主要功能为受纳和腐熟水谷。胃主受纳，是指胃有接受和容纳饮食物的作用。腐熟，是指饮食物在胃中经过胃的初步消化，形成食糜。饮食物经胃的腐熟或初步消化，一部分转变为气血，由脾上输于肺，再经肺的宣发作用布散到全身。

胃主降浊，与脾主升清相对。又称胃以降为顺，是指胃的气机通畅下降，使初步消化的食糜向下传送至肠道。胃主降浊是指胃气通降使腐熟后的水谷下传至肠道，并将糟粕排出体外，保持胃肠虚实更替状态。

由于脾主运化，胃主受纳、腐熟水谷，水谷在胃中可以转化为气血，而机体各脏腑组织都需要脾胃所运化气血的滋养，才能正常发挥功能，因此常常将脾胃合称为"后天之本"。

【病理】胃气不降，便会发生食欲不振，水谷停滞，肚腹胀满等症；若胃气不降反而上逆，则出现嗳气、呕吐等症。

【古籍】《安骥集·天地五脏论》中也称"胃为草谷之腑"。《灵枢·玉版篇》说："胃者，水谷气血之海也"。

三、小肠

小肠上通于胃，下接大肠。小肠有经脉络于心，与心相表里。小肠的主要生理功能是受盛化物和分别清浊，即小肠接受由胃传来的水谷，继续进行消化吸收以分别清浊。清者为水谷精微，经吸收后，由脾传输到身体各部，供机体活动之需；浊者为糟粕和多余水液，下注大肠或肾，经由二便排出体外。

【病理】小肠有病，除影响消化吸收功能外，还出现排粪、排尿的异常。

【古籍】《安骥集·天地五脏论》说："小肠为受盛之腑"。《医学入门》说："凡胃中腐熟水谷……自胃之下口传入于小肠，……分别清浊，水液入膀胱上口，滓秽入大肠上口"。

四、大肠

大肠上通小肠，下连肛门。大肠有经脉络于肺，与肺相表里。大肠的主要功能是转化糟粕，即大肠接受小肠下传的水谷残渣或浊物，经过吸收其中的多余水液，最后燥化成粪便，由肛门排出体外。

【病理】大肠虚不能吸收水液，致使粪便燥化不及，则肠鸣、便溏；若大肠实热，消灼水液过多，致使粪便燥化太过，则出现粪便干燥、秘结难下等症。

【古籍】《安骥集·天地五脏论》说："大肠为传送之腑"。

五、膀胱

膀胱位于腹部，有经脉络于肾，与肾相表里。膀胱的主要功能为贮存和排泄尿液。

【病理】肾阳不足，膀胱功能减弱，不能约束尿液，便会引起尿频、尿液不禁；膀胱气化不利，可出现尿少、尿秘；膀胱有热，湿热蕴结，可出现排尿困难、尿痛、尿淋漓、血尿等。

【古籍】《安骥集·天地五脏论》说："膀胱为津液之腑"。

六、三焦

三焦是上、中、下焦的总称。从部位上来说，膈以上为上焦(包括心、肺等脏)，脘腹部相当于中焦(包括脾、胃等脏腑)，脐以下为下焦(包括肝、肾、大小肠、膀胱等脏腑)。

【古籍】《安骥集·清浊五脏论》说："头至于心上焦位，中焦心下至脐论，脐下至足下焦位"。

1. 上焦如雾 上焦如雾是指上焦主宣发，散气血津液充养机体的功能。上焦接受来自中焦脾胃的水谷精微，通过心肺的宣发敷布，布散于全身，发挥其营养滋润作用，若雾露之溉，故称"上焦如雾"。因上焦摄纳清气和水谷精微，故又称"上焦主纳"。

2. 中焦如沤 中焦如沤是指中焦腐熟水谷，吸收精微的功能。胃受纳腐熟水谷，由脾之运化而形成水谷精微，以此化生气血，并通过脾的升清转输作用，将水谷精微上输于心肺以濡养周身。因为脾胃有腐熟水谷，运化精微的生理功能，故喻之为"中焦如沤"。因中焦运化精微，化生营血，故称"中焦主化"。

3. 下焦如渎 下焦如渎是指下焦渗泄水液，排泄二便的功能。下焦将饮食物的残渣糟粕传送到大肠，变成粪便，从尿道排出体外。这种生理过程具有向下疏通，向外排泄之势，故称"下焦如渎"。因下焦疏通二便，排泄废物，故称"下焦主出"。

第四节 脏腑之间的关系

一、脏与脏之间的关系

1. 心与肺 心与肺的关系，主要是气与血的关系。心主血，肺主气，二脏相互配合，保证了气血的正常运行。血的运行要靠气的推动，而气只有贯注于血脉中，靠血的运载才能到达周身，正所谓"气为血帅，血为气母，气行则血行，气滞则血瘀"。

【病理】在病理上，无论是肺气虚弱或是肺失宣肃，均可影响到心的行血功能，导致血液运行迟滞，出现口舌青紫、脉迟涩等血瘀之证。相反，若心气不足或心阳不振，也会影响肺的宣发和肃降功能，导致呼吸异常，出现咳嗽、气促等肺气上逆之证。

【古籍】《素问·五脏生成论》说："诸血者，皆属于心；诸气者，皆属于肺"。

2. 心与脾　心主血脉，藏神；脾主运化，统血。心与脾的关系，主要表现在血的生成和运行，以及心血养神与脾主运化方面的关系。脾为心血的生化之源，若脾气充足，血液生化有源，则心血充盈；而血行于脉中，虽靠心气的推动，但有赖于脾气的统摄才不致溢出脉外。脾的运化功能也有赖于心血的滋养和心神的统辖。

【病理】若心血不足或心神失常，就会引起脾的运化失健，出现食欲减退，肢体倦怠等症状；相反，若脾气虚弱，运化失职，也可导致心血不足或脾不统血，出现心悸、易惊，或出血等症状。

3. 心与肝　心主血，肝藏血，心藏神，肝主疏泄，调节精神情志。所以，心与肝的关系，主要表现在血液和神志两个方面。血液方面，心主血，肝藏血，二者相互配合而起到推动血液循环及调节血量的作用。神志方面，肝主疏泄、心藏神两者亦相互联系、相互影响。

【病理】若心血不足，肝血可因之而虚，导致血不养筋，出现筋骨酸痛、四肢拘挛、抽搐等症状；反之，肝血不足，也可影响心的功能，出现心悸、怔忡等症状。若肝疏泄失常，肝郁化火，可以扰及心神，出现心神不宁，狂躁不安等症状；反之，心火亢盛，也可使肝血受损，出现血不养筋或血不养目等症状。

4. 心与肾　心属火、属阳；肾属水、属阴；二者之间存在着相互滋养、相互制约的关系。正常情况下，心火不断下降，以资肾阳，共同温煦肾阴，使肾水不寒；同时，肾水不断上济于心，以滋心阴，共同濡养心阳，使心阳不亢。这种阴阳相交，水火相济的关系，称为"水火既济""心肾相交"。此外，心主血，肾藏精，精和血都是维持生命活动的必要物质。精血之间相互资生、相互转化，血可以化而为精，精亦可化而为血，精血之间的相互资生为心肾相交奠定了物质基础。

【病理】在病理情况下，若肾水不足，不能上滋心阴，就会出现心阳独亢或口舌生疮的阴虚火旺之证；若心火不足，不能下温肾阳，以致肾水不化，就会上凌于心，出现"水气凌心"的心悸症。

5. 肺与脾　肺与脾的关系，主要表现在气的生成与水液代谢两个方面。在气的生成方面，肺主气，脾主运化，同为后天气血生化之源，存在着益气与主气的关系。脾所传输的水谷之精气，上输于肺，与肺吸入的清气结合而形成宗气，这就是脾助肺益气的作用。因此，肺气的盛衰很大程度上取决于脾气的强弱。在水液代谢方面，脾运化水湿的功能，与肺气的肃降有关，脾、肺二脏相互配合，再加上肾的作用，共同完成水液的代谢过程。

【病理】若脾气虚弱，脾失健运，水湿不能运化，聚为痰饮，则影响肺气的宣降，出现咳嗽、气喘等症状。若肺气虚，宣降失职，可引起水液代谢不利，湿邪困留脾气，脾不健运，出现水肿、倦怠、腹胀、便溏等症状。

6. 肺与肝　肺与肝的关系，主要表现在气机的升降方面。肝主升发，肺主肃降，肝升肺降，气机条畅。

【病理】若肝气升发太过而上逆，影响肺气的肃降，则出现胸满喘促等症状；若肝阳过亢，肝火过盛则灼伤肺津，可引起肺燥咳嗽等症状。若肺失肃降，则影响肝之升发，可出现胸胁胀满等症状；若肺气虚弱，气虚血涩，则致肝血瘀滞，可引起肢体疼痛，视力减退等症状。

7. 肺与肾 肺与肾的关系，主要表现在水液代谢和呼吸运动两个方面。在水液代谢方面，肺主宣降，肾主膀胱气化并司膀胱的开合，共同参与水液代谢。在呼吸方面，肺司呼吸，为气之主；肾主纳气，为气之根；二者协同配合以完成机体的气体交换。

【病理】若肾气不足，肾不纳气，则出现呼吸困难，呼多吸少，动则气喘的症状；若因肾阴不足而致肺阴虚弱，则出现虚热、盗汗、干咳等症状。同样，肺的气阴不足，亦可影响到肾，而致肾虚之证。

8. 肝与脾 肝与脾的关系，主要是疏泄和运化的关系。肝藏血而主疏泄，脾生血而司运化，肝气的疏泄与脾胃之气的升降有着密切关系。

【病理】若肝气郁滞，疏泄失常，就可引起脾不健运，出现食欲不振，肚腹胀满，腹痛，泄泻等症状。反之，若脾失健运，水湿内停，日久蕴热，湿热郁蒸于中焦，也可导致肝疏泄不利，胆汁不能溢入肠道，横溢肌肤而形成黄疸。

9. 肝与肾 肝与肾的关系，主要表现在肾精和肝血相互滋生方面。肾藏精，肝藏血，肝血需要肾精的滋养，肾精又需肝血的不断补充，即精能生血，血能化精，二者相互依存，相互补充。肝、肾二脏往往盛则同盛，衰则同衰，故有"肝肾同源"之说。

【病理】在病理上，精血的病变亦常常互相影响。如肾精亏损，可导致肝血不足；肝血不足，也可引起肾精亏损。由于肝肾同源，肝肾阴阳之间的关系也极为密切。肝肾之阴，相互资生，在病理上也相互影响。如肾阴不足可引起肝阴不足，阴不制阳而致肝阳上亢，出现痉挛、抽搐等"水不涵木"之证；若肝阴不足，亦可导致肾阴不足而致相火上亢，出现虚热、盗汗等症状。

10. 脾与肾 脾为后天之本，肾为先天之本，脾与肾的关系主要是先天与后天的关系，后天与先天是相互资助，相互促进的。肾所藏之精，需脾运化水谷之精的滋养才能充盈；脾的运化，又需肾阳的温煦，才能正常发挥作用。

【病理】若肾阳不足，不能温煦脾阳，可引发腹胀、泄泻、水肿等症状；而脾阳不足，脾不能运化水谷精气，则又可引起肾阳的不足或肾阳久虚，出现脾肾阳虚之证，主要表现为体质虚弱，形寒肢冷，久泻不止，肛门不收，或四肢浮肿。

二、腑与腑之间的关系

腑与腑之间的关系，主要是传化物的关系。水谷入于胃，经过胃的腐熟与初步消化，下传于小肠，由小肠进一步消化吸收以分别清浊，其中营养物质经脾转输于周身，糟粕则下注于大肠，经大肠的消化、吸收和传导，形成粪便，从肛门排出体外。

在此过程中，胆排泄胆汁，以协助小肠的消化功能；代谢废物和多余的水分，下注膀胱，经膀胱的气化，形成尿液排出体外；三焦是水液升降排泄的主要通道。食物和水液的消化、吸收、传导、排泄是由各腑相互协调，共同配合而完成的。因六腑传化水谷，需要不断地受纳排空，虚实更替，故六腑以通为顺。

【病理】若胃有实热，消灼津液，可使大肠传导不利，引起大便秘结；而粪便不通，又能影响胃的和降，致使胃气上逆，出现呕吐等证。若胃有寒邪，不能腐熟水谷，可影响小肠分别清浊的功能，致使清浊不分而注入大肠，成为泄泻之证。若脾胃湿热，熏蒸肝胆，使胆汁外溢，则发生黄疸等。

【古籍】《灵枢·平人绝谷篇》说："胃满则肠虚，肠满则胃虚，更虚更满，故气得上下"。

三、脏与腑之间的关系

脏与腑的关系，实际上就是脏腑阴阳表里配合关系，由于脏属阴，腑属阳，脏为里，腑为表，一脏一腑，一表一里，一阴一阳，相互配合，组成心与小肠、肺与大肠、脾与胃、肝与胆、肾与膀胱、心包与三焦等脏腑的表里关系，体现了阴阳、表里相输相应的关系。

脏腑表里关系，不仅说明它们在生理上的相互联系，而且也决定了它们在病理上的相互影响，脏病及腑，腑病及脏，脏腑同病。因而在治疗上也相应地有脏病治腑，腑病治脏，脏腑同治等方法，因此，我们掌握这种理论，对指导临床实践有着重要的意义。

五脏六腑相关联歌诀：

心肺小大肠，肝胆脾胃肾膀胱。

第三章

气、血、津液

气、血、津液是构成动物体和维持机体生命活动的基本物质。气，是不断运动的、极其细微的物质；血，是循行于脉中的红色液体；津液，是体内一切正常水液的总称。气血津液学说是研究动物机体基本物质的生成、运行以及生理功能的理论，是中兽医学理论的重要组成部分。

第一节 气

一、气的基本概念

气是存在于动物体内的至精至微的物质，是构成动物体的基本物质，也是维持动物体生命活动的基本物质。机体生命所赖者，唯气而已，气聚则生，气散则死。气存在于宇宙中，有两种状态，一是弥散而剧烈运动不易察觉的"无形"状态，一是集中凝聚在一起的有形状态。习惯上，把弥散无形的气称为气，把气经凝聚变化形成的有形实体称为形。本章所讨论的气，主要是指呈弥散状态的气。

二、气的生成

气生成的主要来源有先天之气和后天之气两个方面。

1. 先天之气 禀受于父母的先天之精气，即先天之气。它藏于肾，是构成生命的最基本物质，为动物体生长发育和生殖的根本，是机体气的重要组成部分。

2. 后天之气 肺吸入的自然界清气和脾胃所运化的水谷精微之气，即后天之气。其中，水谷精微之气是维持机体生命活动的主要物质。

三、气的运动

气是不断运动的，气的运动称为"气机"，其基本形式有升、降、出、入四种。

1. 升 指气自下而上的运动，如脾将水谷精微物质上输于肺为升。
2. 降 指气自上而下的运动，如胃将腐熟后的食物下传小肠为降。
3. 出 是指气由内向外的运动，如肺呼出浊气为出。
4. 入 指气由外向内的运动，如肺吸入清气为入。

四、气的生理功能

1. 推动作用 气的推动作用，是指气有激发和推动的作用。

2. 温煦作用 气的温煦作用，是指阳气能够生热，具有温煦机体脏腑组织器官，以及血、津液等的作用。

3. 防御作用 气的防御作用，是指气有保卫机体，抗御外邪的作用。

4. 固摄作用 气的固摄作用，是指气有统摄和控制体内液态物质，防止其无故丢失的作用。气的固摄作用主要表现在三个方面：一是固摄血液，保证血液在脉中的正常运行，防止其溢出脉外；二是固摄汗液、尿液、唾液、胃液、肠液等，控制其正常的分泌量和排泄量，防止体液丢失；三是固摄精液，防止妄泄。

5. 气化作用 气的气化作用，是指通过气的运动而产生的各种变化。各种气的生成及其代谢，精、血、津液等的生成、输布、代谢及其相互转化等均属于气化的范畴。机体的新陈代谢过程，实际上就是气化作用的具体体现。

6. 营养作用 气的营养作用，主要是指脾胃所运化的水谷精微之气对机体各脏腑组织器官所具有的营养作用。

五、气的分类

按气的生成及作用而言，主要有元气、宗气、营气、卫气四种。

1. 元气 元气根源于肾，包括元阴、元阳（即肾阴、肾阳）之气，又称原气、真气、真元之气。

【古籍】《灵枢·刺节真邪论》说："真气者，所受于天，与谷气并而充身也"。

2. 宗气 宗气由脾胃所运化的水谷精微之气和肺所吸入的自然界清气结合而成。它形成于肺，聚于胸中，有助肺以行呼吸和贯穿心脉以行营血的作用。

【古籍】《灵枢·邪客篇》说："故宗气积于胸中，出于喉咙，以贯心脉，而行呼吸焉"。《灵枢·刺节真邪论》说："宗气不下，脉中之血，凝而留止"。

3. 营气 营气是水谷精微所化生的精气之一，与血并行于脉中，是宗气贯入血脉中的营养之气，故称"营气"，又称荣气。由于营气行于脉中，化生为血，其营养全身的功能又与血液基本相同，故营气与血可分而不可离，常并称为"营血"。

【古籍】《灵枢·营卫生会篇》说："谷入于胃，以传于肺，五脏六腑皆以受气，其清者为营，……营在脉中，……营周不休"。

4. 卫气 卫气主要由水谷之气所化生，是机体阳气的一部分，故有"卫阳"之称。

【古籍】《素问·痹论》称："卫者，水谷之悍气也"。《灵枢·本藏篇》说："卫气者，所以温分肉，充皮肤，肥腠理，司开合者也"。

第二节 血

一、血的概念

血是运行于脉中的红色液体。它依靠气的推动，循着经脉流注周身，具有很强的营养与滋润作用，是构成动物体和维持动物体生命活动的重要物质。从五脏六腑，到筋骨皮肉，都依赖于血的滋养才能进行正常的生理活动。

二、血的生成

血主要含有营气和津液，其生成主要有以下三个方面：血液主要来源于水谷精微，脾胃是血液的生化之源；营气入于心脉有化生血液的作用；精血之间可以互相转化。

【古籍】《灵枢·决气篇》说："中焦受气取汁，变化而赤，是谓血"。《灵枢·邪客篇》说："营气者，泌其津液，注之于脉，化以为血"。《张氏医通》说："气不耗，归精于肾而为精，精不泄，归精于肝而化清血"。

三、血的生理功能

1. 营养滋润全身　血的营养作用是由其组成成分所决定的。血循行于脉内，是其发挥营养作用的前提和条件，血沿脉管循行于全身，为全身各脏腑组织的功能活动提供营养。全身各部无一不是在血的濡养作用下发挥功能的。如鼻能嗅、眼能视、耳能听等都是在血的濡养作用下完成的。

【古籍】《难经·二十二难》说："血主润之"。

2. 精神活动的物质基础　无论何种原因形成的血虚或运行失常，均可以出现不同程度的神志方面的症状。如心血虚、肝血虚，常有惊悸、失眠、多梦等神志不安的表现。可见血液与神志活动有着密切的关系。

【古籍】《灵枢·平人绝谷篇》说："血脉和利，精神乃居"。

第三节　津液

一、津液的概念

津液是津与液的总称，为动物体的正常水液，构成动物体和维持生命活动的基本物质，包括各脏腑组织的内在体液及其正常的分泌物。津液是由饮食水谷精微所化生的、富于营养的液体物质。津液又是化生血液的物质基础之一，与血液的生成和运输也有密切关系，所以津液不但是构成动物体的基本物质，也是维持动物体生命活动的基本物质。

津与液虽同属水液，但在形状、功能及其分布部位等方面又有一定的区别。一般地说，清而稀者称为"津"，主要布散于皮肤、肌肉和孔窍，渗入血脉，具有滋润作用；浊而稠者称为"液"，灌注于骨节、脏腑、脑、髓等，具有濡养润滑作用。津液之间可互相转化，病变过程中又互相影响，故津液常并称，一般情况下不予以区别。

二、津液的生成、输布和排泄

（一）津液的生成

津液来源于饮食水谷，经由脾、胃、小肠、大肠吸收其中的水分和营养物质而生成。胃主受纳，腐熟水谷，吸收水谷中的部分精微物质；小肠接受胃下传的食物，分别清浊，吸收其中的大部分水分和营养物质后，将糟粕下输于大肠；大肠吸收食物残渣中的多余水分，形成粪便。胃、小肠、大肠所吸收的水谷精微，一起输送到脾，通过脾布散全身。

津液的生成取决于两方面的因素：其一，是充足的水饮类食物，这是生成津液的物质基础；其二，是脏腑功能正常，特别是脾胃、大肠和小肠的功能正常。其中任何一方面因素的异常，均可导致津液生成不足，引起津液匮乏的病理变化。

(二) 津液的输布

津液的输布主要依靠脾、肺、肾、肝和三焦等脏腑生理功能的综合作用完成的。

1. 脾 主运化水谷精微，将津液上输于肺。

2. 肺 肺接受脾转输来的津液，通过宣发和肃降作用，将其输布全身，内注脏腑，外达皮毛，并将代谢后的水液下输肾及膀胱。

3. 肾 肾对津液的输布也起着重要作用，一方面，肾中精气的蒸腾汽化，推动着津液的生成、输布；另一方面，由肺下输至肾的津液，通过肾的气化作用再次分别清浊，清者上输于肺而布散全身，浊者化为尿液下注膀胱，排出体外。

4. 肝 主疏泄，可使气机调畅，从而促进了津液的运行和输布。

5. 三焦 三焦是津液在体内运行、输布的通道。

(三) 津液的排泄

津液的排泄和津液的输布一样，主要依赖于肺、脾、肾等脏腑的综合作用，其具体排泄途径主要为汗、呼吸、尿和粪。

1. 汗、呼吸 肺气宣发，将津液输送到体表皮毛，被阳气蒸腾而形成汗液，由汗孔排出体外。肺主呼吸，肺在呼气时也带走部分津液（水分）。

2. 尿 代谢后的水液，经肾和膀胱的气化作用，形成尿液并排出体外。

3. 粪 大肠排出的水谷糟粕所形成的粪便中亦带走一些津液。

第四节 气、血、津液之间的关系

一、气和血的关系

1. 气能生血 一方面是指气，特别是水谷精微之气是化生血液的原料；另一方面是指气化作用是化生血液的动力。

2. 气能行血 血的运行必须依赖气的推动，故有"气为血帅""气行则血行，气滞则血瘀"之说。

3. 气能摄血 血液能正常循行于脉中而不致溢出脉外，全赖气对血的统摄。

4. 血以载气 气无形而动，必须依赖气的推动，才能行于脉中不致失散。

二、气和津液的关系

1. 气能生津（液） 气是津液生成的物质基础和动力。

2. 气能行津（液） 津液的输布和排泄均依赖于气的升降出入和有关脏腑的气化功能。

3. 气能摄津（液） 气有固摄津液以控制其排泄的作用。

4. 津（液）以载气 津液为气的载体之一，气依附于津液而存在，否则就会涣散不定。

三、血和津液的关系

血和津液在性质上均属于阴，都是以营养、滋润为主要功能的液体，其来源相同，又能相互渗透转化，故二者的关系非常密切。津液是血液的组成部分，血的液体部分渗于脉外，可成为津液。

第四章 经络

经络学说是中兽医学基础理论的重要组成部分,是研究机体生理作用和病理现象的依据,对于辨证、用药以及针灸治疗都具有重要的指导意义。

第一节 经络的基本概念和经络系统

一、经络的概念

经络是动物体内经脉和络脉的总称,是机体联络脏腑、沟通内外和运行气血、调节功能的通路,是动物体组织结构的重要组成部分。经,即经脉,有路径的意思,是经络系统的主干;络,即络脉,有网络的意思,是经脉的分支。经络在体内纵横交错,内外连接,遍布全身,无处不至,把动物体的脏腑、器官、组织都紧密地联系起来,形成一个有机的统一整体。

经络学说是研究机体经络系统的组织结构、生理功能、病理变化及其与脏腑关系的学说,是中兽医学理论体系的重要组成部分。

二、经络系统的组成

经络系统由经脉、络脉、内属脏腑部分和外连体表部分组成(图4-1)。

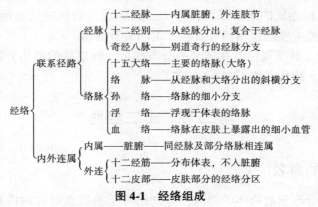

图4-1 经络组成

(一)经脉

经脉主要由十二经脉、十二经别和奇经八脉构成。

1. 十二经脉 即前肢三条阳经和三条阴经,后肢三条阳经和三条阴经。十二经脉有一定的起止、一定的循行部位和交接顺序,与脏腑有着直接的络属关系,是全部经络系统的主体,又叫十二正经。

2. 十二经别 十二经别是从十二经脉分出的纵行支脉,故又称"别行的正经"。

3. 奇经八脉 包括任脉、督脉、冲脉、带脉、阴维脉、阳维脉、阴跷脉、阳跷脉八条,其循行、分布与十二经脉、十二经别有所不同。虽然大部分是纵行的,左右对称的,但也有横行和分布在躯干正中线的;除与子宫和脑有直接联系外,与五脏、六腑没有直接的络属关系,相互之间也不存在表里相合、相互衔接及相互循环流注的关系,故称其为别道奇行的"奇经"。因其有八条,故称"奇经八脉"。

(二)络脉

络脉是经脉的细小分支,多数无一定的循行路径。

1. 十五大络 即十二络脉(每一条正经都有一条络脉)加上任、督脉的络脉和脾的大络,总共为十五条,它是所有络脉的主体。另有胃的大络,加起来实际上是十六条大络,但因脾胃相表里,故习惯上仍称十五大络。

2. 络脉 从十五大络分出的斜横分支,一般统称为络脉。

3. 孙络 从络脉中分出的细小分支,称为孙络。

4. 浮络 络脉浮于体表的,称为浮络。

5. 血络 络脉,特别是浮络,在皮肤上暴露出的细小血管,称为血络。

(三)内属脏腑部分

1."属" 十二经脉各与其本身脏腑直接相连,称之为"属"。

2."络" 十二经脉各与其相表里的脏腑相连,称之为"络"。

3."脏腑络属" 阳经皆属腑而络脏,阴经皆属脏而络腑。如前肢太阴肺经的经脉,属肺络于大肠;前肢阳明大肠经的经脉,属大肠络于肺等。互为表里的脏腑之间的这种联系,称为"脏腑络属"关系。

(四)外连体表部分

1. 经筋 是经脉所连属的筋肉系统,即十二经脉及其络脉中气血所濡养的肌肉、肌腱、筋膜、韧带等,其功能主要是连缀四肢百骸,主司关节运动。

2. 皮部 是经脉及其所属络脉在体表的分布部位,即皮肤的经络分区。经筋、皮部与经脉、络脉有紧密联系,故称经络"外络于肢节"。

第二节 十二经脉

一、十二经脉的命名

十二经脉对称地分布于动物体的两侧,分别循行于前肢或后肢的内侧和外侧,每一经分别属于一个脏或一个腑,具体分为前肢三阴经、前肢三阳经、后肢三阴经、后肢三阳经四组(表4-1)。

表 4-1　十二经脉的命名

循行部位 (阴经行于内侧，阳经行于外侧)		阴经(属脏络腑)	阳经(属腑络脏)
前肢	前缘 中线 后缘	太阴肺经 厥阴心包经 少阴心经	阳明大肠经 少阳三焦经 太阳小肠经
后肢	前缘 中线 后缘	太阴脾经 厥阴肝经 少阴肾经	阳明胃经 少阳胆经 太阳膀胱经

二、十二经脉的循行路线

前肢三阴经，从胸部开始，循行于前肢内侧，止于前肢末端；前肢三阳经，由前肢末端开始，循行于前肢外侧，抵达于头部；后肢三阳经，由头部开始，经背腰部，循行于后肢外侧，止于后肢末端；后肢三阴经，由后肢末端开始，循行于后肢内侧，经腹达胸。

从十二经脉的分布来看，前肢三阳经止于头部，后肢三阳经又起于头部，所以称头为"诸阳之会"。后肢三阴经止于胸部，而前肢三阴经又起于胸部，所以称胸为"诸阴之会"。

十二经脉循行路线歌诀：
　　手之三阴胸走手，手之三阳手走头；
　　足之三阳头走手，足之三阴足走胸。

三、十二经脉的流注次序

十二经脉的流注次序见表 4-2。

表 4-2　十二经脉流注次序

三阳(表)			三阴(里)	
前肢阳明	大肠	← 肺	←	前肢太阴
	↓			
后肢阳明	胃	→ 脾		后肢太阴
	↓	↓		
前肢太阳	小肠	← 心		前肢少阴
	↓	↓		
后肢太阳	膀胱	→ 肾		后肢少阴
		↓		
前肢少阳	三焦	← 心包		前肢厥阴
	↓			
后肢少阳	胆	→ 肝		后肢厥阴

十二经脉流注次序歌诀：
　　一肺二大三胃经，四脾五心六小肠；
　　七膀八肾九心包，三焦胆肝相连行。

第三节　经络的主要作用

一、生理方面

1. 运行气血，温养全身　动物体内的各组织器官，均需气血的温养，才能维持正常的生理活动，而气血必须通过经络的传注，方能通达周身，发挥其温养脏腑组织的作用。

2. 协调脏腑，联系周身　经络既有运行气血的作用，又有联系动物体各组织器官的作用，使机体内外上下保持协调统一。经络内连脏腑，外络肢节，上下贯通，左右交叉，将动物体各个组织器官，相互紧密地联系起来，从而起到了协调脏腑功能的作用。

3. 保卫体表，抗御外邪　经络在运行气血的同时，卫气伴行于脉外，因卫气能温煦脏腑、腠理、皮毛、开合汗孔，因而具有保卫体表、抗御外邪的作用。同时，经络外络肢节、皮毛，营养体表，是调节防卫机能的要塞。

二、病理方面

1. 传导病邪　当病邪侵入动物体时，动物体通过经络以调整体内营卫气血等防卫力量来抵抗病邪。

2. 反映病变　脏腑有病，可通过经络反映到体表，临床上可据此对疾病进行诊断。

三、治疗方面

1. 传递药物的治疗作用　药物作用于机体，需通过经络的传递，经络能选择性地传递某些药物，致使某些药物对某些脏腑具有主要作用。

2. 感受和传导针灸的刺激作用　经络能够感受和传导针灸的刺激作用。针刺体表的穴位之所以能够治疗内脏的疾病，就是借助于经络的这种感受和传导作用。因此，在针灸治疗方面就提出了"循经取穴"的原则，即治疗某一经的病变，就在这一经上选取某些特定的穴位，对其施以一定的刺激，达到调理气血和脏腑功能的目的。

第五章 病因病机

第一节 病因病机的基本概念

1. **病因** 即致病因素，也就是引起动物疾病发生的原因。
2. **病机** 病机是指各种病因作用于机体，引起疾病发生、发展与转归的机理。
3. **疾病的发生** 对立统一性破坏，就会导致疾病的发生。
4. **发病与正邪** "正气"，是指动物体各脏腑组织器官的机能活动，及其抵抗力；"邪气"，指一切致病因素。疾病的发生与发展就是"正邪相争"的结果。
5. **发病与环境** 动物体的正气盛衰，取决于体质因素和所处的环境及饲养管理等条件。

第二节 病因

根据病因的性质及致病的特点，可以将病因分为外感致病因素、内伤致病因素、其他致病因素（包括外伤、虫兽伤、寄生虫、中毒、痰饮、瘀血等）三大类。

一、外感致病因素

外感致病因素是指来源于自然界，多从皮毛、口鼻侵入机体而引发疾病的致病因素，包括六淫和疫疠。

（一）六淫

六淫是指自然界风、寒、暑、湿、燥、火（热）六种异常气候。它们原本是四季气候变化的六种表现，称为六气。当动物体正气虚弱，不能适应六气的变化，或六气出现太过或不及的异常变化，这时的六气才能成为致病因素，便称为"六淫"。六淫致病，具有外感性、季节性、兼挟性、转化性等特点。

六淫歌诀：

风、寒、暑、湿、燥、火邪，中医病因六淫解。

1. 风邪

（1）风邪的概念：风是春季的主气，但一年四季皆有，故风邪引起的疾病虽以春季为多，但亦可见于其他季节。导致动物发病的风邪，常称之为"贼风"或"邪风"，所致之病统称为"外风证"。相对于外风而言，风从内生者，称为"内风"。内风的产生与心、肝、肾三脏有关，特别是与肝脏的功能失调有关，故也称"肝风"。

【古籍】《素问·至真要大论》说："诸风掉眩，皆属于肝"。

(2) 风邪的性质与致病特点：①风为六淫之首（百病之始）。寒、暑、燥、热等邪，往往都依附于风而侵袭动物体。②风为阳邪，其性轻扬开泄。风邪最易侵犯动物的上部（如头面部）和肌表。③风性善行数变。风邪致病发无定处，部位游移不定。④风性主动。风邪所致的病证具有类似摇动的症状，如肌肉颤动、四肢抽搐、角弓反张等。

【古籍】《素问·太阴阳明论》说："伤于风者，上先受之"。《素问·阴阳应象大论》说："风胜则动"。

风邪歌诀：

风为阳邪六淫首，主侵头面和肌表；
其性善行有数变，主动开泄性轻扬。

2. 寒邪

(1) 寒邪的概念：寒为冬季的主气，但四季皆有。寒邪有外寒和内寒之分。外寒由外感受，多由气温较低，保暖不够，淋雨涉水以及采食冰冻的饲草饲料，或饮凉水太过所致。内寒是机体机能衰退，阳气不足，寒从内生的病证。

(2) 寒邪的性质与致病特点：①寒性阴冷，易伤阳气。感受寒邪，最易损伤机体的阳气。②寒性凝滞，易致疼痛。寒邪侵犯机体，阳气受损，经脉受阻，可使气血凝结阻滞，不能通畅运行而引起疼痛，即所谓"不通则痛"。③寒性收引。寒邪侵入机体，可使机体气机收敛、腠理经络等收缩、肢体不伸。

【古籍】《素问·至真要大论》说："诸病水液，澄彻清冷，皆属于寒"。《素问·痹论》说："痛者，寒气多也，有寒故痛也"。《素问·举痛论》说："寒则气收"。

寒邪歌诀：

寒邪属阴易伤阳，性属凝滞不通畅；
寒性收引肢不伸，卫阳受遏毛窍缩；
外寒外感伤脾胃，脏腑阳衰生内寒。

3. 暑邪

(1) 暑邪的概念：暑为夏季的主气，为夏季火热之气所化生，有明显的季节性，独见于夏令。暑邪纯属外邪，无内暑之说。

(2) 暑邪的性质与致病特点：①暑性炎热，易致发热。伤于暑者常出现高热、口渴等阳热之象。②暑性升散，耗气伤津。暑邪侵入机体，导致汗出过多，从而损伤津液，气也随之而耗，最终导致气津两伤。③暑多挟湿，易困脾胃。夏暑季节，往往多雨潮湿，故动物体在感受到暑邪的同时，还常兼感湿邪，有汗不出、渴不多饮、身重倦怠、便溏泄泻等。

【古籍】《素问·热论》说："先夏至日者为病温，后夏至日者为病暑"。

暑邪歌诀：

暑为阳邪纯属外，夏季火热气化生；
暑性升散气津伤，易致发热炎热性；

多挟湿邪倦溏泄，证见暑热、湿、中暑。

4. 湿邪

(1) 湿邪的概念：湿为长夏的主气，但四季皆有。湿有外湿、内湿之分。外湿多由气候潮湿、涉水淋雨、厩舍潮湿等外在湿邪侵入机体所致；内湿多由脾失健运、水湿停聚而成。外湿气和内湿在发病过程中常相互影响。

(2) 湿邪的性质与致病特点：①湿为阴邪，阻遏气机，易损阳气。湿性类水，故为阴邪；其停滞脏腑经络，使气机升降失常；脾喜燥恶湿，故而湿邪最易伤及脾阳。②湿行重浊，其性趋下。湿邪致病，多先起于机体下部，且其分泌物及排泄物有秽浊不清的特点。③湿性黏滞，缠绵难退。湿邪致病具有黏腻停滞的特点。湿邪致病的黏滞性，在症状上可以表现为粪便黏滞不爽，尿涩滞不畅；在病程上可表现为病变过程较长，缠绵难退，或反复发作，不易治愈。

【古籍】《素问·太阴阳明论》说："伤于湿者，下先受之"。

湿邪歌诀：

湿为阴邪损脾阳，其性趋下性浊重；

缠绵难退性黏滞，便粘尿涩病程长。

5. 燥邪

(1) 燥邪的概念：燥是秋季的主气，但一年四季皆有。燥有外燥、内燥之分。外燥多由久晴不雨，气候干燥，周围环境缺乏水分所致。外燥多从口鼻而入，其病常从肺卫开始，有温燥、凉燥之分。初秋尚热，犹有夏火之余气，燥与热相合侵犯机体，多为温燥；深秋已凉，西风肃杀，燥与寒相合侵犯机体，多为凉燥。内燥多由汗下太过，或精血内夺，以致机体阴津亏虚所致。

(2) 燥邪的性质与致病特点：①燥性干燥，易伤津液。②燥易伤肺。肺为娇脏，喜润恶燥，故燥邪为病，最易伤肺。

【古籍】《素问·阴阳应象大论》说："燥胜则干"。《素问玄机原病式》说："诸涩枯涸，干劲皴揭，皆属于燥"。

燥邪歌诀：

燥性干燥伤津液，肺为娇脏易受伤；

燥分内燥和外燥，外分凉燥与温燥。

6. 火邪

(1) 火邪的概念：火、热、温三者，均为阳盛所生，其性相同，但又同中有异。一是在程度上有所差异，即温为热之渐，火为热之极；二是热与温，多由外感受，而火既可由外感受，又可内生。内生的火多与脏腑机能失调有关。火证常见热象，但火证和热证又有些不同，火证的热象较热证更为明显，且表现出炎上的特征。此外，火证有时还指某些肾阴虚的病证。

(2) 火邪的性质与致病特点：①火为热极，其性炎上。火邪致病，常见高热、口渴、躁动不安、舌红苔黄、尿赤、脉洪数等热象；此外，火有炎上的特性，故火邪致病多表现在机体的上部。②火邪易生风动血。火邪侵犯机体，耗损阴液，使筋脉失养，而致肝风内动；火邪侵犯血脉，轻则使血管扩张，血流加速，重则引发出血。③火邪易伤津液。④火邪易致疮痈。

【古籍】《灵枢·痈疽》说："大热不止，热胜则肉腐，肉腐则为脓，故名曰痈"。《医宗金鉴·痈疽总论歌》说："痈疽原是火毒生"。

火邪歌诀：
  热极为火性炎上，生风动血津液伤；
  外感温热或它邪，入里化火为实火；
  久病体虚阴液亏，阴不制阳生虚火。

(二) 疫疠

1. 疫疠的概念 疫疠也是一种外感致病因素，但它与六淫不同，具有很强的传染性。"疠"，是指天地之间的一种不正之气；"疫"，是指瘟疫，有传染的意思。疫疠流行有的有明显的季节性，称为"时疫"。

2. 疫疠致病的特点 疫疠发病急骤，能相互传染，蔓延迅速，不论动物的年龄如何，染后症状基本相似。

【古籍】《素问·遗篇·刺法论》指出的："五疫之至，皆相染易，无问大小，病状相似"。《三农记·卷八》说："人疫染人，畜疫染畜，染其形相似者，豕疫可传牛，牛疫可传豕……"。

3. 疫疠流行的条件 ①气候的反常变化。②环境卫生不良。③社会因素。

【古籍】《元亨疗马集·论马划鼻》说："炎暑熏蒸，疫症大作……"。《陈敷农书·医之时宜篇》说："已死之肉，经过村里，其气尚能相染也"。

4. 预防疫疠的一般措施 ①加强饲养管理，注意动物和环境的卫生。②发现感染疫病的动物，立即隔离，并对其分泌物、排泄物以及已死动物的尸体进行妥善处理。③进行预防接种。

【古籍】《陈敷农书·医之时宜篇》说："欲病之不相染，勿令与不病者相近"。

二、内伤致病因素

1. 饥 指饮食不足而引起的饥伤。

【古籍】《安骥集·八邪论》说："饥谓水草不足也，故脂伤也"。

2. 饱 指饮喂太过所致的饱伤。

【古籍】《素问·痹论》说："饮食自倍，肠胃乃伤"。《安骥集·八邪论》也说："水草倍，则胃肠伤"。

3. 劳 指劳役过度或使役不当所致的劳伤。

【古籍】《素问·痹论》说："劳则气耗"。《安骥集·八邪论》也说："役伤肝。役，行役也，久则伤筋，肝主筋"。

4. 逸 指久不使役或运动不足所致的逸伤。

三、其他致病因素

(一) 外伤

常见的外伤性致病因素有创伤、挫伤、烫火伤及虫兽伤等。

(二) 寄生虫

寄生虫有内、外寄生虫之分。外寄生虫包括虱、蜱、螨等，寄生于动物体表；内寄生虫包括蛔虫、绦虫、血吸虫、肝片吸虫等，寄生于动物体的脏腑组织中。

(三) 中毒

有毒物质侵入动物体内，引起脏腑功能失调及组织损伤，称为中毒。

(四) 痰饮

痰和饮是因脏腑功能失调，致使体内津液凝聚变化而成的水湿。其中，清稀如水者称饮，黏浊而稠者称痰。

1. 痰　痰不仅是指呼吸道所分泌的痰，还包括了瘰疬、痰核以及停滞在脏腑经络等组织中的痰。主要是由于脾、肺、肾等内脏的水液代谢功能失调，不能运化和输布水液，或邪热郁火煎熬津液所致。

2. 饮　多由脾、肾阳虚所致，常见于胸腹四肢。如饮在肌肤，则成水肿；饮在胸中，则成胸水；饮在腹中，则成腹水；水饮积于胃肠，则肠鸣腹泻。

(五) 瘀血

瘀血指全身血液运行不畅，或局部血液停滞，或体内存在离经之血。因瘀血发生的部位不同，而有无形和有形之分。无形瘀血，指全身或局部血流不畅，并无可见的瘀血块或瘀血斑存在，常有色、脉、形等全身性症状出现。有形瘀血，指局部血液停滞或存在着离经之血，所引起的病证常表现为局部疼痛、肿块或有瘀斑，严重者亦可出现口色青紫、脉细涩等全身症状。

(六) 七情

七情指喜、怒、忧、思、悲、恐、惊七种情志变化。与人相似，很多种动物都有着丰富的情绪变化，当情绪变化过于强烈、持久，才会引发疾病。

1. 直接伤及内脏　由于五脏与情志活动有相对应的关系，因此七情太过可损伤相应的脏腑。《素问·阴阳应象大论》将其概括为"怒伤肝、喜伤心、思伤脾、忧伤肺、恐伤肾"。

2. 影响脏腑气机　七情可以通过影响脏腑气机，导致气血运行紊乱而引发疾病。《素问·举痛论》将其概括为："怒则气上，喜则气缓，悲则气消，恐则气下……惊则气乱……思则气结"。

第三节　病机

病机，即疾病发生、发展与变化的机理。中兽医学认为，疾病的发生、发展与变化的根本原因，不在机体的外部，而在机体的内部。也就是说，各种致病因素都是通过动物体内部因素而起作用的，疾病就是正气与邪气相互斗争，发生正邪消长、阴阳失调和升降失常的结果。

一、正邪消长

1. 疾病的发生　如果机体正气强盛，抗邪有力，则能免于发病；如果正气虽盛，但邪气更强，正邪相争有力，机体虽不能免于发病，但所发之病多实证、热证；如果机体体质素虚，正气衰弱，抗病无力，则易于发病，且所发之病多为虚证、寒证。

2. 疾病的发展和转归 若正气不甚虚弱，邪气亦不太过强盛，邪正双方势均力敌，则为邪正相持，疾病处于迁延状态；若正气日益强盛或战胜邪气，而邪气日益衰弱或被祛除，则为正胜邪退，疾病向好转或痊愈的方向发展；相反，如果正气日益衰弱，邪气日益亢盛，则为邪盛正虚，疾病向恶化或危重的方向发展；若正气虽然战胜了邪气，邪气被祛除，但正气亦因之而大伤，则为邪去正伤，多见于重病的恢复期。此外，疾病过程中正邪力量对比的变化，还会引起证候的虚实转化和虚实错杂，如邪去正伤，是由实转虚的情况；而病邪久留，损伤正气，或正气本虚，无力祛邪所致痰、食、水、血郁结，则是虚实错杂的证候。

二、升降失常

在正常情况下，动物体各脏腑的机能活动都有一定的形式。如果脏腑的升降功能失常，即可出现种种病理现象。例如，脾之清气不升，反而下降，就会出现泄泻甚至垂脱之证。

三、阴阳失调

1. 在疾病的发生方面 疾病是阴阳失调，发生偏盛偏衰所致。在阴阳的偏胜方面，阳胜者必伤阴，故阳胜则阴病而见热证；阴胜者必伤阳，故阴胜则阳病而见寒证。在阴阳的偏衰方面，阳虚则阴相对偏胜，表现为虚寒证；阴虚则阳相对偏胜，表现为虚热证。由于阴阳互根互用，阴损及阳，阳损及阴，最终可导致阴阳俱损。

2. 在疾病的发展方面 由于整个疾病过程，阴阳总是处于不断地变化之中，阴阳失调的病变，其病性在一定的条件下可以向相反的方向转化，即出现由阴转阳或由阳转阴的变化。此外，若阳气极度虚弱，阳不制阴，偏盛之阴盘踞于内，逼迫衰极之阳浮越于外，可出现阴阳不相维系的阴盛格阳之证，阳气被郁，深伏于里，不能外达四肢，也可发生格阴于外的阳盛格阴之证。严重者还可以导致亡阴、亡阳的病变。

3. 在疾病的转归方面 若经过治疗，阴阳逐渐恢复相对平衡，则疾病趋于好转或痊愈；否则，阴阳不但没有趋向平衡，反而遭到更加严重的破坏，就会导致阴阳离决，疾病恶化甚至动物死亡。

第二篇 辨证论治基础

第六章

诊 法

中兽医诊察疾病的方法主要有望、闻、问、切四种，简称"四诊"。望、闻、问、切在临床诊断中各有其独特的作用，但又相互联系不可分割，因此，在诊断过程中，必须把四诊有机地结合起来，并把所获得的资料全面地进行综合、分析，从而做出正确的判断，即所谓"四诊合参"。

第一节 望诊

望诊，就是运用视觉有目的地观察患畜全身和局部的一切情况及其分泌物、排泄物的变化，以获得有关病情资料的一种方法。望诊可分为望全身和望局部两个方面。其中，察口色是望局部的内容之一，也是中兽医诊断学的特色之一。

一、望全身

1. 精神 全身各部的变化均可反映精神的变化，以目和耳朵最为突出。动物的精神正常则目光有神、两耳灵敏；反之则双目无神、头低耳耷。精神失常主要表现为"狂"（兴奋）和"痹"（抑制）两种类型，前者表现为狂躁不安、乱跑乱奔、狂吠尖叫、攻击人畜，后者则表现为靠墙顶桩、驱赶不动、形如醉酒、嗜睡不起。

2. 形体 外形与五脏相应，五脏强壮则外形强健，五脏虚弱则外形衰弱。外形强壮者肌肉丰满、强健有力、骨骼结实、体型匀称、皮毛光华，外形衰弱者肌肉消瘦、倦怠无力、骨骼细小、发育不良、毛焦欣吊。一般，形体强壮的家畜不易患病，发病也表现为实证和热证；形体消瘦的家畜较易发病，常表现为虚证和寒证。

3. 皮毛 皮肤和被毛的色泽、状态等变化，可以反映出动物的营养状况和气血的盛衰以及肺气的强弱。健康动物的皮肤柔软而有弹性，被毛平顺而有光泽，按时换毛；反之，若皮肤焦枯，弹性降低，被毛无光甚至脱落，或不按时换毛，则多为气血虚弱，营养不良。此外，察看皮肤时，还要注意有无疮疡、斑疹、痘疹以及其他皮肤寄生虫和赘生物等。

4. 动态 即动物的动作和姿态。动物患一般性疾病时，通常都表现为急行好卧、反应迟钝；垂危重症时，则见步态蹒跚、倒地不起或四肢划动、头颈贴地等濒死动态。

二、望局部

（一）眼

眼的变化不仅与肝有关，也与五脏六腑密切相关。望目时，先将双眼作为一个整体进行观察，然后检查单个眼睛。

1. 眼神 明亮光彩、转动灵活为有神，表示无病，或虽有病而易治；晦暗无光、目光呆滞为无神，说明病重难医。

2. 目形 眼胞浮肿但不红者，为气虚、水肿初起之征；眼窝下陷，多见于吐泻之后的伤津脱液。

3. 眼色 双目赤肿，结膜潮红，多为充血，属全身发热性疾病或肝经风热的表现。单眼赤红暴肿，结膜潮红，多为外伤或局部炎症所致。结膜苍白，见于各种类型的贫血、寄生虫病、大失血或内出血。结膜黄染，常见于肝炎、溶血性黄疸和阻塞性黄疸。结膜发绀，多见于呼吸困难性疾病、心力衰竭、亚硝酸中毒等。

(二) 耳

耳为肾之外窍，但"十二经脉皆连于耳"，故耳的动态除与家畜的精神好坏有关外，还与肾及其他脏腑的某些病证有关。健康动物两耳灵活，听觉正常。若两耳下垂无力，多为肾气亏乏、心气不足或劳伤过度；若单耳下垂无力，兼有口眼歪斜，多为歪嘴风。两耳竖立，触之温热，有惊急状态者，多为热邪侵心。两耳背部血管暴起而延至耳尖者，多为表热证；两耳凉而背部血管缩小不见者，多为表寒证。

(三) 鼻

鼻为肺之外窍，故鼻的外观变化多与肺有关。

1. 鼻孔 健康动物鼻孔周围洁净而湿润，随呼吸而鼻孔微有张缩。若鼻孔开张，鼻翼扇动，兼有呼吸迫促者，多为肺热；若鼻孔开张如喇叭状，兼有呼吸极度困难者，常为呼吸道狭窄或阻塞。

2. 鼻涕 鼻涕的性状对判断病性、病位有一定意义。鼻液清白滑利，多为寒证；鼻涕黄稠黏滞，多为热证；鼻液灰白污秽，腥臭难闻，多为肺痈。

3. 鼻镜 观察牛、犬、猫的鼻镜(猪的鼻盘)，对于疾病的诊断具有十分重要的意义。正常情况下，动物的鼻镜经常湿润，并有汗珠存在。若鼻镜干燥无汗，多为热证；若鼻镜湿润，汗水成片，多为寒证。

(四) 口唇

口唇是脾之外应，口唇的变化多与脾经疾病有关。健康动物口唇端正，运动灵活。若上唇揭举，为冷伤脾的表现；若下唇不收，为脾虚的表现，当病症垂危，气脱不收时，也可出现口唇松弛无力、下垂的现象。若口内生疮，口舌糜烂，多为心经有热。若上颚红肿，多属胃热。

(五) 呼吸

健康动物呼吸调匀称，胸腹部随呼吸动作而微有起伏。若呼吸多慢而低微，为虚寒证；若呼吸多快而壅盛，为实热证。呼吸时，若腹部起伏加快加深，多为胸内有病；若胸部起伏加快加深，多为肚腹内有病。若呼吸延长，呼多吸少，属肾不纳气。在患病过程中，患畜呼吸哽噎，张口咽气，不相连续，往往是病症重危、气机将绝的表现。

(六) 饮食

望饮食，包括观察饮食欲、饮食量、采食动作和吞咽、咀嚼情况等。

1. 饮食欲 食欲减退，多见于各种疾病的初期，如病畜经过治疗，饮食逐渐增加，属疾病好转的表现。

2. 吞咽、咀嚼 健康动物咀嚼有力，吞咽自如。采食动作异常，如牛不能用舌卷，马不能用唇摄而用牙啃，多见于唇舌麻木肿痛等症状。如患口疮，生长贼牙，牙齿磨灭不齐，以及幼畜换牙时，可见咀嚼缓慢无力、小心或有疼痛。

3. 反刍 正常情况下，反刍动物的反刍次数、时间均有一定的规律。感冒、发热、宿草不转、百叶干、脾胃虚弱等，都可出现反刍减少或停止。

（七）躯干

健康动物的胸背端正，左右对称。若胸部陷塌，多为肋骨折伤。若腰部拱起，腰背紧硬，常为肾受寒湿。腰胯疼痛，难起难卧，多为闪伤。健康动物胁部稍凹而平整，随呼吸与胸腹部协调运动。若胁部胀满，伴有腹痛，多为肚胀或结症。若肚痛蜷缩，伴有肢体瘦弱，多为消化不良或久病虚弱。

（八）四肢

健康动物站立时四肢平稳（马常轮歇后蹄），行走时步调均匀整齐，屈伸灵活有力，各部关节、筋腱和蹄爪的形态均无异常。在疾病情况下，四肢的异常表现多种多样。如敢踏不敢抬，病必在胸怀；敢抬不敢踏，病必在脚下。

（九）二阴

二阴即前阴和后阴。前阴，指公畜的阴茎、睾丸与母畜的阴门；后阴指肛门。检查二阴，对某些疾病的诊断很有参考价值。如阳痿，多属肝肾不足；早泄和滑精，均属肾虚精关不固。阴囊或睾丸肿胀，称为外肾黄，硬而凉者为阴肾黄，热而痛者为阳肾黄。若肛门松弛、内陷，多为气虚。肛门随呼吸而有前后伸缩运动，多见于劳伤气喘。脱肛，则多因中气下陷所致。

（十）粪尿

粪尿的数量和颜色、气味、形态等性状，随着动物品种、饲养管理情况的不同而略有差异，但总的来说是比较恒定的。患病以后，则出现各种异常变化。

1. 粪便 粪便干燥难下，多为实热或津液耗伤；粪便稀软带水或清稀如水，多属虚寒；粪渣粗糙，完谷不化，稀软带水，稍有酸臭，多见于脾胃虚弱；粪便糊状，腥臭难闻，或见脓血，多为大肠湿热。

2. 尿液 尿色深而量少，多属热证；尿色淡而量多，多属寒证。尿的淋证，常见于膀胱积热、尿结石等。尿闭，多为气滞引起。排尿失禁或遗尿，多属肾虚。血尿，多为外伤性因素引起，血液寄生虫病及幼驹溶血性黄疸病时，也可引起严重的血尿。

三、察口色

（一）察口色的方法

察口色的方法，随着动物的不同而有所不同。检查马属动物最常用的方法是右手拉住笼头，左手食指和中指拨开上下口角，即可看到唇、口角、排齿（上下齿龈）的颜色。检查牛时，须先看鼻镜，然后一手提住鼻圈（或鼻孔），一手拨开嘴唇从口角插入口腔进行检查。猪、羊可用开口器或棍棒撬开口腔观察。

（二）口色变化及其临诊意义

一般分为正色、病色和绝色。

1. 正色 即正常的口色，会由于四季气候不同和动物种类、品种、年龄的不同而有所差异。

2. 病色 即有病时的口色。病色应从舌质(舌色)、舌苔、舌津和舌形等多方面的变化进行观察。

(1) 舌质(舌色)：常见的病色有白色、赤色、青色、黄色、黑色几种。①白色，主虚证，为气血不足之征兆。②赤色，主热证，为气血趋向于外的反应。③青色，主寒、主痛、主风，为感受寒邪及疼痛的象征。④黄色，主湿，多为肝、胆、脾的湿热引起。⑤黑色，主寒深、热极，寒深则舌黑而有津，热极则舌黑而无津。

(2) 舌苔：舌苔为舌面上的一层薄垢，由胃气熏蒸而成。舌苔的变化反映胃气的强弱、病邪的深浅、病性的寒热和病情的进退。①白苔，主表证和寒证，临床最常见。②黄苔，主热证和里证，淡黄色为微热，深黄为热重。③灰黑苔，主热、寒湿或虚寒证，表示湿浊重，病情危重。

(3) 舌津：舌津的变化，可以反映出机体津液的盈亏和存亡情况。①口津黏稠干燥，多为燥热伤津。②口干，舌面有皱褶，则为阴虚液亏，严重脱水的征兆。③口津多而清稀，多为寒证或水湿内停。

(4) 舌形：指舌的形状，包括老嫩和胖瘦。①若舌质纹理粗燥苍老，主实证、热证；若舌质纹理细腻娇嫩，主虚证、寒证。②若舌淡白胖嫩，属脾肾阳虚；若舌赤红肿胀，多属热毒亢盛。

3. 绝色 即病危口色。舌色若无光泽则表示正气已伤，生机全无，预后可疑，甚至死亡。

第二节 闻诊

闻诊是通过听觉和嗅觉了解病情的一种诊断方法。闻诊包括闻声音和嗅气味两个方面。

一、闻声音

1. 叫声 疾病过程中，叫声洪亮，多为正气未衰，病情较轻；声音嘶哑而低微，则正气已衰，病情较重；叫声平起而后延长者，病虽重，但有救治希望；叫声怪猛而短促，则病较难治。

2. 呼吸音 疾病过程中，气息平和，病情较轻；气息不调，病情较重。呼吸气粗，多属热、属实；气息微弱，多属内伤虚劳。呼吸困难而促迫，甚至发出抽锯声者，多为病重；呼吸鼻出哽气者，为病势危重。

3. 咳嗽 咳嗽是肺经病的一个重要证候。咳嗽声音洪大而有力者，属实，常见于外感肺咳；咳嗽声音低弱而无力者，属虚，多见劳伤久病。白天咳嗽频繁者，为阳咳，多属肺经实热，易于治疗；夜间咳嗽频繁者，为阴咳，多属肺经虚寒，治疗较难。

4. 咀嚼 若咀嚼缓慢小心，声音很低，多为牙齿松动、疼痛。若口内无食物而咬磨牙齿作响，称为磨牙，多由疼痛引起，常常是病情危重的征象。

5. 肠音 肠音增强或亢进，多属肠中虚寒，见于冷痛、冷肠泄泻等症状；肠音减弱或寂然无声，多为胃肠滞塞不通，见于胃肠积滞、便秘或结症等。

二、嗅气味

1. 口气 口气秽臭，多为胃内有热；口气酸臭，多属胃内积滞；口气腥臭、腐臭，多是口腔黏膜糜烂溃疡的表现。

2. 鼻气 鼻臭，主要见于肺经疾病。鼻流灰黄色脓涕，气味腥臭，多属肺痈；鼻流黄色或黄白色脓涕，有尸臭气味，多属肺败，也可见于肺脓肿及鼻疽等。

3. 脓 脓汁黄稠、混浊、带有恶臭，属于实证、阳证，多为毒火内盛；脓汁灰白、清稀、腥臭，属于虚证、阴证，多为毒邪未尽，气血衰败。

4. 粪 粪便稀薄带水，臭味不显，多属脾虚泄泻；粪便气味酸臭，多属伤食；粪便腥臭难闻，多属湿热证，常见于湿热泄泻、痢疾等。

5. 尿 尿液浓稠短少，气味熏臭，多为实热；尿液清长，无异常臭味，多属虚寒；尿液短少，混浊而有恶臭，多为膀胱积热；尿色深褐而气味腥臭，多为肾受损伤。

6. 带下 带下清稀而色白，气味不重，多属脾肾虚寒；带下黏稠而色黄，气味较重，多属湿热下注；带下散发腐败臭味，多为恶露不尽。

第三节 问诊

问诊，就是通过与动物主人及有关饲养人员进行有目的地交谈，以调查了解有关病情的一种方法。通过问诊可以获得许多与疾病有关的宝贵材料，是诊察疾病的重要方法之一，在四诊中占有重要地位。

问诊的内容：第一，询问发病及诊疗经过，包括问发病的时间、病程中的症状及转变过程，以及曾经是否进行过诊疗，用过何药等。第二，询问饲养管理及使役情况。应从饲料的情况，饲养的方式，圈舍情况，使役种类、使役量、使役方法等进行询问。第三，需要询问病畜来源及疫病情况，以了解疫病的来源，是否存在瘟疫流行等。第四，要询问既往病史及生殖情况。

第四节 切诊

切诊主要包括切脉和触诊两部分。

一、切脉

(一) 切脉的部位

1. 尾动脉 即尾根腹面近肛门三节尾椎间的尾中动脉。用于牛、骆驼。

2. 股内动脉 即股内侧的股动脉。用于猪、羊、犬。

3. 双凫动脉 即颈基部的颈总动脉。用于马属动物。

4. 颌下动脉 即下颌骨下缘的颌外动脉。用于马属动物、牛。

5. 臂内动脉 即前臂内侧正中沟上端的正中动脉。用于马、牛、羊、猪、犬、猫。

(二)脉象

1. 平脉 即健康无病的正常之脉。表现为不浮不沉，不快不慢，至数一定，节律均匀，中和有力，连绵不断。

2. 反脉 即反常有病之脉。

(1)浮脉：脉象为脉位浅表，轻取即得，重按反而不显。主表证，浮而有力为表实，浮而无力为表虚，多见于外感、久病体虚及某些热性病初期。

(2)沉脉：脉象为脉位低沉，轻取不应，重按始得。主里证，沉而有力为里实，沉而无力为里虚，多见于脏腑积滞引起的腹痛、结症等证。

(3)迟脉：脉象为脉来迟慢，一息不及正常脉次。主寒证，迟而有力为寒实，迟而无力为虚寒，多见于寒性腹痛、腹泻、湿痹等证。

(4)数脉：脉象为脉来急数，一息超过正常脉次。主热证，数而有力为实热，数而无力为虚热，多见于各种热性病证。

(5)虚脉：脉象为三部脉举之无力，按之空虚。主虚证(气血两虚)，多见久病、重病后期及脏腑气血虚弱等证。

(6)实脉：脉象为三部脉举按皆有力。主实证，多见新病邪盛之高热、痰食积聚等证。

3. 易脉 即四时变易之脉，也称"怪脉""绝脉"，是疾病危重时期出现的一种脉象。常见的易脉有雀啄、屋漏、虾游、解索、鱼翔、弹石、釜沸等多种。

二、触诊

触诊，是用手对病畜各部位进行触摸按压，以探察冷热温凉、软硬虚实、局部形态及疼痛感觉等方面的变化，获取有关病情资料的一种诊断方法。

第七章

辨 证

第一节 基本概念

1. 辨证 辨证是中兽医分析和认识疾病的基本理论和方法,是在综合分析四诊材料的基础上,明确疾病的病因、病机、病位和病性,从而得出证型。

2. 证 即证候,是对疾病发展过程中某一阶段病因、病位、病机、病性、邪正双方力量对比等方面情况的概括。

3. 辨证与论治的关系 辨证是认识疾病,论治是针对疾病制定治疗原则,确定治法。因此,辨证是论治的前题和依据,论治是辨证的目的和结果,同时又反过来验证辨证的正确与否。

4. 辨证方法

(1) 八纲辨证:辨证的总纲,是对疾病所表现出的共性的概括。

(2) 脏腑辨证:辨证以脏腑理论为基础,辨内伤杂病。

(3) 气血津液辨证:辨证以气血津液为基础,配合脏腑辨证。

(4) 六经辨证:辨外感寒病。

(5) 卫气营血辨证:辨外感热病。

第二节 八纲辨证

八纲,即表、里、寒、热、虚、实、阴、阳,是概括证候类型的纲领。8 种证型是相互联系的,如两证并发,则有 12 种组合:表寒、表热、表虚、表实、里寒、里热、里虚、里实、虚寒、虚热、实寒、实热。各种证型在一定条件下又可相互转化,包括表里转化、寒热转化、虚实转化、阴阳转化。如表邪不解入里侵犯脏腑,则由表证转为里证;表寒入里化热或里寒久蕴化热,则由寒证转为热证;寒热日久损伤阳气,则由实证转为虚证等。

一、表里

(一)表证

1. 病因和特点 表证为外感病的初起阶段,由于六淫自口鼻侵入而产生的一系列症状的综合。因而具有起病急、病程短、病位浅的特点。

2. 证候特点 发热、恶寒、苔薄白、脉浮,兼有咳嗽、流涕等症状。

3. 常见表证 常见表证主要有表寒证、表热证、表虚证、表实证等。

(1) 表寒证：病因为风寒之邪侵袭肌表引起。表现为发热轻，恶寒重，无汗，不渴，口色青白，脉浮紧等。治则为辛温解表。

(2) 表热证：病因为风热之邪引起。表现为发热重，微恶寒，有汗，口渴，舌稍红，苔薄白或薄黄，脉浮数等。治则为辛凉解表。

(3) 表虚证：病因为风邪侵袭肌表或卫气素虚引起。表现除表证症状外，以自汗或汗出恶风、脉浮缓无力为特征。治则为调和营卫，解肌发汗；自汗恶风者宜益气解表。

(4) 表实证：病因为外邪侵袭肌表、卫气闭阻引起。表现除表证症状外，以无汗、脉浮紧或浮数有力为特征。治则为发汗解表。

(二) 里证

1. 病因和特点 表邪不解入里；外邪直接侵犯脏腑；饥饱劳逸内伤。

2. 证候特点 相对表证而言，里证病位在脏腑，病变较深。多见于外感病的中、后期或内伤诸病。

3. 常见里证 常见里证主要有里寒证、里热证、里虚证、里实证等。

(1) 里寒证：病因为寒邪入里或阳气不足引起。表现为形寒肢冷，不渴，粪稀，尿清长，口色青白，口津滑利，苔白滑，脉沉迟。治则为温里散寒。

(2) 里热证：病因为表证不解入里化热，热邪直接侵犯脏腑或畜体机能活动亢奋引起。表现为发热，口渴，粪干或腐腻腥臭，尿短赤，舌红，苔黄，脉洪数等。治则为清热泻火解毒。

(3) 里虚证：病因为劳伤，饮喂不足，久病，老弱体虚或先天不足引起。表现为体瘦毛焦，精神倦怠，卧多立少，口色淡白，舌软无苔，脉沉无力。治则为补虚。

(4) 里实证：病因为外邪入里或气滞、血瘀引起。表现为肚腹胀满，腹痛起卧，呼吸气粗，粪便燥结，尿涩不通，口色红燥，舌苔黄厚，脉沉有力。治则为攻下。

(三) 表证与里证的关系

1. 表里转化 表证、里证在一定的条件下发生转化。转化条件取决于正邪双方斗争情况。一般说来，病邪由表入里，表示病势加重；病邪由里出表，表示病势减轻。

(1) 由表入里：表证不解，病邪入里。由于正气虚弱或邪气过盛，或失治、误治。

(2) 由里出表：病邪由里外透肌表。如麻疹，初期内热、喘促，疹出后热退喘平，病邪由里出表。

2. 表里同病 表里同病，即表证和里证同时出现。

(1) 病因：外感和内伤同时或先后致病，表邪未解入里。

(2) 治则：表里双解，或先解表后攻里，或先攻里后解表。

3. 半表半里证 既不是表证，又不是里证，但同时具有表证和里证的某些特点，病位介于表里之间，六经辨证称为少阳病。

(1) 证候特点：寒热往来，微热不退，恶寒时精神沉郁，寒颤；发热时精神稍好，不欲饮食，身热，脉弦。

(2) 治法：和解法，方用小柴胡汤。

(四)表里辨证要点

辨别表里要掌握其特征,尤其应该掌握表证的特征。如发热恶寒并见的属表证,若发热而没有恶寒,或仅有恶寒者多属里证。脉浮属表证,脉沉属里证。此外,在辨别表里的同时,还应注意是否有表里同病或兼其他不同之证,如表里俱寒、表里俱热、表里俱实或表寒里热、表热里寒、表虚里实、表实里虚或半里半表证等。初病表现为表证,继而若出现里证,应辨别表证是否已经入里,查明表证已解或未解。初病里证,应辨别是否里证出表,或是又感表邪。

二、寒热

寒热辨证是辨别疾病性质的两个纲领,是概括机体阴阳偏盛偏衰的两种证候。寒,阴盛则寒,阳虚则外寒;热,阳盛则热,阴虚则内热。

(一)寒证

寒证为感受寒邪或阳虚阴盛,机体机能活动衰退所表现的证候,表现出一派寒象。主要表现为恶寒喜暖、口淡不渴、肢体末端厥冷、小便清长、大便溏薄、舌淡苔、脉迟、沉或涩。

1. 病因 外感阴邪;内伤久病,阳气耗伤,阴寒内盛。

2. 证候(及病机) 口淡不渴(阴虚内盛,津液不伤);小便清长(阳虚不能温化水液);大便溏泄(寒邪伤脾或脾阳久虚,运化失常);舌淡、苔白而润滑(阳虚不化、寒湿内生,津液不伤);脉沉迟或涩(阳气虚弱,鼓动血脉之力不足)。

3. 治法 温以祛寒。

(二)热证

热证为感受热邪或阴虚阳盛,机体机能活动亢进所表现的证候,表现出一派热象。主要表现为恶热喜冷、口渴喜饮、肢体末端温热、小便短赤、大便燥结、舌红苔黄、脉数。一般来说,热证指实热证,而虚热证归属虚证。

1. 病因 外感火热之邪;外感疫疠和其他淫邪入里化热;饮食不节,积蓄为热;阴虚阳亢。

2. 证候(及病机) 口渴贪饮(津伤引水自救);小便短赤(火热伤阴,津液被耗);大便燥结(肠热液亏);舌红、苔黄、少津(热盛津伤);脉数(热盛,血流加速)。

3. 治法 清热泻火。

(三)寒证与热证的关系

1. 寒热转化 指在一定条件下,寒证可以转化为热证,热证也可以转化为寒证。

(1)**寒证转化为热证**:疾病本为表寒证,由于失治或误治,寒邪入里化为里热证,此时正气尚盛。

(2)**热证转化为寒证**:疾病本为热证,由于失治或误治,致使伤津耗气太过,表现出阳虚,从而出现虚寒证,此时正不胜邪。

2. 寒热错杂 指同一病畜身上,寒热证同时存在。

(1)**上热下寒**:既见口舌生疮、牙龈溃烂的心经积热症状,又见肠鸣、粪稀等脾胃虚寒的症状。

(2) 上寒下热：既见草料迟细、口流清涎的胃寒症状，又见尿涩短、下焦湿热症状。

(3) 表寒里热：既见发热恶寒之表寒症状，又见咳喘、黄涕、舌红苔黄等里热症状。

(4) 表热里寒：既见发热、微恶寒、咳嗽流涕等表热症状，又见下利清谷之脾胃虚寒症状。

3. 寒热真假 在疾病的发展过程中，特别是在病情危重的阶段，有时会出现一些症状与疾病本质相反的假象。这种外部症状表现与疾病本质不一致的现象，称为"寒热真假"。

(1) 真热假寒：内有真热，外见假寒，临床表现四肢厥冷、脉沉，似寒证，但肢冷却身热，体温高，脉沉却数而有力，更见口渴贪饮、尿短赤、粪燥结、舌红苔黄等热证证状。本质属热证，由于阳盛格阴，习惯又称"热厥"或"阳厥"，见于急性热性传染病引起的休克时表现的症状。

(2) 真寒假热：内有真寒，外见假热。临床表现身热、口渴、脉大似热证，但身热喜暖，口渴喜热饮，脉大却无力，同时见四肢厥冷、尿清、便溏、舌淡苔白等一派寒象。本质属寒证，由于阴盛格阳所致。

(四) 寒热辨证要点

辨寒热一般应综合病畜口渴与二便情况，四肢、耳鼻冷热，舌质、舌苔，脉象等表现来加以辨别。口渴贪冷饮为热，不饮水或喜饮温水为寒；尿液短赤、粪便燥结或便脓血为热，尿液清长、粪便稀薄为寒；四肢、耳鼻不温或冰冷为寒，四肢、耳鼻温热为热；舌质红、苔黄燥为热，舌质青白、苔白滑为寒；脉数滑为热，脉沉迟为寒等。辨别寒热，须分别部位。如寒热有在表、在里、在上、在下、在脏、在腑、在气、在血等不同。辨别寒热应注意寒热错杂及虚实的不同情况，如表热里寒、上寒下热、上下俱热、表里俱寒、虚寒、虚热、实寒、实热等。辨寒热，须分清真假，不要被其表面的假象所迷惑，只有抓住病证的本质，才能做出正确诊断。

三、虚实

虚实是辨别邪正盛衰的两个纲领。虚，正气不足，"精气夺则虚"，久病多虚；实，邪盛正不衰，"邪气盛则实"，初病多实。就邪正斗争而言，邪盛正盛为实证；邪盛正衰为虚证，或虚实夹杂；邪衰正衰为虚证、迁延不逾；邪去正伤为虚证。

(一) 虚证

虚证为机体正气不足表现的证候，一派虚象，可分为气虚、血虚、阴虚、阳虚等多种。

1. 病因 先天不足；后天失养，体弱劳伤，久病，慢性病失血、失治、误治。

2. 证候 毛焦体瘦，精神倦怠，无力懒动，口色淡白，舌软如绵，舌光无苔，脉虚无力。

3. 治法 补虚扶正。

4. 气虚、血虚、阴虚、阳虚的特点

(1) 气虚：主要指脾、肺、肾三脏功能衰退。除一般症状外，尚见多汗、自汗、动则尤甚，虚咳，垂脱症，尿生殖系统疾病症状。

(2) 血虚：指血量不足，主要与心、肝、肺、肾有关。特殊表现口色苍白，兴奋或抑制，脉细弱。

(3) **阴虚**：即虚热证。特殊表现低热不退或午后发热、口干、舌红、粪干、尿少、脉细数。

(4) **阳虚**：即虚寒证。特殊表现畏寒肢冷，便溏，尿清长，口色清白，舌淡湿润，脉迟涩。

(二) 实证

1. **病因** 外邪侵入（六淫、疫病）；脏腑功能失调产生的第二致病因素（痰饮、水湿、瘀血）。
2. **证候** 高热喘促，烦躁甚至神昏，腹胀、疼痛，小便不利，脉盛有力，舌苔厚腻。
3. **治法** 泻法。

(三) 虚证与实证的关系

1. **虚实夹杂** 虚证、实证在一个病畜体内同时存在。有表虚里实、表实里虚、上实下虚、上虚下实、虚中挟实、实中挟虚6种证候，其中虚中挟实以虚为主，实中挟虚以实为主。辨证时需了解虚实程度，确定先补后攻还是先攻后补，还是攻补单施。
2. **实证转虚** 实证拖久必虚。如实热证久伤阴导致阴虚，继而出现虚热证。
3. **虚证转实** 先有虚证，后出现实证，随实证的出现虚证消失。临床上少见。多见先有实证，后出现虚实错杂证。
4. **虚实真假** 指疾病发展到严重阶段时，动物所表现出的症状与疾病本质不相符的情况，主要有真实假虚和真虚假实两种证性。

(1) **真实假虚**：是本质为实、现象似虚的证候。如热结便秘，病畜大热大汗，大便不通，此为真实证；由于热滞经脉，气血不能畅达，而出现精神沉郁，四肢厥冷，水泄，此为假虚证。

(2) **真虚假实**：是本质为虚、现象似实的证候。如脾气虚，此为真虚证；表现肚胀腹痛，此为假实证。

(四) 虚实辨证要点

一般来说，外感初病，证多属实；内伤久病，证多属虚。临床症状表现为亢盛、有余的属实；表现为衰弱、不足的属虚。其中，声音气息的强弱，痛处的喜按与拒按，舌质的苍老与胖嫩，脉象的有力、无力等，对鉴别虚证、实证具有重要的临床意义。若病程短，声高气粗，痛处拒按，舌质苍老，脉实有力的属实证；病程长，声低气短，痛处喜按，舌质胖嫩，脉虚无力的属虚证。

辨虚实要分析虚实的真假，不要被表面现象所迷惑。此外，辨虚实需根据部位和虚实错杂的情况，察其虚实是在上、在下、在表、在里，是独见还是夹杂互见，是在脏还是在腑，在脏腑中是在气还是在血，是一脏独虚，还是脏虚腑实等。同时，还需要注意是否有寒热、表里等参杂互见。

四、阴阳

阴阳是概括病证类别的两个纲领。

(一) 阴证

1. **概念** 阴证是阳虚阴盛，机能衰退，脏腑功能下降的表现。多见于里证的虚寒证。
2. **证候** 体瘦毛焦，倦怠肯卧，体寒肉颤，怕冷喜暖，口流清涎，肠鸣腹泻，尿液清长，舌淡苔白，脉沉迟无力。在外科疮黄方面，凡不红、不热、不痛，脓液稀薄而少臭味者，均系阴证的表现。

(二)阳证

1. 概念 阳证是邪气盛而正气未衰,正邪斗争亢奋的表现。多见于里证的实热证。

2. 证候 精神兴奋,狂躁不安,口渴贪饮,耳鼻肢热,口舌生疮,尿液短赤,舌红苔黄,脉象洪数有力,腹痛起卧,气急喘粗,粪便秘结。在外科疮痈方面,凡红、肿、热、痛明显,脓液黏稠发臭者,均系阳证的表现。

(三)亡阴与亡阳

亡阴亡阳证的形成,一般见于大热、大汗、大吐、大泻、大失血情况下,常常是先亡阴,后亡阳,由于阴液耗竭,阳无所依。阴阳是互根的,所以亡阴和亡阳难于截然割裂,将其分类只为救治方便而已。

1. 亡阴 阴液衰竭的一系列证候。除原发疾病的症状外,尚有汗热而黏,身热,口渴贪饮,脉细数无力等阴津欲竭的症状。

2. 亡阳 阳气虚脱的一系列证候。除原发病症状外,尚有大汗淋漓,汗清稀而凉,形寒肢冷,精神萎靡,面色苍白,脉微欲绝等阳气虚脱症状。

(四)阴闭和阳闭

闭,是闭塞不通的意思。闭证是脏腑功能丧失的证候。多见急重病过程中。

1. 阴闭 热入心包或热痰阻遏心窍出现的证候,相当于败血症的休克期。表现高热神昏,痉挛抽搐,口色深红,舌苔黄腻,脉弦滑数。

2. 阳闭 寒痰、湿痰蒙蔽清窍出现的证候。相当于脑水肿。表现神昏嗜睡,喉中痰鸣,口色淡白,舌胎白滑,脉沉滑等。

五、八纲辨证与八证论

八纲辨证是中医学辨证方法,八证论是中兽医学的辨证方法。二者的区别在于八纲辨证以阴和阳概括分辨病证的基本属性,八证论以正和邪概括分辨家畜健康和疾病状态。正证是指正常无病的状况;邪证,狭义指风病,广义指一切疾病。

对家畜来讲,正证和邪证在辨证中是相当重要的。因为家畜不能表达自己是否有病,病在何处,兽医须依靠各方面的体征和表现来鉴别和判断,因此必须熟知正证,才能辨别出邪证。八纲辨证、八证论也必须与其他辨证方法结合起来,才能做出全面的分析判断,掌握疾病的本质。

第三节 脏腑辨证

脏腑辨证就是辨别疾病所在的脏腑。它是根据脏腑的生理功能、病理表现,对疾病症状进行分析归纳,推论病机、判断病位、病性、正邪盛衰的辨证方法。八纲辨证是总纲,初步确定证型,脏腑辨证则是基础,落实到具体脏腑,为论治提供具体依据。

一、心与小肠病证

心主血脉,藏神,开窍于舌,与小肠相表里,故凡表现为血脉和神志的异常均应考虑为心的病证。心的病证有虚有实，虚者为气血阴阳不足，实证多是火热痰瘀等邪气的侵犯。

(一)心气虚
1. 病因 久病体虚，暴病或汗下太过伤阳耗气，误治、失治，老畜脏气衰弱，禀赋不足(先天性心脏病)。
2. 主证 心悸，气短乏力，自汗，运动后尤甚，舌淡苔白，脉虚。
3. 治则 养心益气，安神定悸。
4. 方例 养心汤加减。

(二)心阳虚
1. 病因 病因同心气虚，多在心气虚的基础上发展而来。
2. 主证 除心气虚的症状外，兼有形寒肢冷，耳鼻四肢不温，舌淡或紫暗，脉细弱或结代。
3. 治则 温心阳，安心神。
4. 方例 保元汤加减。

心气虚、心阳虚歌诀：

久病体虚心气虚，暴病失治衰老虚；
心悸气短体无力，自汗舌淡有脉虚；
心气虚致心阳虚，脉有细数或结代，形寒肢冷耳鼻凉；
养心益气须定悸，安神服用养心汤。

(三)心血虚
1. 病因 多因久病体虚，血液生化不足；或失血过多，劳伤过度，损伤心血所致。
2. 主证 心悸，躁动，易惊，口色淡白，脉细弱。
3. 治则 补血养心，镇惊安神。
4. 方例 归脾汤加减。

(四)心阴虚
1. 病因 除引起心血虚的病因之外，热证损伤阴津、腹泻日久等均可损伤心阴而致病。
2. 主证 除有心血虚的主证外，尚兼有午后潮热，低热不退，盗汗，舌红少津，脉细数。
3. 治则 养心阴，安心神。
4. 方例 补心丹加减。

心血虚、心阴虚歌诀：

心血心阴亏虚证，心悸躁动易受惊；
口色淡白脉细弱，血虚不能向上荣；
心血致心阴虚，热证久泻也心虚；
阴虚午后现潮热，身体盗汗常低热；
舌红少津脉细弱，补血养心归脾汤。

(五)心热内盛
1. 病因 多因感受暑热之邪或其他淫邪内郁化热，或过服温补药所致。
2. 主证 高热，大汗，精神沉郁，气促喘粗，粪干尿少，口渴，舌红，脉象洪数。

3. 治则 清心泻火,养阴安神。
4. 方例 香薷散或白虎汤加减。

心火内盛歌诀:
　　高热大汗精神郁,粪干尿少气粗喘;
　　口渴舌红脉洪数,心热内盛病因暑;
　　其他淫邪郁化热,或服温补药过多;
　　清心泻火香薷饮,养阴安神白虎汤。

(六)痰火扰心
1. 病因 多因气郁化火,炼液为痰,痰火内盛,上扰心神所致。
2. 主证 发热,气粗,眼急惊狂,蹬槽越桩,狂躁奔走,咬物伤人,以及一些其他兴奋型的表现,苔黄腻,脉滑数。
3. 治则 清心祛痰,镇惊安神。
4. 方例 镇心散或朱砂散加减。

痰火扰心歌诀:
　　痰火扰心急惊狂,蹬槽越桩奔走忙;
　　舌红黄腻脉滑数,咬物伤人力倍常;
　　清心祛痰镇心散,镇惊安神朱砂散。

(七)小肠中寒
1. 病因 多因外感寒邪或内伤阴冷所致。
2. 主证 腹痛起卧,肠鸣,粪便稀薄,口内湿滑,口流清涎,口色青白,脉象沉迟。
3. 治则 温阳散寒,行气止痛。
4. 方例 橘皮散加减。

小肠中寒歌诀:
　　外感寒邪内伤冷,导致动物小肠寒;
　　腹痛肠鸣泻稀便,口色青白流清涎
　　脉象沉迟有气胀,温阳散寒橘皮散。

二、肝与胆病证

　　肝主疏泄,藏血,主筋,开窍于目,其华在爪,与胆相表里。故风气内动,筋脉拘急,疏泄失职,气滞血瘀,胀闷疼痛或烦躁易怒,以及多种目疾,多属于肝的病变。肝的病证有虚有实,虚证多见于肝阴/血的不足;实证则是气火有余,或为湿热等邪气所犯扰。而风阳内动上扰之证,则属本虚标实。

(一)肝火上炎
1. 病因 多由外感风热或由肝气郁结而化火所致。
2. 主证 两目红肿,羞明流泪,睛生翳障,视力障碍,或有鼻衄,粪便干燥,尿浓赤黄,口色鲜红,脉象弦数。

3. **治则** 清肝泻火，明目退翳。
4. **方例** 决明散或龙胆泻肝汤加减。

肝火上炎歌诀：

　　肝火上炎双目赤，粪便干燥尿赤黄；
　　舌红苔黄脉弦数，决明散和龙胆汤。

(二)肝血虚

1. **病因** 多因脾肾亏虚，生化之源不足，或慢性病耗伤肝血，或失血过多所致。
2. **主证** 眼干，视力减退，甚至出现夜盲、内障，或倦怠肯卧，蹄壳干枯皲裂，或眩晕，站立不稳，时欲倒地，或见肢体麻木，震颤，四肢拘挛抽搐，口色淡白，脉弦细。
3. **治则** 滋阴养血，平肝明目。
4. **方例** 四物汤加减。

肝血虚歌诀：

　　脾肾亏虚源不足，失血、消耗肝血虚；
　　眼干夜盲视力减，蹄壳皲裂不愿站；
　　脉搏弦细口色淡，肢麻、抽搐和震颤；
　　平肝明目滋阴血，口服四物汤加减。

(三)肝风内动之热极生风

1. **病因** 多由邪热内盛，热极生风，横蹿经脉所致。见于温热病的极期。
2. **主证** 高热，四肢痉挛抽搐，项强，甚则角弓反张，神识不清，撞壁冲墙，圆圈运动，舌质红绛，脉弦数。
3. **治则** 清热，熄风，镇痉。
4. **方例** 羚羊钩藤汤加减。

热极生风歌诀：

　　热极生风热内盛，常见极期温热病；
　　神智不清角弓反，四肢痉挛颈项强；
　　撞壁冲墙地上转，脉搏弦数舌质红；
　　清热熄风并镇痉，口服羚羊钩藤汤。

(四)肝风内动之肝阳化风

1. **病因** 多因肝肾之阴久亏，肝阳失潜而致。
2. **主证** 神昏似醉，站立不稳，时欲倒地或头向左或向右盘旋不停，偏头直颈，歪唇斜眼，肢体麻木，拘挛抽搐，舌质红，脉弦数有力。
3. **治则** 平肝熄风。
4. **方例** 镇肝熄风汤加减。

肝阳化风歌诀：

　　长期亏损肝肾阴，肝阳失潜阳化风；

神昏似醉站不稳，头向左右不停转；
歪唇斜眼肢麻木，抽搐舌红脉弦数；
镇肝熄风汤口服，平肝熄风正对路。

(五)肝风内动之阴虚生风

1. **病因** 多因外感热病后期阴液耗损，或内伤久病，阴液亏虚而发病。
2. **主证** 形体消瘦，四肢蠕动，午后潮热，口咽干燥，舌红少津，脉弦细数。
3. **治则** 滋阴定风。
4. **方例** 大定风珠加减。

阴虚生风歌诀：
热病后期阴液耗，四肢蠕动形体消；
舌红津少口咽燥，脉弦细数午后潮；
滋阴定风病能消，大定风珠常用药。

(六)肝风内动之血虚生风

1. **病因** 多由急慢性出血过多，或久病血虚所引起。
2. **主证** 除血虚所致的眩晕站立不稳，时欲倒地，蹄壳干枯皲裂，口色淡白，脉细之外，尚有肢体麻木，震颤，四肢拘挛抽搐的表现。
3. **治则** 养血熄风。
4. **方例** 复脉汤加减。

血虚生风歌诀：
血虚眩晕不能站，蹄壳干裂口色淡；
脉细肢麻和震颤，四肢抽搐和拘挛；
养血熄风复脉汤，针对病证可加减。

(七)肝胆湿热

1. **病因** 多因感受湿热之邪，或脾胃运化失常，湿邪内生，郁而化热所致。
2. **主证** 黄疸鲜明如橘色，尿液短赤或黄而浑浊。母畜带下黄臭，外阴瘙痒，公畜睾丸肿胀热痛，阴囊湿疹，舌苔黄腻，脉弦数。
3. **治则** 清利肝胆湿热。
4. **方例** 茵陈蒿汤加减。

肝胆湿热歌诀：
湿热之邪侵肝胆，脾胃运化不正常；
皮肤黏膜有黄疸，尿液短赤混浊黄；
带下黄臭外阴痒，阴囊湿疹睾丸胀；
舌苔黄腻脉弦数，茵陈蒿汤湿热清。

三、脾与胃病证

脾主运化、统血，胃主受纳腐熟，脾与胃相为表里。脾升胃降，燥湿相济，共同完成食物的消化、吸收与输布，为气血生化之源，后天之本。因此，凡饮食物的受纳、消化、吸收障碍，诸湿肿满；或升降失常，呕恶泄泻；或气虚下陷，统摄无权所致的内脏脱出。各种出血，以及上述原因引起的气血不足诸证，均是脾胃病变的反映。脾胃病症有虚有实，脾以虚症为多，胃以实证常见，故有"实则阳明，虚则太阴"之说。脾胃之虚，常为阳气与阴津的亏损；脾胃之实，则多为寒、燥、热、食积困扰所致。

（一）脾气虚之脾虚不运

1. 病因 多由饮食失调，劳役过度，以及其他疾患耗伤脾气所致，见于慢性消化不良的病程中。

2. 主证 草料迟细，体瘦毛焦，倦怠肯卧，肚腹虚胀，肢体浮肿，尿短，粪稀，口色淡黄，舌苔白，脉缓弱。

3. 治则 益气健脾。

4. 方例 参苓白术散或香砂六君子汤加减。

脾气不运歌诀：

  脾气不运瘦毛乱，肚腹虚胀排尿短；

  消化不良排稀便，肢体浮肿口色淡；

  倦怠肯卧脉缓弱，内服参苓白术散。

（二）脾气虚之脾气下陷

1. 病因 多由脾不健运进一步发展而来，见于久泻久痢、直肠脱、阴道脱、子宫脱等证。

2. 主证 久泻不止，脱肛或子宫脱或阴道脱，尿淋漓难尽，并伴有体瘦毛焦，倦怠肯卧，多卧少立，草料迟细，口色淡白，苔白，脉虚等。

3. 治则 益气升阳。

4. 方例 补中益气汤加减。

脾气下陷歌诀：

  脾气下陷泻不止，子宫阴道肛肠脱；

  体瘦毛焦多喜卧，口白、苔白脉虚弱；

  草料迟细尿不尽，加减补中益气汤。

（三）脾不统血

1. 病因 多因久病体虚，脾气衰虚，不能统摄血液所致。见于某些慢性出血病和某些热性疾病的慢性病程中。

2. 主证 便血、尿血、皮下出血等慢性出血，并伴有体瘦毛焦，倦怠肯卧，口色淡白，脉细弱。

3. 治则 益气摄血，引血归经。

4. 方例 归脾汤加减。

脾不统血歌诀：

  脾不统血见血便，出血尿血口色淡；

倦怠肯卧脉细弱，口服归脾汤加减。

(四) 脾阳虚

1. 病因　多由脾气虚发展而来，或因过食冰冻草料，暴饮冷水，损伤脾阳所致，见于急、慢性消化不良。

2. 主证　在脾不健运症状的基础上，同时出现形寒怕冷，耳鼻四肢不温，肠鸣腹痛，泄泻，口色青白，口腔滑利，脉象沉迟。

3. 治则　温中散寒。

4. 方例　理中汤加减。

脾阳虚歌诀：

暴饮冷水食冻料，消化不良伤脾阳；
脾不健运基础上，形寒怕冷耳鼻凉；
脉象沉迟口色青，肠鸣腹泻伴腹痛；
温中散寒治此病，口服理中汤加减。

(五) 寒湿困脾

1. 病因　多因长期过食冰冻草料，暴饮冷水，使寒湿停于中焦，或久卧湿地，或阴雨苦淋，导致寒湿困脾。见于消化不良、水肿、妊娠浮肿、慢性阴道及子宫炎的病程中。

2. 主证　耳耷头低，四肢沉重肯卧，草料迟细，粪便稀薄，小便不利，或见浮肿，口黏不渴，舌苔白腻，脉象迟缓而濡。

3. 治则　温中化湿。

4. 方例　胃苓散加减。

寒湿困脾歌诀：

常食冷水冰冻料，致使寒湿困三焦；
主见子宫阴道炎，妊娠浮肿消不良；
耳耷头低四肢重，小便不利见浮肿；
口黏不渴舌苔白，脉象有濡且迟缓；
口服胃苓散加减，温中化湿也驱寒。

(六) 胃阴虚

1. 病因　多由高热伤阴，津液亏耗所致，见于热性病的后期。

2. 主证　体瘦毛焦，皮肤松弛，弹性减退，食欲减退，口干舌燥，粪球干小，尿少色浓，口色红，苔少或无苔，脉细数。

3. 治则　滋养胃阴。

4. 方例　养胃汤加减。

胃阴虚歌诀：

胃阴虚症热致病，滋阴养胃养胃汤；
高热伤阴津液耗，热病后期瘦毛焦；
皮肤松弛弹性差，食欲减退口干燥；

尿少色浓粪干小，口红脉细数苔少。

(七) 胃寒

1. 病因 多由外感风寒，或饮喂失调，如长期过食冰冻草料、暴饮冷水等。见于消化不良病程中。

2. 主证 形寒怕冷，耳鼻发凉，食欲减退，粪便稀软，尿液清长，口腔湿滑或口流清涎，口色淡或青白，苔白而滑，脉象沉迟。

3. 治则 温胃散寒。

4. 方例 桂心散加减。

胃寒歌诀：

消化不良病程中，外感风寒胃寒病；
形寒怕冷耳鼻凉，粪便稀软尿清长；
脉象沉迟苔白滑，口流清涎色淡青；
桂心散可治此病，温中散寒祛病症。

(八) 胃热

1. 病因 多由胃阳素强，或外感邪热犯胃，或外邪传内化热，或急性高热病中热邪波及胃脘所致。

2. 主证 耳鼻温热，草料迟细，粪球干小而尿少，口干舌燥，口渴贪饮，口腔腐臭，齿龈肿痛，口色鲜红，舌有黄苔，脉象洪数。

3. 治则 清热泻火，生津止渴。

4. 方例 清胃解热散加减。

胃热歌诀：

胃热多由胃阳强，外感邪热高热恙；
草料迟细耳鼻热，贪饮口干齿龈胀；
粪球干小而尿少，口腔腐臭舌苔黄；
脉象洪数口色红，清胃解热散除病。

(九) 胃食滞

1. 病因 多由暴饮暴食，伤及脾胃，食滞不化，或草料不易消化，停滞于胃所致。

2. 主证 不食，肚腹胀满，嗳气酸臭，腹痛起卧，粪干或泄泻，矢气酸臭，口色深红而燥，苔厚腻，脉滑实。

3. 治则 消食导滞。

4. 方例 病情轻者，可用曲蘖散加减；病情重者，可用调气攻坚散加减。

胃食滞歌诀：

暴饮暴食伤脾胃，消化不良滞于胃；
动物不食腹胀满，腹痛起卧嗳气酸；
矢气酸臭口红燥，或有腹泻或粪干；
脉搏滑实苔厚腻，消食导滞曲蘖散。

四、肺与大肠病证

肺主气，司呼吸，主宣降，通调水道，外合皮毛，开窍于鼻，与大肠相表里。故肺的病症主要表现在呼吸不利、咳吐痰血等。肺的病证有虚实之分，虚证多见气亏与阴津之不足，实证多由风寒燥热等邪气侵袭或痰浊犯肺所致。

(一)肺气虚

1. 病因 多因久病咳喘伤及肺气，或其他脏器病变影响及肺，使肺气虚弱而成。

2. 主证 久咳气喘，且咳喘无力，动则喘甚，鼻流清涕，畏寒喜暖，易于感冒，容易出汗，日渐削瘦，皮燥毛焦，倦怠肯卧，口色淡白，脉象细弱。

3. 治则 补肺益气，止咳定喘。

4. 方例 补肺散加减。

肺气虚歌诀：

咳喘无力肺气虚，流涕畏寒不足息；
倦怠自汗易感冒，舌淡苔白焦皮毛；
脉象细弱日渐瘦，补肺益气补肺散。

(二)肺阴虚

1. 病因 多因久病体弱，或邪热久恋于肺，损伤肺阴所致，或由于发汗太过而伤及肺阴所致。见于慢性支气管炎及肺结核。

2. 主证 干咳连声，昼轻夜重，甚则气喘，鼻液黏稠，低热不退，或午后潮热，盗汗，口干舌燥，粪球干小，尿少色浓，口色红，舌无苔，脉细数。

3. 治则 滋阴润肺。

4. 方例 百合固金汤加减。

肺阴虚歌诀：

肺阴虚见慢支炎，干咳气喘鼻液黏；
低热不退或盗汗，舌燥尿少粪小干；
口红无苔脉细数，百合固金汤加减。

(三)痰饮阻肺

1. 病因 因脾失健运，湿聚为痰饮，上贮于肺，使肺气不得宣降而发病。

2. 主证 咳嗽，气喘，鼻液量多，色白而黏稠，苔白腻，脉滑。

3. 治则 燥湿化痰。

4. 方例 二陈汤加减。

痰饮阻肺歌诀：

痰饮阻肺有咳嗽，鼻液良多白稠黏；
脉滑并见苔滑腻，燥湿化痰二陈汤。

(四)风寒束肺

1. 病因 因风寒之邪侵袭肺脏，肺气闭郁而不得宣降所致。见于感冒、急慢性支气管炎。

2. 主证 以咳嗽、气喘为主，兼有发热轻而恶寒重，鼻流清涕，口色青白，舌苔薄白，脉浮紧。

3. 治则 宣肺散寒，祛痰止咳。

4. 方例 麻黄汤或荆防败毒散加减。

风寒束肺歌诀：
　　风寒侵肺肺气闭，感冒急慢支管炎；
　　咳嗽气喘恶寒重，口色青白发热轻；
　　舌苔薄白鼻清涕，肺气难宣脉浮紧；
　　风寒束肺麻黄汤，荆防败毒散也强。

(五) 风热犯肺

1. 病因 多因外感风热之邪，以致肺气宣降失常所致。见于风热感冒，急性支气管炎，咽喉炎等病程中。

2. 主证 以咳嗽和风热表证共见为特点。咳嗽，鼻流黄涕，咽喉肿痛，触之敏感，耳鼻温热，身热，口干贪饮，口色偏红，舌苔薄白或黄白相间，脉浮数。

3. 治则 疏风散热，宣通肺气。

4. 方例 表热重者，用银翘散加减；咳嗽重者，用桑菊饮加减。

风热犯肺歌诀：
　　风热犯肺有咳嗽，鼻流黄涕痛咽喉；
　　触之敏感耳鼻热，口红苔白脉数浮；
　　表热重者银翘散，咳嗽重者桑菊饮。

(六) 肺热咳喘

1. 病因 多因外感风热或因风寒之邪入里郁而化热，以致肺气宣降失常所致。见于咽喉炎，急性支气管炎，肺炎，肺脓疡等病。

2. 主证 咳声洪亮，气促喘粗，鼻翼煽动，鼻涕黄而黏稠，咽喉肿痛，粪便干燥，尿液短赤，口渴贪饮，口色赤红，苔黄燥，脉洪数。

3. 治则 清肺化痰，止咳平喘。

4. 方例 麻杏石甘汤或清肺散加减。

肺热咳喘歌诀：
　　肺热咳喘多有炎，咳声红亮气粗喘；
　　口红胎黄脉洪数，鼻翼煽动涕黄黏；
　　尿液短赤口贪饮，咽喉肿痛粪便干；
　　清热化痰止咳嗽，麻黄石甘清肺散。

(七) 大肠液亏

1. 病因 内有燥热，使大肠津液亏损，或胃阴不足，不能下滋大肠，均可使大肠液亏。多见于老畜及母畜产后和热病后期等病程中。

2. 主证 粪球干小而硬，或粪便秘结干燥，努责难以排下，舌红少津，苔黄燥，脉细数。

3. 治则 润肠通便。

4. 方例 当归苁蓉汤加减。

大肠液亏歌诀：

大肠液亏粪便干，热病产后或老年；
舌红苔黄津液少，脉搏细数排便难；
主要润肠和通便，当归苁蓉汤加减。

(八) 食积大肠

1. 病因 多因过饥暴食，或草料突换，或久渴失饮，或劳逸失度，或老畜咀嚼不全，致使草料停于肠中，而成此病，见于结症。

2. 主证 粪便不通，肚腹胀满，回头观腹，不时起卧，饮食欲废绝，口腔酸臭，尿少色浓，口色赤红，舌苔黄厚，脉象沉而有力。

3. 治则 通便攻下，行气止痛。

4. 方例 大承气汤加减。

食积大肠歌诀：

食积大肠不通便，腹痛起卧肚胀满；
饮食废绝口酸臭，口红苔黄尿量减；
通便攻下止腹痛，大承气汤须加减。

(九) 大肠湿热

1. 病因 外感暑湿，或感染疫疠之气，或喂霉败秽浊的或有毒的草料，以致湿热或疫毒蕴结，下注于肠，损伤气血而发病。见于急性胃肠炎，菌痢等疾病的病程中。

2. 主证 发热，腹痛起卧，泻痢腥臭，甚则脓血混杂，口干舌燥，口渴贪饮，尿液短赤，口色红黄，舌苔黄腻或黄干，脉象滑数。

3. 治则 清热利湿，调气和血。

4. 方例 白头翁汤或郁金散加减。

大肠湿热歌诀：

大肠湿热腥臭便，菌痢急性胃肠炎；
发热腹痛有起卧，贪饮舌黄和口干；
尿液短赤脉滑数，白头翁汤郁金散。

(十) 大肠冷泻

1. 病因 多由外感风寒或内伤阴冷（如喂冰冻草料，暴饮冷水）而发病。

2. 主证 耳鼻寒凉，肠鸣如雷，泻粪如水，或腹痛，尿少而清，口色青黄，舌苔白滑，脉象沉迟。

3. 治则 温中散寒，渗湿利水。

4. 方例 桂心散或橘皮散加减。

大肠冷泻歌诀：
　　大肠冷泻耳鼻凉，肠鸣如雷泻水便；
　　内伤阴冷外风寒，口青苔白尿清减；
　　温中散寒桂心散，理气橘皮散可选。

五、肾与膀胱病证

肾为先天之本，藏精，主骨生髓通于脑，又主水、主纳气，开窍于耳，司二阴，其华在发，与膀胱相表里。故凡有关生长发育、生殖、水液代谢异常，脑、髓、骨及某些呼吸、听觉、大小便的病变，均多应从肾分析。肾中藏有元阴元阳，为畜体生长发育的根本，元阴属水，元阳属火，所以有"肾为水火之宅"之说。无论元阴与元阳，均宜固秘，不宜耗泄，固秘则能维持生理的正常，一有耗伤，则诸种病症由之而生，故有"肾无实证"之说。肾的病变很多，主要是肾的阴、阳、精、气之亏虚。

（一）肾阳虚之肾阳虚衰

1. 病因　素体阳虚，或久病伤肾，或劳损过度，或年老体弱，下元亏损，均可导致肾阳虚衰。

2. 主证　形寒肢冷，耳鼻四肢不温，腰痿，腰腿不灵，难起难卧，四肢下部浮肿，粪便稀软或泄泻，小便减少，公畜性欲减退，阳痿不举，垂缕不收，母畜宫寒不孕。口色淡，舌苔白，脉沉迟无力。

3. 治则　温补肾阳。

4. 方例　肾气散加减。

肾阳虚衰歌诀：
　　肾阳虚衰形肢寒，腰腿不灵起卧难；
　　肢下浮肿粪便软，阳痿宫寒尿量减；
　　脉沉迟弱口色淡，治疗要选肾气丸。

（二）肾阳虚之肾气不固

1. 病因　多由肾阳素亏，劳损过度，或久病失养，肾气亏耗，失其封藏固摄之权而致。

2. 主证　小便频数而清，或尿后余沥不尽，甚至遗尿或小便失禁，腰腿不灵，难起难卧，公畜滑精早泄，母畜带下清稀，胎动不安，舌淡苔白，脉沉弱。

3. 治则　固摄肾气。

4. 方例　缩泉丸或固精散加减。

肾气不固歌诀：
　　肾气不固见遗精，早泻尿频带下清；
　　脉象沉迟搏无力，难起难卧腰不灵；
　　舌淡苔白胎躁动，固摄肾精缩泉丸。

（三）肾阴虚

1. 病因　因伤精、失血、耗液而成；或急性热病耗伤肾阴，或其他脏腑阴虚而伤及于肾，或因过服温燥劫阴之药所致。见于久病体弱，慢性贫血，或某些慢性传染病过程中。

2. 主证 形体瘦弱，腰胯无力，低热不退或午后潮热，盗汗，粪便干燥，公畜举阳滑精或精少不育，母畜不孕，视力减退，口干、色红、少苔，脉细数。

3. 治则 滋阴补肾。

4. 方例 六味地黄汤加减。

肾阴虚歌诀：
　　肾阴虚症腰无力，低热盗汗粪便干；
　　舌红苔少脉细数，形容消瘦视力减；
　　公畜滑精母不孕，六味地黄滋肾阴。

(四) 膀胱湿热

1. 病因 由湿热下注膀胱，气化功能受阻所致。

2. 主证 尿频而急，尿液排出困难，常作排尿姿势，痛苦不安，或尿淋漓，尿色混浊，或有脓血，或有砂石，口色红，苔黄腻，脉濡数。

3. 治则 清利湿热。

4. 方例 八正散加减。

膀胱湿热歌诀：
　　膀胱湿热尿短涩，尿急尿频排尿难；
　　尿血混浊膀胱炎，或有尿痛砂石现；
　　舌红滑腻脉濡数，清利湿热八正散。

第四节　六经和卫气营血辨证

六经辨证与卫气营血辨证是用于外感热病的辨证方法。外感热病是指感受六淫、疫疠外邪引起的以发热为主要特征的急性病，包括各种传染性、非传染性的急性发热病。其主要特点是起病急、发展快、变化多、高热、渴饮、脉数，易于化燥伤阴。病邪主要有风热、湿热、疫疠。其发病方式分为新感和伏邪。

新感，即发，有表证，自表传里，变化慢，治宜辛凉解表，见于多数温病；伏邪，逾时而发，无表证，自里传表，变化快，治宜清内热为主，见于少数温病。

一、六经病证

六经辨证是汉代医家张仲景根据《内经》的理论，通过临床实践经验的积累，把外感热病（主要由寒邪和风邪引起，又称伤寒）所出现的许多普遍症状，以阴阳为纲分为两大类病证，并根据其阶段特点，沿用《内经》六经名称归纳成六类证候，即太阳、少阳、阳明三阳病，太阴、少阴、厥阴三阴病。凡是抵抗力强、病势亢盛的均为三阳病，三阳病多热证、实证，治疗重在驱邪。凡是寒邪入里、正虚阳衰、抗病力弱、病势衰退的多为三阴病，三阴病多寒症、虚证，治疗重在扶正。

六经病证以阴、阳为纲，分为三阳和三阴两类，三阳病以六腑病变为基础；三阴病以五脏病变为基础。因此，基本概括了脏腑十二经的病变，但六经辨证重点在分析外感寒邪所引起的一系列病变及传变规律，因此不能用于内伤杂病的脏腑辨证。

(一)太阳病证

太阳病证的病因多由于风寒邪气侵犯引起，常出现于外感病的初期。根据患者体质强弱及受邪轻重，又可分为太阳伤寒和太阳中风两类证候。兼有出汗、恶风的称为太阳中风证，为表虚证；兼有咳喘、无汗的称为太阳伤寒证，为表实证。其共同症状为发热、恶寒、脉浮。

太阳伤寒证的治疗宜发汗解表、宣肺平喘，方用麻黄汤；太阳中风证的治疗宜解肌祛风、调和营卫，方用桂枝汤。

(二)少阳病证

1. 病因　由于邪气未除，正气始虚，病邪内侵，结于胆腑，邪正分争于表里之间、枢机不利的病变。因病变既非在表，又未完全入里，而在于表里之间，故又称半表半里证。

2. 主证　微热不退，寒热往来，食少纳呆，脉弦。

3. 治则　和解少阳。

4. 方例　小柴胡汤加减。

(三)阳明病证

阳明病证出现于正邪斗争极期(高热期)，病变在里，为里热证，多由太阳病失治或误治，寒邪入里化热所致。根据邪热是否与肠中糟粕互结，可分为经证和腑证。

1. 阳明经证　表现为大热大汗、大渴大饮，脉洪大，舌苔黄燥。又称阳明热证。治宜清热生津，方用白虎汤。

2. 阳明腑证　表现为身热、汗出，腹胀疼痛拒按，舌苔黄燥或焦黄起芒刺，脉沉而有力。治疗宜清热泻下，方用大承气汤。

(四)太阴病证

太阴为三阴之屏障，病入三阴，太阴首当其冲。太阴病证为脾阳虚弱，寒湿内阻的虚寒病变。病位在里，属虚寒证。

1. 病因　三阳病失治损伤脾阳；脾气素虚、寒邪直冲。

2. 主证　腹胀、腹痛、呕吐，下利清谷，苔白，脉迟缓。

3. 治则　温中散寒，健脾燥湿。

4. 方例　理中汤加减。

(五)少阴病证

少阴病证是心、肾机能衰退性病变，病情比较严重。临床分少阴虚寒证和少阴虚热证。

1. 少阴虚寒证

(1)病因：心肾阳衰，寒邪直中少阴；汗下太过，失治误治，损伤真阳。

(2)主证：畏寒肢冷，倦怠卷卧，口不渴或喜热饮，下利清谷，小便清长，舌淡苔白，脉沉微。

(3)治则：回阳救逆。

(4)方例：四逆汤加减。

2. 少阴虚热证

(1)病因：多由于邪热不解耗伤真阴，或素体阴虚，邪入少阴，从阳化热，热灼真阴而致，因肾水亏虚不能上济，心火独亢，又称心肾不交。

（2）**主证**：烦躁不安，口燥咽干，舌红少苔，脉细数。

（3）**治则**：滋阴泻火。

（4）**方例**：黄连阿胶汤加减。

（六）厥阴病证

厥阴病证是三阴病的最后阶段，正气已衰，阴阳调节错乱，病的发展多趋于极期，不是寒极，就是热极，寒极生热，热极生寒，故临床上多表现为寒热错杂的证候。临床上常见为寒厥、热厥、蛔厥三种类型。

1. 寒厥 表现为四肢厥冷，口色淡白，无热恶寒，脉细微。治宜回阳救逆，方用四逆汤。

2. 热厥 表现为四肢厥冷，恶热，口干，色红黄。治宜清热和阴，方用白虎汤。

3. 蛔厥 表现为呕吐或吐出蛔虫，黏膜黄染，四肢冷热交替。治宜和胃安蛔，方用乌梅丸（乌梅、细辛、干姜、当归、熟附子、蜀椒、桂枝、黄柏、黄连、党参，见《伤寒论》）。

二、卫气营血病证

卫气营血辨证是清代医家叶天士倡导的用于外感温热病的又一种辨证方法。它是在伤寒六经辨证的基础上发展起来的，又弥补了六经辨证的不足。叶公引申《内经》卫气营血之意，借以说明温病发展过程中的四类证候，又代表深浅轻重四个不同的阶段，成为温热病辨证的纲领。

（一）卫分病证

卫分病证是温热之邪侵犯肌表，卫气功能失常表现的证候，常用于温热病初期，是温热在表的阶段，属于表热证。因肺主皮毛，卫气通于肺，故卫分病证有肺经的病变。

1. 病因 温热之邪侵犯肌表，卫气功能失常。

2. 主证 发热重，微恶寒，咳嗽、咽痛、口干微红、苔薄黄、脉浮数。

3. 治则 辛凉解表。

4. 方例 银翘散加减。

（二）气分病证

气分病证是温热之邪内入脏腑，正盛邪实，交争剧烈，阳热亢盛的里热证。由于邪犯气分所在脏腑不同，证候表现也不同。

1. 热邪壅肺 表现为发热、呼吸喘粗、咳嗽，鼻浓黄或脓涕，舌红苔黄燥；治宜清热化痰，止咳平喘；方用麻杏石甘汤。

2. 热入阳明 同六经辨证的阳明经证。

3. 热邪壅肺 同六经辨证的阳明腑证。

（三）营分病证

营分病证是温热之邪入血的轻浅阶段，也是热邪内陷的深重阶段。营为血中之气，内通于心，故营分病证以营阴受损、心神被扰为主要特点，表现为高热、神昏、斑疹隐隐、舌质红绛。

营分病证病因有三：一是由卫分传入，即温热病邪由卫分不经气分而直入营分，称为

"逆传心包"；二是由气分传来，即先见气分证的热象，而后出现营分证的症状；三是温热之邪直入营分，即温热病邪侵入机体，致使畜体起病后便出现营分症状。

营分病证有热伤营阴和热入心包两种证型。

1. 热伤营阴　表现为高热不退，夜甚，躁动不安，呼吸喘促，咽干不欲饮，斑疹隐现，舌绛无苔，脉细数。治宜清营泄热，方用清营汤。

2. 热入心包　表现为高热，神志昏迷，四肢厥冷，抽搐，舌绛，脉数。治宜清心开窍，方用清宫汤（玄参、莲子、竹叶心、麦冬、连翘、犀角，见《温病条辨》）。

(四) 血分病证

血分病证是温热病的最后阶段，也是疾病发展过程中最为深重的阶段。心主血而肝藏血，故邪热入血分势必影响心肝二脏；而邪热易耗伤真阴，亡阴失水，病又多及于肾，所以血分证以心、肝、肾病变为主。临床表现除具有营分病证且较为重笃外，更以耗血、动血、阴伤、动风为其特征。表现为高热，神昏，舌质红绛，便血，尿血，皮肤黏膜出血斑点，项背强直，四肢抽搐，脉数等。

常见的血分病证有血热妄行、气血两燔、肝热动风和血热伤阴四种证型。

1. 血热妄行　表现为身热，神昏，黏膜、皮肤发斑，尿血，便血，口色深绛，脉数。治宜清热解毒，凉血散瘀，方用犀角地黄汤。

2. 气血两燔　表现为身大热，口渴喜饮，口燥苔焦，舌质红绛，发斑，衄血，便血，脉数。治宜清气分热，解血分毒，方用清瘟败毒饮（生石膏、生地、犀角、黄连、栀子、桔梗、黄芩、知母、玄参、连翘、甘草、丹皮、鲜竹叶，见《疫诊一得》）。

3. 肝热动风　表现为高热，项背强直，阵阵抽搐，口色深绛，脉弦数。治宜凉肝熄风，方用羚羊钩藤汤（羚羊片、霜桑叶、川贝、生地、钩藤、菊花、茯神、白芍、生草、竹茹，见《通俗伤寒论》）。

4. 血热伤阴　表现为低热不退，精神倦怠，口干舌燥，舌红无苔，尿赤，粪干，脉细数无力。治宜清热养阴，方用青蒿鳖甲汤。

第八章 防治法则

第一节 预防

预防，就是采取一定的措施，防止动物疾病的发生和发展。前人称其为"治未病"。"治未病"包括两方面的内容，一是未病先防，二是既病防变。

一、未病先防

未病先防就是在家畜未患病之前，采取各种有效措施，预防疾病的发生。

1. 加强饲管，合理使役　《元亨疗马集》说："冬暖，夏凉，春牧，秋厩，节刍水，知劳役，使夏暑无侵，则马骡无疴瘵也"，就是预防外感和内伤。

2. 四时调理，灌四季药　四时调理，如放六脉血：对膘肥体壮的马，春季放大血，则夏无热痈之病。灌四季药是指春灌茵陈散，夏灌消黄散，秋灌理肺散，冬灌茴香散，根据四季的变换以预防疾病。

3. 免疫隔离，预防瘟疫　古有灌花(灌病牛血)防牛病，服疯犬脑防狂犬病，现有注射疫苗以防止疫病的发生。此外，《陈敷农书》中说："已死之肉，经过村里，其气尚能相染也。欲病之不相染，勿令与不病者相近"，说的就是隔离的重要性。

二、既病防变

若家畜已发病，应尽早诊断和治疗，预防疾病的发展和传变。要熟悉疾病发生发展的规律和传变的途径，才能做到早期诊治，杜绝传变。如《金匮要略》说："见肝之病，知肝传脾，当先实脾"，所以在治肝病的同时，常配合健脾和胃。

第二节 治则

治则就是治疗疾病的法则，是指导制订各种具体治疗方法的总原则，是中兽医基础理论和辨证施治理论的具体应用。其内容主要包括扶正祛邪，调整阴阳，治病求本，整体观念。正确运用好这些法则，同时要处理好原则性与灵活性，治疗与护养的关系。

一、扶正与祛邪

任何疾病的发生和发展，都离不开正气和邪气两个方面。正邪的消长，直接影响疾病的进退和虚实。所以，治疗离不开扶正和祛邪两种方法。只有恰当、灵活地运用扶正和祛邪，才能取得理想的效果。因此，扶正与祛邪是指导临床治疗的重要原则。

扶正祛邪必须恰当、灵活地运用，单纯使用要尽量做到扶正不留邪或祛邪不伤正。对于虚实夹杂的复杂病证，需根据病情，分清主次，联合及灵活运用，分别采用"扶正兼祛邪""先扶正后祛邪"或"祛邪兼扶正""先祛邪后扶正"等原则。

（一）扶正

1. 概念 扶正就是使用补益正气的方药及加强护养等方法，以提高机体的抗病力，达到祛除邪气、战胜疾病、恢复健康的目的。适用于以正气虚为主要矛盾的虚证，即虚者扶正，扶正以祛邪。

2. 具体方法 益气、养血、滋阴、助阳，属于八法中的补法。

（二）祛邪

1. 概念 祛邪就是使用祛除邪气的方药或针灸、手术等方法，以祛除病邪，达到邪去正复的目的。适用于以邪气盛为主要矛盾的实证，即实者祛邪，祛邪以复正。

2. 具体方法 发汗、攻下、清解、消导，分别属于八法中的汗、下、清、消法。

二、调整阴阳

疾病的发生，从根本上说，都是阴阳的相对平衡失调所致。因此，调整阴阳的平衡是治疗疾病的根本法则之一。调整阴阳的具体化要落实到调整脏腑的阴阳，根据脏腑、经络的生理、病理特点和五行的生克制化关系进行。

阴阳失调主要表现在偏盛和偏衰两方面，治法不尽相同。

1. 阴阳偏盛 应泻其有余。阳盛则清泻阳热，阴盛则温散阴寒。

2. 阴阳偏衰 应补其不足。若阴虚阳亢则滋阴制阳，如"壮水之主以制阳光"；若阳虚阴亢则壮阳制阴，如"益火之原以消阴翳"。若阴阳两虚，则阴阳双补。

三、治病求本

（一）正治与反治

1. 正治 即正常的治疗方法，逆疾病的征象而治。所谓热者寒之、寒者热之，所以又称逆治，逆者正治。适用于标本一致的病证。

2. 反治 即反常的治疗方法，顺从疾病的假象而治，所以又称从治，从者反治。适用于标本不一致的病证，如真热假寒、真寒假热等证。

(1) **热因热用**：用热性药物治疗具有热象的病证，适用于真寒假热证。

(2) **寒因寒用**：用寒性药物治疗具有寒象的病证，适用于真热假寒证。

(3) **塞因塞用**：用补塞的药物治疗具有闭塞征象的病证，适用于真通假塞证(如脾虚性便秘)。

(4) **通因通用**：用通泄的药物治疗具有通泄征象的病证，适用于真塞假泄证(如食滞性腹泻)。

（二）同治与异治

1. 同治 即异病同治，指不同的疾病，由于病理相同或处于相同性质的病变阶段，而采用相同的治法。

2. 异治 即同病异治，指同一种疾病，由于病因、病理及发展阶段的不同而采用不同的治法。

(三)治标与治本

1. 急则治其标 指在疾病过程中标症紧急，如不及时治疗有可能危及生命或影响疗效时，可采取先治标急救，待危象缓解再对本施治。

2. 缓则治其本 指在一般情况下，病势缓标症不急时，皆从本论治。

(四)应变与守方

1. 随机应变 指对急性病、变化快的病证，应根据病情的变化及时修定治法，做到治随证转。

2. 持重守方 指对慢性病、久病，如病情稳定，在诊断确实的情况下，须坚持用原定方治疗一段时间才能收效，不要朝令夕改。但如久不见效或病情改变，应立即修改。

四、整体观念

治疗疾病必须从整体出发，考虑动物本身及其与环境的整体性，前者应处理好机体局部与整体的关系，后者应做到三因制宜、加强护理。

(一)局部与整体

1. 治法 局部处理与全身用药相结合，根据生克乘侮的关系调整相关脏腑。

2. 组方 既重视主证选好主药，又要考虑兼证配合辅佐药。

3. 选药 既要注意发挥其有效的一面，同时要考虑其毒副作用的一面，采用相制配伍的方法。如白虎汤用粳米缓解石膏的寒凉以护胃。

4. 药量 既要考虑主证的需要，又要着眼整体的虚实。如脾虚病，本来吃的少，如再日服两次大量汤药，反而会加重病情。

(二)三因制宜

三因制宜即因时、因地、因畜制宜。

1. 因时制宜 按季节用药。如夏季不宜过用辛散药，秋冬慎用寒凉药。

2. 因地制宜 根据地理环境考虑用药。如南方多热多湿，多用清热燥湿药；北方多寒多燥，多用温热润燥药。

3. 因畜制宜 根据病畜个体差异用药。如成年体壮者剂量可大，老幼体弱者剂量宜小，注意母畜的妊娠禁忌等。

(三)加强护理

首先要创造良好的医疗环境。其次护理的好坏直接影响治疗效果。对某些危重病证，护理更占有举足轻重的地位，故有"三分治疗，七分护理"之说。

第三节 治法

治法即治疗疾病的方法，是根据治则制订的，具体指导处方用药，是中兽医辨证论治的重要环节。中兽医治法有中药内治法、中药外治法、针灸疗法、手术疗法。本节针对中药内治法和中药外治法进行讲解。

一、中药内治法

中药内治法，即八法，包括汗、吐、下、和、温、清、补、消。

(一)汗

1. 概念 又叫解表法，是运用具有解表发汗作用的药物，以开泄腠理，驱除病邪，解除表证的一种治疗方法。

2. 适应症 主要用于治疗表证。

3. 分类 表证有表寒、表热之分，汗法又分辛温解表和辛凉解表两种。

(二)吐

1. 概念 又叫涌吐法或催吐法，是运用具有涌吐性能的药物，使病邪或有毒物质从口中吐出的一种治疗方法。

2. 适应症 主要适用于误食毒物、痰涎壅盛、食积胃脘等证。

3. 代表方 瓜蒂散、盐汤探吐方。

(三)下

1. 概念 又叫攻下法或泻下法，是运用具有泻下通便作用的药物，以攻逐邪实，达到排除体内积滞和积水，以及解除实热壅结的一种治疗方法。

2. 适应症 主要适用于里实证。

3. 分类 根据病情的缓急和患病动物体质的强弱，下法通常分攻下、润下和逐水三类。

(四)和

1. 概念 又叫和解法，是运用具有疏通、和解作用的药物，以祛除病邪，扶助正气和调整脏腑间协调关系的一种治疗方法。

2. 适应症 主要适用于半表半里证和脏腑气血不和的病证(如肝脾不和)。

3. 代表方 半表半里证，小柴胡汤；脏腑气血不和的病证，为逍遥散、痛泻要方。

(五)温

1. 概念 又叫祛寒法或温寒法，是运用具有温热性质的药物，促进和提高机体的功能活动，以祛除体内寒邪，补益阳气的一种治疗方法。

2. 适应症 主要适用于里寒证或里虚证。

3. 分类 根据"寒者热之"的治疗原则，按照寒邪所在的部位及其程度的不同，温法又可分为回阳救逆、温中散寒、温经散寒三种。

(六)清

1. 概念 又叫清热法，是运用具有寒凉性质的药物，清除体内热邪的一种治疗方法。

2. 适应症 主要适用于里热证。

3. 分类 临床上常把清法分为清热泻火、清热解毒、清热凉血、清热燥湿、清热解暑几种。

(七)补

1. 概念 又叫补虚法或补益法，是运用具有营养作用的药物，对畜体阴阳气血不足进行补益的一种治疗方法。

2. 适应症 适用于一切虚证。

3. 分类 补气，适用于气虚证；补血，适用于血虚证；滋阴，适用于阴虚证；助阳，适用于阳虚证。

（八）消

1. 概念 又叫消导法或消散法，是运用具有消散破积作用的药物，以达到消散体内气滞、血瘀、食积等的一种治疗方法。

2. 分类 行气解郁、活血化瘀、消食导滞。

二、中药外治法

中药外治法，是不通过内服药物的途径，直接使药物作用于病变部位的一种治疗方法。同内治法一样，在应用外治法时，要根据辨证的结果，针对不同的病证，选择不同的治法。外治法内容丰富，这里主要介绍贴敷法和掺药法。

1. 贴敷法 把药物碾成细面，或把新鲜药物捣烂，加酒、醋、鸡蛋清、植物油或水调和，贴敷在患部，使药物在较长时间内发挥作用。常用于疮疡初起、肿毒、四肢关节和筋骨肿痛以及体外寄生虫。

2. 掺药法 疮疡破溃后，疮口经过清理，在患部撒上药面叫掺药法。根据所用方药的不同，可具有消肿散淤、拔毒去腐、止血敛口、生肌收口等不同作用。

第三篇 中药及方剂

第九章

中药及方剂总论

中药是在中(兽)医理论指导下,用于预防和治疗各种动物疾病的药物。兽医中药学是介绍各种动物用中药的来源、采制、性能、功效及临床应用等知识的一门学科,是祖国兽医学的一个重要组成部分。中药主要来源于天然药及其加工品,包括植物、动物、矿物以及部分化学和生物制品。

第一节 采集、加工及贮藏

中药的采集、加工及贮藏是否合理,不仅涉及药材的质量,而且影响临床疗效。不合理、无计划的滥采,还会严重破坏药物资源。因此,必须严格掌握采收季节,注意科学的加工和贮藏方法,以保证药材质量和保护中药资源。

一、采集

中药的采集是指对植物、动物和矿物的药用部分进行采摘、挖掘和收集。中药的采收季节、时间和方法,与药材品质的优劣密切相关。

(一)了解中药的生长特性

药用植物的生长、分布与纬度、海拔、地势、土壤、水分、气候等地理环境密切相关。采集中药就必须掌握这些特点,了解其生长环境和分布规律。

(二)掌握采药季节和方法

我国气候条件南北悬殊,各地中药生长发育情况不一,且药用部分又有根、茎、叶、花、果实、种子等不同。因此,采集的时间不可能完全一致,但要尽量选择药用植物有效成分含量最高时采收。

1. 全草类 多在植株充分生长、茎叶茂盛或花朵初开时采收。茎较粗或较高的可用镰刀割取,茎细或较矮带根全草入药的可连根拔起。

2. 根和根茎类 多在秋末春初采集,因为这一时期药用部分的有效成分含量较高,质量好。

3. 树皮和根皮类 通常在春季或初夏(即清明至夏至)时采集最好。此时植物生长旺盛,不仅质量较佳,而且树皮内养料丰富,植物的汁液较多,形成层细胞分裂迅速,树皮易于剥离。根皮则与根和根茎类相似,应于秋后苗枯或早春萌发前采集。

4. 叶类 通常在花蕾即将开放或正在盛开的时候采摘。此时正值植物生长茂盛的阶段,叶子健壮,有效成分含量较高,药力雄厚,最适于采收。

5. 花类 一般在含苞未放或刚开放时分批采摘花蕾。过早不但产量少且香气不足；过迟则气味散逸、花瓣脱落和变色，影响药物质量。

6. 果实和种子 多数果实类药材，应当于果实成熟后或将成熟时采收。以种子入药的，多在种子完全成熟时采集。

二、加工

中药采收后，除少数供鲜用的以外，都应进行干燥处理，及时除去新鲜药材中的大量水分，避免发霉、变质、虫蛀及有效成分的分解和破坏，保证药材的质量，利于贮藏。药物的干燥方法有晒干、阴干、烘干、石灰干燥等。生药在干燥后还需做进一步的加工，除去杂质、泥沙、变色和霉烂部分，使其符合有关规定的质量要求。

三、贮藏

中药如果贮藏不当，会发生虫蛀、霉烂、变色、变味等败坏现象，使药物变质，影响药效，并造成经济损失。因此，贮藏药物的库房必须具备一定条件。第一，必须保持干燥，因为没有水分，许多化学变化就不易发生，微生物也不易生长。第二，应保持凉爽，因为低温不仅可以防止药材有效成分变化或散失，还可以防止菌类孢子和虫卵的生长繁殖。一般当温度低于10℃时，霉菌和虫卵就不易生长。第三，要注意避光，凡易受光线作用而起变化的药物，应贮藏在暗处或陶瓷容器或有色玻璃瓶中。第四，有些药物易氧化变质，应存放在密闭容器中。

对于剧毒药材，应贴上"剧毒药"标签，按国家规定，设置专人、专处妥善保管。

第二节 炮制

中药必须经过炮制之后才能入药，这是中兽医用药的一个特点。炮制，又称炮炙、修事或修治，是根据中兽医药理论，依照辨证用药的需要和药物的自身性质，以及调剂、制剂的不同要求所采取的一项传统制药技术，包括对药材的一般修治整理和对部分药材的特殊处理。经炮制后的药物成品，习惯上称为饮片。

一、炮制目的

中药大都是生药，其中有些药物具有毒性或烈性而不能直接使用；有的因易变质而不利于贮存；也有的需经过特定的炮制方法处理，才能充分发挥药效。炮制的目的主要有以下几方面：①清除杂质及非药用部分，保证药物的纯净清洁；②减少或消除药物的毒性、烈性和副作用；③增强药物的疗效或转变药物的性能和作用；④便于制剂、服用和贮藏；⑤改变药物作用趋向，引药入经；⑥矫味、矫臭。

二、炮制方法

(一)修治

1. 纯净 借助一定工具，以手工或机械的方法，采用挑、拣、簸、筛、刷、刮、挖、撞等去掉非药用部分以及灰屑、杂质等，使药物清洁纯净。

2. 粉碎　以捣、碾、研、磨、镑、锉等方法，使药物粉碎达到符合制剂和其他炮制方法要求的程度。

3. 切制　采用刀具将药材切成段、片、块、丝等规格的"饮片"，使药物有效成分易于溶出，并便于调剂、制剂以及其他炮制，也利于干燥、贮藏和调剂时称量。

（二）水制

1. 淋法　即用清水浇淋药材，适用于质地疏松的全草类药材。用淋法处理后不能软化的部分，可选用其他方法再行处理。

2. 洗法　将药材投入清水中，快速洗涤并及时取出，稍润或不润。由于药材与水接触时间短，故又称抢水洗。本法适用于质地松软、水分易渗入的药材。

3. 泡法　将质地坚硬的药材用清水浸泡一定时间。某些不适合淋法、洗法处理的药材，软化时可采用泡法，使其变软以便去皮。

4. 润法　将渍湿的药材置于一定容器内或堆集于润药台上，以物遮盖，使药材外部的水分徐徐渗入其内部，使药材软化，便于切制。

5. 漂法　将药物置于多量的清水中，经常换水，反复漂洗，以溶解清洗去药物中的毒性、盐分或腥味。

6. 浸法　用清水或加液体辅料较长时间浸泡药材使之柔软，又不致过湿，便于切片。

7. 水飞法　是利用某些不溶于水的矿物药，其粗细粉末在水中悬浮性不同而分离获取细粉的方法。本法能使药物更加细腻和纯净，便于内服和外用，并防止研磨药物时的粉末飞扬。

（三）火制

1. 清炒法　将药物放在锅里加热，不断翻动，炒至一定程度取出。根据炒的时间和火力大小，可分为炒黄、炒焦、炒炭。

2. 拌炒法　是将某种辅料放入锅内加热至规定温度，投入药物共同拌炒的方法。辅料有中间传热作用，能使药物受热均匀，炒后质变酥脆，减低毒性，缓和药性，增强疗效。

3. 炙法　用液体辅料拌炒药物，使辅料渗入药物组织内部，以改变药性，增强疗效或减少副作用的炮制方法。

4. 烘焙法　将药物用文火间接或直接加热，使之充分干燥，以便于粉碎和贮存的方法。

5. 煨法　将药物用面糊或湿纸包裹，埋于加热的滑石粉中或热火灰中；或将药物直接埋于加热的麦麸中煨之使熟的方法。

6. 煅法　是将药物直接放于无烟炉火中或适当的耐火容器内煅烧的方法。

（四）水火共制

将中药通过水、火共同加热，使之由生变熟、某些性能改变、毒性降低、疗效增强，以及符合药用要求的炮制方法称为水火共制。一般分为蒸、煮、炒、炖、淬等方法。

1. 蒸法　是将洗净选后的药物加辅料或不加辅料装入蒸制容器内以水蒸气或隔水加热蒸熟的方法。蒸法可改变药物性能，扩大用药范围，缓和药性或减少副作用，便于切片。

2. 煮法　是将药物加辅料或不加辅料置于锅内，加适量清水煎煮的方法。此法可消除或降低药物的毒性，改善药性，增强疗效。

3. 燀（炒）法　将药物置沸水中短暂潦过，立即取出的方法，常用于种子类药物的去皮和肉质多汁类药物的干燥处理。

4. 炖法 是蒸法的发展，即将药物并加辅料密闭于搪瓷或铜制容器中，置水锅内加热炖一定时间。

5. 淬法 将药物煅烧至红透，趁热迅速投入冷水、醋或其他液体辅料中，骤然冷却，使之松脆的方法。

（五）其他制法

1. 发芽法 是将成熟的果实或种子，在一定的温度和湿度条件下，促使萌发幼芽的方法。

2. 发酵法 在一定温度（30～37℃）和相对湿度（70%～80%）条件下，通过霉菌和酶的催化分解作用，使药物发泡、生衣的方法。

3. 制霜法 药物经过去油制成松散粉末或析出细小结晶的方法，目的是降低毒性，缓和药性，消除副作用，增强疗效。

4. 复制法 也称法制，有如法炮制之意，是将净选后的药物加入一种或数种辅料，按规定程序，反复炮炙的方法。复制后可增强疗效，改变药性，降低或消除药物的毒性。

第三节 中药的性能

中药的性能，是指与其疗效相关的性味和能效。研究中药性能及其运用规律的理论，称为药性理论。中药的性能主要包括四气五味、升降沉浮、归经、毒性等。

一、四气五味

（一）四气

1. 定义 四气是指药物具有的温、热、寒、凉四种药性。

2. 属性和作用 是凡是能减轻或消除热症的药物，一般属于寒性或凉性；反之，凡是能减轻或消除寒症的药物，大多属于热性或温性。

2. 临诊意义 "疗寒以热药，疗热以寒药"。即热证用寒凉药，寒证用热药，这是中兽医的治病常法，也是临床用药的原则。

四气歌诀：

四气寒热与温凉，寒凉属阴温热阳；
温热补火助阳气，温里散寒功效彰；
寒凉清热并泻火，解毒助阴又抑阳；
寒者热之热者寒，治疗大法此为纲。

（二）五味

中药所具有的辛、甘、酸、苦、咸五种不同药味，称为五味。有些中药具有淡味或涩味，所以实际不止五种，但习惯上仍然称为五位。

1. 辛味 有发散、行气、行血的作用，常用治疗表证或气血阻滞证。如麻黄、桂枝之发散表邪，陈皮、木香之行气宽中，红花、川芎之行血破瘀的作用。

2. 甘味 有补益、和中、缓急等作用。常用治虚证，并缓和拘急疼痛，调和药性，解药食毒。如甘草、大枣之缓中，黄芪、党参之补气益中，熟地、阿胶之补血养血。

3. 酸味 有收敛和固涩作用。如乌梅、诃子治疗泻泄、脱肛；五味子、山茱萸能止虚汗、治遗精。涩与酸味相似，都有止泻、止血、涩精、固脱、止汗等作用。如龙骨、牡蛎、赤石脂、芡实等。所以，将涩味归于酸味。

4. 苦味 有泄和燥的作用。泄，包括通泄，如大黄，适用于热结便秘；降泄，如杏仁适用于肺气上逆的喘咳；清泄，如栀子适用于热盛心烦等证。燥，即燥湿，用于湿证，有苦寒燥湿热、苦温燥寒湿之分。还有苦能坚阴之说。

5. 咸味 有软坚散结和泻下作用。多用于瘰疬、瘿瘤、痰核、癥瘕等证。如牡蛎、海藻能软坚消痰，芒硝、肉苁蓉能润下通便。

五味歌诀：

　　五味辛甘苦咸酸，治疗作用不同焉；
　　辛行气血主发散，甘和补中急能缓；
　　苦燥降泄能坚阴，咸能润下且软坚；
　　酸能固涩又收敛，淡渗利水要记全。

二、升降沉浮

（一）定义

升降沉浮是指药物作用于畜体的四种趋向。升是指向前、向上，降是指向后、向下，浮是指向上、向外，沉是指向后、向内。

（二）临诊意义

凡病变部位在上在表者，用药宜升浮不宜沉降，如外感风寒表证，当用麻黄、桂枝等升浮药来解表散寒；在下在里者，用药宜沉降不宜升浮，如肠燥便秘之里实证，当用大黄、芒硝等沉降药来泻下攻里。病势上逆者，宜降不宜升，如肝火上炎引起的双目红肿、羞明流泪，应选用石决明、龙胆等沉降药以清热泻火、平肝潜阳；病势下陷者，宜升不宜降，如久泻脱肛或子宫脱垂，当用黄芪、升麻等升浮药物益气升阳。一般说来，治疗用药不能够违反这一规律。

（三）影响药物升降沉浮的因素

1. 四气五味 温热药物主升浮，寒凉药物主沉降；辛、甘、淡主升浮，酸、苦、咸主沉降。

2. 质地轻重 凡质地轻而疏松的药物，如植物的叶、花、空心的根、茎，大多具有升浮的作用。凡质地坚实的药物，如植物的子实、根茎及金石、贝壳类药物，大多具有沉降的作用。

3. 炮制 生用主升，熟用主降，酒制能升，生姜制能散，醋制能收，盐水炒能下行。

4. 配伍 如将升浮药物配于大队沉降药物之中，也能随之下降，而沉降药物配于大队升浮药物之中，也能随之上升。

三、归经

归经,指药物对机体的选择性作用。即某药对某经(脏腑或经络)或某几经发生明显的作用,而对其他经则作用较小或没有作用。中药的归经,是以脏腑、经络理论为基础,以所治具体病证为根据的。

中药归经理论对于中药的临床应用具有重要的指导意义:一是根据动物脏腑经络的病变"按经选药",二是根据脏腑经络病变的相互影响和传变规律选择用药。

四、毒性

中药的毒性,是指中药对机体产生的毒害作用。现代中药学中所说的毒,一般指中药的毒副作用。

1. 无毒 指药物一般无毒副作用,使用安全。
2. 小毒 指药物使用较安全,虽可出现一些副作用,但一般不会导致严重后果。
3. 有毒、大毒 指药物容易使人畜中毒,用时必须谨慎。
4. 剧毒 指药物毒性强烈,临床上多供外用,或极小量入丸散内服,并要严格掌握炮制、剂量、服法、宜忌等。

第四节 配伍禁忌

一、配伍

动物疾病是复杂多变的,往往数病相兼,或表里同病,或虚实互见,或寒热错杂,所以在治疗时,就必须适当选用多种药物配合起来应用,才能适应复杂多变的病情。当两种或两种以上的药物配在一起时,相互之间会产生一定的配伍效应。这种效应有的对动物体有益,有的则有害。根据传统的中药配伍理论,将其归纳为七种,称为药性"七情"。

1. 单行 用单味药治疗病情简单的疾病。
2. 相须 性能功效相似的药物配合应用,可以产生协同作用,增强疗效。
3. 相使 性能功效有某些共性的药物配合应用,以一味药为主,另一种药物为辅,可提高主药的疗效。
4. 相畏 两种药物合用,一种药物的毒性反应或副作用,能被另一种药物减轻或消除。
5. 相杀 两种药物合用,一种药物能减轻或消除另一种药物的毒性反应或副作用。
6. 相恶 两种药物合用,能相互牵制而使原有药效降低或丧失。
7. 相反 两种药物合用,能产生毒性反应或副作用。

七情歌诀:
　　相使一药助一药,相须互用添功效,
　　相杀能制它药毒,相畏毒性被制限,
　　相反增毒要记牢,相恶配伍功效减,
　　单行无须它药配,七情配伍奥妙显。

二、禁忌

(一)十八反

根据历代文献记载,配伍应用可能对动物体产生毒害作用的药物有十八种,故名"十八反",即:甘草反甘遂、大戟、海藻、芫花;乌头反贝母、瓜蒌、半夏、白蔹、白及;藜芦反人参、沙参、丹参、玄参、细辛、芍药。

十八反歌诀:

本草明言十八反,半蒌贝蔹及攻乌,
藻戟遂芫俱战草,诸参辛芍叛藜芦。

(二)十九畏

历来认为相畏的药物有十九种,配合在一起应用时,一种药物能抑制另一种药物的毒性或烈性,或降低另一药物的功效,习惯上称为"十九畏",即:硫黄畏朴硝,水银畏砒霜,狼毒畏密陀僧,巴豆畏牵牛,丁香畏郁金,川乌、草乌畏犀角,牙硝畏三棱,官桂畏石脂,人参畏五灵脂。

十九畏歌诀:

硫磺原是火中精,朴硝一见便相争;
水银莫与砒霜见,狼毒最怕密陀僧;
巴豆性烈最为上,偏与牵牛不顺情;
丁香莫与郁金见,牙硝难合荆三棱;
川乌草乌不顺犀,人参最怕五灵脂;
官桂善能调冷气,石脂相遇便相欺;
大凡修合看顺逆,炮监炙煨莫相依。

(三)妊娠用药禁忌

1. 妊娠禁用药 妊娠禁用药大多是毒性较强或药性猛烈的药物。

2. 慎用药 妊娠慎用药大多是具有小毒或通经祛瘀、行气破滞或辛热的药物。如泻下的大黄、芒硝;活血祛瘀的桃仁、红花;破滞的枳实;辛热的干姜、附子、肉桂等。

第五节 方剂

方指医方,剂指调剂。方剂是由单味或若干味药物按一定配伍原则和调剂方法制成的药剂。药物组成方剂后,能互相协调,加强疗效,更好地适应复杂病情的需要,并能减少或缓和某些药物的毒性和烈性,消除其不利作用。

一、方剂的组成原则

除单方外,方剂一般均由若干味药物组成。组成一个方剂,不是把药物进行简单地堆砌,也不是单纯地将药效相加,而是根据病情需要,在辨证立法的基础上,按照一定的组织原则,选择适当的药物组合而成。方剂的组成原则，一般可用主、辅、佐、使四个字来概括（祖国医学亦称君、臣、佐、使）。

1. 主药　即君药，是指方剂中针对病因或主证起主要治疗作用的药物。

2. 辅药　即臣药，指辅助主药起治疗作用的药物。

3. 佐药　在方剂中其作用有三：一是治疗兼证或次要证候的药物；二是制约主药的毒性或烈性的药物；三是用作反佐，如在温热剂中加入少量的寒凉药，或在寒凉剂中加入少量的温热药，其作用在于消除病势拒药（格拒不纳）的现象。

4. 使药　引导诸药直达病所，或起调和药性的作用。

二、方剂的加减化裁

方剂的组成有一定的原则，但在临床应用时尚需随证加减。须根据病情、体质、年龄、性别的不同，以及饲养管理、气候、地区的差异，灵活化裁，加减使用，才能收到预期的治疗效果。方剂的运用，既有严格的原则，又要根据病情灵活变化。只有这样，才能做到用药有法，即"师其法而不泥其方"。常用的加减变化有以下几种：

1. 药味增减　指在方剂的主药、主证不变的情况下，随着兼证的不同，适当增添或减去一些药物，也称为随证加减。

2. 药量增减　指方中的药味不变，只增减药量，就能改变方剂药力的大小，改变其功效和主治，甚至方名也因而改变。

3. 配伍变化　指方中主药不变而配伍药物发生改变，有时可直接影响该方的主要作用。

4. 合方　指两个或两个以上的方剂合并成一个方使用，目的是为了扩大方剂的作用，增强疗效。

5. 剂型变化　同一个方剂，由于剂型不同，作用也有变化。一般来讲，汤剂和散剂作用快而力峻，适用于病情较重或较急者；丸剂作用慢而力缓，多用于病情较轻或较缓者。

第十章 解表药及方剂

第一节 辛温解表药及方剂

本类药物性味多属辛温，辛以发散，温可祛寒，故以发散风寒为主要作用，主要用于外感风寒所致恶寒发热，无汗或汗出不畅，头痛身痛，口不渴，舌苔薄白，脉浮等风寒表证。

一、辛温解表药

(一)麻黄

为麻黄科植物草麻黄 *Ephedra sinica* Stapf.、中麻黄 *Ephedra intermedia* Schrenk ex Mey. 或木贼麻黄 *Ephedra equisetina* Bge. 的干燥草质茎。秋季采割绿色的草质茎，晒干。切段生用或蜜炙用。主产于山西、内蒙古、河北等地。

1. **性味与归经** 辛、微苦，温。归肺、膀胱经。
2. **功能** 解表散寒，宣肺平喘，利水消肿。
3. **主治** 本品发汗作用较强，是辛温发汗的君药，适用于外感风寒引起的恶寒战栗、发热无汗等症；能宣畅肺气，有较强的平喘作用，适用于感受风寒、肺气壅遏所引起的咳嗽、气喘等症；能利水，适用于水肿实证而兼有表证者。
4. **注意事项** 表虚多汗、肺虚咳嗽及脾虚水肿者忌用。

麻黄歌诀：

麻黄辛温归肺膀，发表镇咳平喘良；

感冒发热头身痛，痰饮咳嗽风肿癃。

(二)桂枝

为樟科植物肉桂 *Cinnamomum cassia* Presl. 的干燥嫩枝。春、夏二季采收，除去叶，晒干，或切成薄片晒干。生用。主产于广西、广东、云南等地，尤以广西为多。

1. **性味与归经** 辛、甘，温。归心、肺、膀胱经。
2. **功能** 发汗解肌，温经通阳。
3. **主治** 本品善祛风寒，其作用较为缓和，可用于风寒感冒、发热恶寒等症；温经散寒，通痹止痛，可用于治寒湿性痹痛；善能通阳气，化阴寒，适用于脾阳不振，水湿内停而致的痰饮等症。

4. 注意事项 温热病、阴虚火旺及血热妄行所致的出血症忌用;孕妇慎服。

桂枝歌诀:
> 桂枝辛温心肺膀,发表解肌温通阳;
> 感冒风寒头身痛,痰饮喘咳服安康。

(三)荆芥

为唇形科植物荆芥 *Schizonepeta tenuifolia* Briq. 的干燥地上部分。夏、秋二季花开到顶、穗绿时采割,晒干。切段生用或炒炭用。主产于江苏、浙江、江西等地。

1. 性味与归经 辛,微温。归肺、肝经。

2. 功能 发表祛风,理血;炒炭止血。

3. 主治 本品轻扬、芳香而散,既有发汗解表之力,又能祛风,其作用较为缓和,无论风寒、风热均可应用;祛风解表,透散邪气,宜通壅结而消疮痈,可用于治疮疡肿毒初起兼有表证;炒炭能入血分而有止血作用。

荆芥歌诀:
> 荆芥辛温归肺肝,发表祛风解痉挛;
> 疮疹喉痛颈项强,感冒头痛头晕眩。

(四)防风

为伞形科植物防风 *Saposhnikovia divaricata* (Trucz.) Schischk. 的干燥根。春、秋二季采挖未抽花茎植株的根,除去须根,晒干。切厚片生用。主产于黑龙江、吉林、内蒙古、辽宁等地。

1. 性味与归经 辛、甘,温。归膀胱、肝、脾经。

2. 功能 解表祛风、胜湿,解痉。

3. 主治 本品能散风寒,其性甘缓不燥,善于通行全身,是一味祛风的要药;祛风湿止痛,适用于风寒湿邪侵袭所致的风寒湿痹痛;有祛风解痉之效,但力量较弱。

4. 注意事项 阴虚火旺及血虚发痉者忌用。

防风歌诀:
> 防风辛温膀脾肝,发表胜湿祛风寒;
> 感冒头痛脊项强,风寒湿痹关节炎。

(五)紫苏叶

为唇形科植物紫苏 *Perilla frutescens* (L.) Britt. 的干燥叶(或带嫩枝)。夏季枝叶茂盛时采收,晒干。切碎生用。全国各地均产。

1. 性味与归经 辛,温。归肺、脾经。

2. 功能 解表散寒,行气和胃,止血。

3. 主治 能发散风寒,宣通肺气,发汗力较强;行气醒脾,用于脾胃气滞引起的肚腹胀满、食欲不振、呕吐等;止血。

4. 注意事项 表虚自汗者忌用。

紫苏叶歌诀：
　　苏叶辛温归肺脾，发表散寒健胃宜；
　　感冒头痛咳嗽喘，胸闷腹痛呕吐逆。

(六)细辛

为马兜铃科植物北细辛 *Asarum heterotropoldes* Fr. Schmidt var. *mandshuricum* (Maxim.) Kitag.、汉城细辛 *Asarum sieboldii* Mig. var. *seoulense* Nakai. 或华细辛 *Asarum sieboldii* Miq. 的根及根茎。夏季果熟或初秋采挖。切段生用。主产于辽宁、吉林、陕西、山东、黑龙江等地。

1. **性味与归经**　辛，温。归心、肺、肾经。
2. **功能**　祛风散寒，通窍止痛，温肺化痰。
3. **主治**　本品既能疏散外风，又可驱逐里寒，适用于风寒感冒；辛散温行，既可发散风寒，又有较强的止痛作用；温肺散寒而化痰饮，用于治肺寒咳嗽。
4. **注意事项**　不宜与藜芦同用。

细辛歌诀：
　　细辛辛温肺肾心，发汗镇痛祛痰饮；
　　感冒头痛风湿痹，痰饮咳嗽气逆奔。

二、辛温解表方

(一)麻黄汤(见《伤寒论》)

1. **组成**　麻黄、桂枝、杏仁、炙甘草，为末，开水冲服，或煎汤灌服。
2. **功效**　发汗解表，宣肺平喘。
3. **主治**　外感风寒表实证。证见恶寒发热，无汗咳喘，苔薄白，脉浮紧。
4. **临床应用**　本方是发汗解表的重剂，多用于风寒表实证。临床上常用本方加减治疗感冒、流感，以及慢性气管炎见咳嗽痰多清稀者。

麻黄汤歌诀：
　　麻黄汤中臣桂枝，杏仁甘草四般施；
　　发汗解表宣肺气，伤寒表实无汗宜。

(二)桂枝汤(见《伤寒论》)

1. **组成**　桂枝、白芍、炙甘草、生姜、大枣，研末，开水冲服或煎汤服。
2. **功效**　解肌发表，调和营卫。
3. **主治**　外感风寒表虚证。证见恶风发热，汗出，鼻流清涕，舌苔薄白，脉浮缓。
4. **临床应用**　本方主治外感风寒表虚证。本方对流感、外感性腹痛、产后发热等均有良效。本方重在解肌发表，调和营卫，与专于发汗的方剂不同，只适用于外感风寒的表虚证。若表实无汗不宜应用，表热证也当忌用。

桂枝汤歌诀：
　　桂枝芍药等量伍，姜枣甘草微火煮；
　　解肌发表调营卫，中风表虚自汗出。

(三)荆防败毒散(见《摄生众妙方》)

1. 组成 荆芥、防风、羌活、独活、柴胡、前胡、桔梗、枳壳、茯苓、川芎、甘草,研末,开水冲服,或煎汤灌服。

2. 功效 发汗解表,散寒除湿。

3. 主治 外感挟湿的表寒证。证见发热无汗,恶寒颤抖,皮紧肉硬,肢体疼痛,咳嗽舌苔白腻,脉浮。

4. 临床应用 本方对外感风寒主兼各证均能兼顾,属辛温解表之平剂。一般风寒外感诸证皆可应用。

荆防败毒散歌诀:

荆防败毒草苓芎,羌独柴前枳桔同;

风寒挟湿致畜病,解表祛湿有良功。

第二节 辛凉解表药及方剂

一、辛凉解表药

(一)薄荷

为唇形科植物薄荷 *Mentha haplocalyx* Briq. 的干燥地上部分。夏、秋二季茎叶茂盛或花开至三轮时,选晴天,分次采割,晒干或阴干。切短段生用。主产于江苏、江西、浙江等地。

1. 性味与归经 辛,凉。归肺、肝经。

2. 功能 疏风散热,清头目,透疹。

3. 主治 本品轻清凉散,为疏散风热的要药,有发汗作用,治风热感冒;善于疏散上部之风热,用治风热犯上所致的目赤、咽痛等。

4. 注意事项 表虚自汗及阴虚发热者忌用。

薄荷歌诀:

薄荷辛凉归肺肝,祛风解热发微汗;

感冒头痛鼻咽肿,宿食不消腹胀满。

(二)柴胡

为伞形科植物柴胡 *Bupleurum chinese* DC. 或狭叶柴胡 *Bupleurum scorzonerifolium* Willd. 的干燥根。前者习称北柴胡,后者称南柴胡。切厚片生用或醋炙用。北柴胡主产于辽宁、甘肃、河北、河南等地;南柴胡主产于湖北、江苏、四川等地。

1. 性味与归经 苦,微寒。归肝、胆经。

2. 功能 发表和里,升阳,疏肝。

3. 主治 本品轻清升散,退热作用较好,为和解少阳经之要药;性善疏泄,具有良好的疏肝解郁作用,是治肝气郁结的要药;长于升举清阳之气,适用于气虚下陷所致的久泻、肛脱、子宫脱垂等。

柴胡歌诀：
　　柴胡味苦平微寒，归胆心包三焦经；
　　解热截疟宽胸膈，消积散结除热烦。

(三) 升麻

为毛茛科植物大三叶升麻 Cimicifuga heracleifolia Kom.、兴安升麻 Cimicifuga dahurica (Turcz.) Maxim. 或升麻 Cimicifuga foetida L. 的干燥根茎。秋季采挖，除去泥沙，晒至须根干时，燎去或除去须根，晒干。切厚片生用。主产于辽宁、黑龙江、湖南、山西等地。

1. 性味与归经　辛、微甘，微寒。归肺、脾、胃、大肠经。

2. 功能　发表透疹，清热解毒，升举阳气。

3. 主治　本品发表力弱，一般表证较少应用；但能透发，可用于猪、羊痘疹透发不畅等；善解阳明热毒，用治胃火亢盛所致的口舌生疮、咽喉肿痛；长于升举脾胃清阳之气，适用于气虚下陷所致的久泻、肛脱、子宫脱垂等。

4. 注意事项　阴虚火旺者忌用。

升麻歌诀：
　　升麻甘辛药性平，归肺大肠脾胃经；
　　解热镇痛净血液，解毒疗疮消肿灵。

(四) 葛根

为豆科植物野葛 Pueraria lobata (Willd.) Ohwi. 的干燥根，习称野葛。秋、冬二季采挖，趁鲜切成厚片或小块。生用。以浙江、广东、江苏等地产量较多。

1. 性味与归经　甘、辛，凉。归脾、胃经。

2. 功能　解肌退热，生津，透疹，升阳止泻。

3. 主治　本品能发汗解表，解肌退热，又能缓解颈项强硬和疼痛，适用于温病发热，尤善治表证而兼有项背强硬者；能升发阳气，鼓舞脾胃阳气上升而止泻；还有透发斑疹的作用。

葛根歌诀：
　　葛根辛平脾胃经，发汗解热止疼痛；
　　发热口渴呕吐泻，头身疼痛项背硬。

(五) 桑叶

为桑科植物桑 Morus alba L. 的干燥叶。初霜后采收，晒干。搓碎生用。全国各地均产。

1. 性味与归经　苦、甘，寒。归肺、肝经。

2. 功能　疏风散热，清肺润燥，清肝明目。

3. 主治　本品轻清发散，善治在表之风热和泄肺热，用于治疗风热感冒、肺热燥咳等证；清肝泻火，常用于肝经风热引起的目赤流泪；此外，尚有凉血、止血的作用。

桑叶歌诀：
　　桑叶甘寒肺肝经，清热明目祛痛风；
　　感冒风热咳嗽喘，目赤红肿咽喉痛。

二、辛凉解表方

(一)银翘散(见《瘟病条辨》)

1. 组成 银花、连翘、淡豆豉、桔梗、荆芥穗、竹叶、薄荷、牛蒡子、芦根、甘草,研末,开水冲服,或水煎灌服。

2. 功效 辛凉解表,清热解毒。

3. 主治 外感风热或温病初起。证见发热无汗或微汗,微恶风寒,口渴咽痛,咳嗽,苔薄白或薄黄,脉浮数。

4. 临床应用 治疗各种家畜的风热感冒和瘟病初起。也常用于治疗流感、急性咽喉炎、支气管炎、肺炎及某些感染性疾病初期而见有表热证者。

银翘散歌诀:

银翘散主上焦疴,竹叶荆蒡豉薄荷;

甘桔芦根凉解法,清疏风热煮无过。

(二)小柴胡汤(见《伤寒论》)

1. 组成 柴胡、黄芩、党参、制半夏、炙甘草、生姜、大枣,研末,开水冲服,或水煎灌服。

2. 功效 和解少阳,扶正祛邪。

3. 主治 少阳病。证见寒热往来,精神不振,饥不欲食,口干色淡红,脉弦。

4. 临床应用 本方主治外感热病中的半表半里症。凡流感、肺炎、急性肠胃炎、肾炎、乳房炎及产后外感等病见有寒热往来者,均可酌情选用本方加减治疗。

小柴胡汤歌诀:

小柴胡汤和解功,半夏党参甘草从;

更加黄芩生姜枣,少阳为病此方宗。

第十一章 清热药及方剂

第一节 清热泻火药及方剂

热与火均为六淫之一，统属阳邪。热为火之渐，火为热之极，故清热与泻火两者密不可分，凡能清热的药物，大抵皆能泻火。清热泻火药，以清泄气分邪热为主，主要用于热病邪入气分而见高热、烦渴、汗出、烦躁，甚或神昏，脉象洪大等气分实热证。

一、清热泻火药

（一）石膏

为硫酸盐类矿物硬石膏族石膏，主含含水硫酸钙（$CaSO_4 \cdot 2H_2O$），采挖后，除去泥沙及杂石。粉碎成粗粉，生用。分布很广，主产于湖北、甘肃、四川等地，以湖北、安徽产者为佳。

1. **性味与归经** 甘、辛，大寒。归肺、胃经。
2. **功能** 清热泻火，生津止咳。
3. **主治** 本品大寒，具有强大的清热泻火作用，善清气分实热，用于治疗肺热咳喘、胃热贪饮、壮热神昏、狂躁不安等实热亢盛证；清泄肺热，用于治疗肺热喘促、口渴贪饮等实热证；泄胃热，用于治疗胃火亢盛等证。
4. **注意事项** 胃无实热及体质素虚者忌用。

石膏歌诀：
　　石膏甘寒肺胃经，清热解渴镇疼痛；
　　伤寒壮热谵语渴，喉痹头痛烦不宁。

（二）知母

为百合科植物知母 *Anemarrhena asphodeloides* Bge. 的干燥根茎。春、秋二季采挖，除去须根或外皮，晒干。切厚片生用或盐水炙用。主产于河北、山西及山东等地。

1. **性味与归经** 苦、甘，寒。归肺、胃、肾经。
2. **功能** 清热泻火，滋阴润燥。
3. **主治** 本品苦寒，既泻肺热，又去胃火，适用于肺、胃实热证；滋阴润肺，生津，用于治疗阴虚内热、肺虚燥咳、热病贪饮、肠燥便秘等。
4. **注意事项** 脾虚泄泻者慎用。

知母歌诀：
　　知母苦寒肺胃肾，清热润燥祛痰饮；
　　肾燥消渴便秘肿，骨蒸劳热咳胸闷。

(三)栀子

为茜草科植物栀子 Gardenia jasminoides Ellis 的干燥成熟果实。9~11月果实成熟呈红黄色时采收，蒸或置煮沸水中略烫，干燥。碾碎生用、炒用或炒炭用。主产于长江以南各地。

1. 性味与归经　苦，寒。归心、肺、三焦经。

2. 功能　泻火解毒，清热利尿，凉血，止血。

3. 主治　本品有泻火解毒作用，善清心、肝、三焦经之热，可治目赤肿痛等；清三焦火而利尿，兼利肝胆湿热，常用于湿热黄疸、热淋等；凉血止血，适用于血热妄行所致的尿血、便血、鼻衄等。

4. 注意事项　脾胃虚寒，食少便溏者慎用。

栀子歌诀：
　　山栀味苦药性寒，归经入心肺胃肝；
　　清热泻火凉血液，利尿通淋消肿炎。

(四)芦根

为禾本科植物芦苇 Phragmites communis Trin. 的新鲜或干燥根茎。全年均可采挖，除去芽、须根及膜状叶，鲜用或晒干用。切段生用。全国各地均产。

1. 性味与归经　甘，寒。归肺、胃经。

2. 功能　清热生津，止呕，利尿。

3. 主治　本品善清肺热，用于治疗肺热咳嗽、痰稠、口干等；生津止渴，用治热病伤津、烦热贪饮、舌燥津少等；清热而利尿，治热淋涩痛，尿液短赤。

芦根歌诀：
　　芦根甘寒归肺胃，清热镇痛更利水；
　　烦渴呕吐胆结石，黄疸消渴斑疹瘩。

二、清热泻火方

白虎汤(见《伤寒论》)

1. 组成　石膏(打碎先煎)、知母、甘草、粳米，水煎至米熟汤成，去渣温服。

2. 功效　清气分实热、生津、解烦渴。

3. 主治　阳明经证及气分热盛或肺胃热盛。证见高热大汗，口舌红燥，大渴贪饮，脉象洪大。

4. 临床应用　临床常以本方加减治疗热性病，如乙型脑炎、中暑、肺炎而有上述见证者。

白虎汤歌诀：
　　白虎膏知粳米甘，清热生津止渴烦；
　　气分热盛四大证，益气生津人参添。

第二节 清热凉血药及方剂

清热凉血药，多为甘苦咸寒之品。咸能入血，寒能清热。多归心、肝经。心主血，肝藏血，故本类药物具有清解营分、血分热邪的作用，主要用于营分、血分等实热证。

一、清热凉血药

(一) 生地

为玄参科植物地黄 Rehmannia glutinosa Libosch. 的新鲜或干燥块根。除去芦头及须根，缓缓烘至八成干。主产于东北及河南、河北、内蒙古等地。

1. 性味与归经 甘、苦，寒。归心、肝、肾经。

2. 功能 滋阴生津，清热凉血。

3. 主治 本品具有清热凉血及滋阴作用，治血分实热证、热盛伤阴、津亏便秘、阴虚发热等；凉血止血，治血热妄行而致的鼻衄、尿血等出血证。

4. 注意事项 脾胃虚弱、便溏者不宜用。

生地歌诀：

生地甘苦性大寒，心肾小肠心包肝；
滋阴清热凉血液，降逆止血破瘀坚。

(二) 丹皮

为毛茛科植物牡丹 Paeonia suffruticosa Andr. 的干燥根皮。秋季采挖根部，除去细根，剥取根皮，晒干。切薄片生用。主产于安徽、山东、湖南、四川、贵州等地。

1. 性味与归经 苦、辛，微寒。归心、肝、肾经。

2. 功能 清热凉血，活血散瘀。

3. 主治 本品具有清热凉血作用，适用于热入血分所致的热毒发斑、鼻衄、便血、尿血等；活血行瘀，可用治跌打损伤所致的瘀血阻滞等。

4. 注意事项 脾胃虚弱及孕畜忌用。

丹皮歌诀：

丹皮苦寒心肾肝，凉血通经除热烦；
血滞腹痛热入血，无汗骨蒸吐衄便。

说明：阴虚潮热又名骨蒸，"骨"，表示深层之意；"蒸"是熏蒸之意。

(三) 白头翁

为毛茛科植物白头翁 Pulsatilla chinensis(Bge.) Regel 的干燥根。春、秋二季采挖，干燥。切薄片生用。主产于东北、华北及内蒙古等地。

1. 性味与归经 苦，寒。归胃、大肠经。

2. 功能 清热解毒，凉血止痢。

3. 主治 本品既能清热解毒，又能入血分而凉血，为治痢的要药，主要用于热毒血痢、肠黄等。

4. 注意事项 虚寒下痢者忌用。

白头翁歌诀：
　　头翁苦寒胃大肠，清热解毒止痢强；
　　赤痢牙痛瘰疬衄，里急后重大便溏。

(四) 玄参（元参）

为玄参科植物玄参 Scrophularia ningpoensis Hemsl. 的干燥根。冬季茎叶枯萎时采挖，除去根茎、幼芽及须根，晒或烘至半干，堆放 3~6d，反复数次至干燥。切薄片生用。主产于浙江、安徽、山东、四川、河北、江西等地。

1. 性味与归经 甘、苦、咸，微寒。归肺、胃、肾经。

2. 功能 滋阴降火，凉血解毒。

3. 主治 本品既能降火，又可滋养阴液，标本兼顾，无论热毒实火还是阴虚内热均可使用，治温热入营、热病伤阴、阴虚便秘等；泻火、凉血解毒，治虚火上炎引起的咽喉肿痛等。

玄参歌诀：
　　玄参咸寒肺胃肾，泻火解毒补肾阴；
　　阴虚内热火上炎，津枯燥结可使用。

(五) 地骨皮

为茄科植物枸杞 Lycium chinense Mill. 或宁夏枸杞 Lycium barbarum L. 的干燥根皮。春初或秋后采挖，剥取根皮，晒干。切薄片生用。主产于宁夏、甘肃、河北等地。

1. 性味与归经 甘，寒。归肺、肝、肾经。

2. 功能 凉血退热，清热降火。

3. 主治 本品入血分而清热凉血，治血热妄行所致的各种出血证；退虚热，治阴虚发热；清泄肺热，用治肺热咳喘。

4. 注意事项 脾胃虚寒者忌用。

地骨皮歌诀：
　　骨皮甘寒归肺肾，泻热凉血补虚损；
　　虚劳咳嗽吐衄血，肌热骨蒸汗自淋。

二、清热凉血方

犀角地黄汤（见《千金方》）

1. 组成 犀角（可用 10 倍量水牛角代替）、生地、芍药、丹皮，水煎服。

2. 功效 清热解毒，凉血散瘀。

3. 主治 热入血分所致的郁热不退之证。有热甚动血，热扰心营见证者。

4. 临床应用 方既清热凉血，又滋阴生津，为治热入血分证的探本求源之法，用于败血症、热甚动血所致的出血，热病发斑或紫癜；热扰心神所致的神昏、体热、舌绛、脉细数等，可加石菖蒲、胆南星、牛黄等。如心肺火盛，可加黄芩、黄连等泻火之品。

犀角地黄汤歌诀：
　　犀角地黄芍药丹，清热凉血散瘀专；
　　热入血分服之安，蓄血伤络吐衄斑。
　　说明：病证名，指瘀血内蓄的病证。

第三节　清热燥湿药及方剂

一、清热燥湿药

(一) 黄连

为毛茛科植物黄连 *Coptis chinensis* Franch.、三角叶黄连 *Coptis deltoidea* C. Y. Cheng et Hsiao 或云连 *Coptis teeta* Wall. 的干燥根茎。秋季采挖，除去须根，干燥切薄片生用、姜汁炙用或酒炙用。主产于四川、云南及中部、南部其他各地。

1. 性味与归经　苦，寒。归心、脾、胃、肝、胆、大肠经。

2. 功能　清热燥湿，泻火解毒。

3. 主治　本品为清热燥湿要药，凡属湿热诸证，均可应用，尤以湿热泻痢等肠胃湿热壅滞之证最宜；清热泻火作用较强，治心火亢盛、口舌生疮、胃火炽盛、齿龈肿痛、目赤肿痛等；善清热解毒，治火毒疮痈等。

4. 注意事项　脾胃虚寒，非实火湿热者忌用。

黄连歌诀：
　　川黄连苦药性寒，归心大肠胃肝胆；
　　消炎杀菌止泻痢，健胃厚肠除热烦；
　　肠炎下痢腹疼痛，消化不良呕痞满。

(二) 黄芩

为唇形科植物黄芩 *Scutellaria baicalensis* Georgi. 的干燥根。春、秋二季采挖，除去须根，晒后撞去粗皮，晒干。切薄片生用或酒炙用。主产于河北、山西、内蒙古、河南及山西等地。

1. 性味与归经　苦，寒。归肺、胆、脾、大肠、小肠经。

2. 功能　清热燥湿，泻火解毒，止血，安胎。

3. 主治　本品长于清热燥湿，治湿热泻痢、黄疸、热淋证；清泻上焦实火，尤以清肺热见长，治风热犯肺、上中焦热盛所致的高热贪饮；泻火而凉血止血，适用于热毒炽盛迫血妄行所致的便血、衄血等；亦能清热解毒；还能清热安胎。

4. 注意事项　脾胃虚寒，无湿热实火者忌用。

黄芩歌诀：
　　黄芩味苦药性寒，归心大肠肺肝胆；
　　养阴安胎除湿热，降压止痛消肿炎；
　　呕吐泻痢血压高，胎动热淋与黄疸。

(三)黄柏(黄檗)

为芸香科植物黄皮树 *Phellodendron chinense* Schneid. 的干燥树皮。剥取树皮后,除去粗皮,晒干。切丝生用或炒炭用。主产于东北、华北及内蒙古、四川、云南等地。

1. 性味与归经 苦,寒。归肾、膀胱经。

2. 功能 清热燥湿,泻火解毒,退虚热。

3. 主治 本品具有清热燥湿之功,其清湿热作用与黄芩相似,但以除下焦湿热为佳,治湿热泻痢、黄疸、带下、热淋等;既能清热燥湿,又能泻火解毒,治疮疡肿毒、湿疹瘙痒;退虚热,治阴虚火旺盗。

4. 注意事项 脾胃虚寒、胃弱者忌用。

黄柏歌诀:

黄柏苦辛药性寒,能归大肠肾膀胱;
清热燥湿止泻痢,驱虫杀菌疗金疮;
黄疸热痢腹疼痛,骨蒸便闭跌打伤。

(四)秦皮

为木犀科植物白蜡树 *Fraxinus chinensis* Roxb.、苦枥白蜡树 *Fraxinus rhynchophylla* Hance、尖叶白蜡树 *Fraxinus szaboana* Lingelsh. 或宿柱白蜡树 *Fraxinus stylosa* Lingelsh. 的干燥枝皮或干皮。切丝生用。主产于陕西、河北、河南、辽宁、吉林等地。

1. 性味与归经 苦、涩,寒。归肝、胆、大肠经。

2. 功能 清热燥湿,收涩,明目。

3. 主治 本品能清热燥湿、收涩,可治湿热泻痢;清肝明目,可治肝热上炎的目赤肿痛、睛生云翳等。

秦皮歌诀:

秦皮苦寒肠肝胆,健胃整肠解热烦;
肠炎下痢遗精尿,目赤肿翳风惊痫。

(五)苦参

为豆科植物苦参 *Sophora flavescens* Ait. 的干燥根。春、秋二季采挖,除去根头及小支根,干燥。切厚片生用。主产于山西、河南、河北等地。

1. 性味与归经 苦,寒。归心、肝、胃、大肠、膀胱经。

2. 功能 清热燥湿,杀虫祛积,利尿。

3. 主治 本品能清热燥湿,治湿热所致的黄疸、泻痢等;杀虫祛积,治疥癣所致的皮肤瘙痒等;清热利尿,治湿热内蕴、尿不利等所致的水肿。

4. 注意事项 不能与藜芦同用;脾胃虚寒、食少便溏者忌用。

苦参歌诀:

苦参味苦药性寒,能归二肠心肺肝;
泻火燥湿补肾阴,健胃杀虫益肝胆;
食欲不振症瘕积,温病赤痢肝脏炎。

二、清热燥湿方

(一)白头翁汤(见《伤寒论》)
1. **组成** 白头翁、黄柏、黄连、秦皮,水煎服。
2. **功效** 清热化湿解毒,凉血止痢。
3. **主治** 湿热结于大肠所致的湿热痢疾、热泻等。症见里急后重,泻痢频繁,或便下脓血,秽恶腥臭,发热腹痛,口渴欲饮,口舌红燥兼黄,脉弦数等。
4. **临床应用** 主要用于大肠热毒伤于血分的湿热泻痢。

白头翁汤歌诀:
白头翁治热毒痢,黄连黄柏佐秦皮;
清热解毒并凉血,赤多白少脓血医。

(二)茵陈蒿汤(见《伤寒论》)
1. **组成** 茵陈蒿、栀子、大黄,水煎服。
2. **功效** 清热利湿,退疸除黄。
3. **主治** 湿热黄疸或阳黄症。证见黄色鲜明,二便不利,苔黄腻,脉滑数等。
4. **临床应用** 本方为治湿热黄疸的基础方,凡属阳证、实证、热证,均可加减使用。

茵陈蒿汤歌诀:
茵陈蒿汤三味药,茵陈、栀子和大黄;
清热利湿去黄疸,口黄、尿赤苔黄腻。

(三)郁金散(见《元亨疗马集》)
1. **组成** 郁金、诃子、黄芩、大黄、黄连、栀子、白芍、黄柏,共为细末,开水冲调,候温灌服。
2. **功效** 清热解毒,导滞止痢。
3. **主治** 肠黄作泻。症见荡泻如水,赤秽腥臭,腹内疼痛,舌红苔黄,渴欲饮水,脉洪数等。
4. **临床应用** 本方为治疗胃肠炎的常用方剂。

郁金散歌诀:
郁金散内诃、白芍,芩、柏、连、栀和大黄;
主治肠黄、泻腹痛,急性肠炎基础方。

第四节 清热解毒药及方剂

一、清热解毒药

(一)金银花
为忍冬科植物忍冬 *Lonicera japonica* Thunb. 的干燥花蕾或带初开的花。夏初花开放前采收，干燥。生用。除新疆外，全国均产，主产于河南、山东等地。

1. 性味与归经 甘、寒。归肺、心、胃经。

2. 功能 清热解毒，散热疏风。

3. 主治 本品具有较强的清热解毒作用，多用治痈肿疮毒、乳房肿痛等症。

4. 注意事项 虚寒作泻，无热毒者忌用。

金银花歌诀：

金银花甘属寒性，能归心肺脾胃经；

泻热解毒补虚损，利尿杀菌消肿灵；

毒热痈肿诸疮疡，关节发炎五淋病。

（二）连翘

为木犀科植物连翘 *Forsythia suspensa* (Thunb.) Vahl 的干燥果实。秋季果实初熟尚带绿色时采收，蒸熟，晒干，习惯称青翘；果实熟透时采收，晒干，习惯称老翘。生用。主产于山西、陕西和河南等地。

1. 性味与归经 苦，微寒。归肺、心、小肠经。

2. 功能 清热解毒，消肿散结。

3. 主治 本品既能清热解毒，又可消痈散结，可用于治疗各种热毒和外感风热病，又可治疗疮黄肿毒等。

4. 注意事项 体虚发热，脾胃虚寒、阴疮经久不愈者忌用。

连翘歌诀：

连翘苦寒心胆经，清热排脓防脉崩；

风热瘰疬疮疡肿，尿涩呕吐气血壅。

（三）紫花地丁

为堇菜科植物紫花地丁 *Viola yedoensis* Makino 的干燥全草。春、秋二季采收，晒干。切碎生用。主产于江苏、福建、云南及长江以南各省。

1. 性味与归经 苦、辛，寒。归心、肝经。

2. 功能 清热解毒，凉血消肿。

3. 主治 本品具有较强的清热解毒作用，多用于疮黄疔痈等，亦可解蛇毒。

紫花地丁歌诀：

地丁苦寒归心肝，清热解毒疗疮癣；

疔疮发背瘰疬疽，溃疡化脓均可煎。

（四）蒲公英

为菊科植物蒲公英 *Taraxacum mongolicum* Hand-Mazz.、碱地蒲公英 *Taraxacum sinicum* Kitag. 或同属数种植物的干燥全草。春至秋季花初开时采挖，晒干。切段生用。全国各地均产。

1. 性味与归经 苦、甘，寒。归肝、胃经。

2. 功能 清热解毒，散结消肿，利尿通淋。

3. 主治 本品清热解毒作用较强，常用治疮毒、乳痈、肺痈等。此外，还有利尿通淋的作用，用治湿热黄疸。

4. 注意事项 非热毒实证不宜用。

蒲公英歌诀：

公英苦寒归胃肝，健胃解毒清热烦；

五淋结核乳痈肿，疔疮瘰疬服即安。

(五) 板蓝根

为十字花科植物菘蓝 *Isatis indigotica* Fort. 的干燥根。秋季采挖，晒干。切厚片生用。主产于江苏、河北、安徽、河南等地。

1. 性味与归经 苦，寒。归心、胃经。

2. 功能 清热解毒，凉血利咽。

3. 主治 本品苦寒，善清解实热火毒，用治风热感冒或温病初起或风热上攻所致的咽喉肿痛，此外本品清热凉血，用治热毒斑疹、丹毒、血痢、肠黄、口舌生疮等。

4. 注意事项 脾胃虚寒者慎用。

板蓝根歌诀：

板蓝苦寒肺胃经，清热凉血解毒灵；

产后伤寒身发热，大头瘟疫丹毒症。

二、清热解毒方

黄连解毒汤（见《外治秘要》）

1. 组成 黄连、黄芩、黄柏、栀子，共为细末，开水冲服，或水煎服。

2. 功效 泻实火，解热毒。

3. 主治 一切火热炽盛，疮黄肿毒，证见大热烦躁，甚则发狂，或见发斑等。

4. 临床应用 本方可用于败血症、痢疾、肺炎及各种急性炎症等属于火毒盛者。

黄连解毒汤歌诀：

黄连解毒柏栀芩，三焦火盛是主因；

烦狂火热兼谵妄，吐衄发斑皆可平。

第十二章
泻下药及方剂

第一节 攻下药及方剂

一、攻下药

(一)大黄

为蓼科植物掌叶大黄 *Rheum palmatum* L.、唐古特大黄 *Rheum tanguticum* Maxim. ex Balf. 或药用大黄 *Rheum of ficinale* Baill. 的干燥根及根茎。秋末茎叶枯萎或次春发芽前采挖，除去细根，刮去外皮，切瓣或段，绳穿成串干燥或直接干燥。切厚片或块生用、酒炙或炒炭用。主产于四川、甘肃、青海、湖北、云南、贵州等地。

1. 性味与归经 苦，寒。归脾、胃、大肠、肝、心包经。

2. 功能 泻热通肠，凉血解毒，破积行瘀。

3. 主治 本品善于荡涤肠胃实热，燥结积滞，为苦寒攻下之要药，可用于治疗热结便秘、腹痛起卧等证。此外，本品既能泻下，又可泻热，用治血热妄行的出血，以及目赤肿痛、疮黄疔毒等证。同时，可作烧伤烫伤、热毒疮疡的外敷药，以清热解毒。

4. 注意事项 孕畜慎用。

大黄歌诀：
大黄极苦性大寒，归脾胃肠心包肝；
荡涤肠胃泻结热，活血通经消肿炎；
结热腹痛大便秘，血瘀损伤肿黄疸。

(二)芒硝

为硫酸盐类矿物芒硝族芒硝，经精制而成的结晶体，主含含水硫酸钠($Na_2SO_4 \cdot 10H_2O$)。主产于河北、河南、山东、江西、江苏以及安徽等地。

1. 性味与归经 咸、苦，寒。归胃，大肠经。

2. 功能 泻热通便，润燥软坚，消火清肿。

3. 主治 本品有润燥软坚，泻下清热的功能，为治里热燥结实证之要药。适用于实热积滞、粪便燥结、肚腹胀满等证。外用时，具清热泻火，解毒消肿之功效，用治热毒引起的目赤肿痛、口腔溃烂以及乳痈肿痛等。

4. 注意事项 孕畜禁用。

芒硝歌诀：
  芒硝苦寒归胃肠，泻热润燥破积坚；
  肠胃蕴热大便秘，消化不良腹痛满。

(三)番泻叶

为豆科植物狭叶番泻 *Cassia angusti folia* Vahl 或 *Cassia acuti folia* Delile 的干燥小叶。生用。狭叶番泻叶主产于印度、埃及、苏丹，尖叶番泻叶主产于埃及。

1. 性味与归经 甘、苦，寒。归大肠经。
2. 功能 泻热导滞，通便，利尿。
3. 主治 本品有较强的泄热通便作用，用于热结积滞、便秘腹痛等。
4. 注意事项 孕畜慎用。

番泻叶歌诀：
  泻叶苦寒归大肠，健胃通便效力强；
  消化不良大便秘，肠燥水肿腹满胀。

二、攻下方

大承气汤《伤寒论》

1. 组成 大黄(后下)、芒硝(冲服)、厚朴、枳实，水煎温服或为末冲服。芒硝于服前溶于药内，加水量宜大。
2. 功效 泻热攻下，消积通肠。
3. 主治 结症。证见粪便秘结，腹部胀满，二便不通，口干舌燥，苔厚而干，脉沉实。
4. 临床应用 常用于马属动物之大肠便秘。

大承气汤歌诀：
  大承气汤大黄硝，枳实厚朴先煮好；
  峻下热结急存阴，阳明腑实重证疗。

第二节　润下药及方剂

一、润下药

(一)火麻仁

桑科植物大麻 *Cannabis sativa* L. 的干燥成熟果实。秋季果实成熟时采收，晒干。除去果皮生用或炒用(炒黄)。主产于东北、华北、西南等地。

1. 性味与归经 甘，平。归脾、胃、大肠经。
2. 功能 润燥滑肠，通便。
3. 主治 本品多脂，润燥滑肠，性质平和，兼有益津作用，为常用的润下药。

火麻仁歌诀：

麻仁甘平肠胃脾，润燥通便镇咳逆；
慢性便秘燥咳嗽，胃热津枯乳汁闭。

(二) 郁李仁

为蔷薇科植物欧李 *Prumus humilis* Bge.、郁李 *Prunus japomica* Thunb. 或长柄扁桃 *Prunus pedunculata* Maxim. 的干燥成熟种子，前二者习称小李仁，后一种习称大李仁。夏、秋二季采收成熟果实，除去果肉及核壳，取出种子，干燥。捣碎生用。南北各地均有分布，多系野生，主产于河北、辽宁、内蒙古等地。

1. 性味与归经 辛、苦、甘、平。归脾、大肠、小肠经。
2. 功能 润燥滑肠，下气，利水。
3. 主治 本品富含油脂，体润滑降，具有润燥滑肠之功能，适用于老弱病畜之肠燥便秘。此外，还具有利水消肿之功效，用于水肿、腹水和尿不利等证。
4. 注意事项 孕畜慎用。

郁李仁歌诀：

李仁辛平脾二肠，润燥通便消肿胀；
水肿脚气二便秘，血瘀气结可煎尝。

(三) 蜂蜜

为蜜蜂科中华蜜蜂 *Apis cerana* Fabricius 或意大利蜜蜂 *Apis mellifera* Linnarus. 所酿的蜜。春至秋季采收，滤过用。全国各地均产。

1. 性味与归经 甘、平。归脾、肺、大肠经。
2. 功能 补中，润燥，解毒，止痛。
3. 主治 本品甘而滋润，补中而滑利大肠，用治脾虚胃弱及治体虚不宜用攻下药的肠燥便秘等。同时具有润肺止咳之功效，用治肺燥咳嗽。此外，还具有解毒作用，可解乌头、附子等的毒性。

蜂蜜歌诀：

蜂蜜甘平脾肺肠，补中润燥强心脏；
心悸怔忡肺燥咳，肠枯便秘胃溃疡。

二、润下方

当归苁蓉汤（见《中兽医诊疗经验·第二集》）

1. 组成 当归、肉苁蓉、番泻叶、广木香、厚朴、炒枳壳、醋香附、瞿麦、通草、六神曲，水煎取汁，候温加麻油同调灌服。
2. 功效 润燥滑肠，理气通便。
3. 主治 老弱、久病、体虚患畜之结症。
4. 临床应用 此方药性平和，马的一般结症都可应用，但偏于治疗老弱久病及胎产家畜的结症。

当归苁蓉汤歌诀：
　　家畜久病体虚弱，泻下当归苁蓉汤；
　　当归厚朴蓄泻叶，瞿麦通草肉苁蓉；
　　神曲香附广木香，枳壳水煎加麻油。

第十三章

消导药及方剂

一、消导药

(一) 六神曲

为面粉和其他药物混合后经发酵而成的加工品，又称六曲或建曲。本品原主产于福建，现各地均能生产，而制法规格稍有出入，大致以大量麦粉、麸皮与杏仁泥、赤豆粉，以及鲜青蒿、鲜苍耳、鲜辣蓼自然汁，混合拌匀，使不干不湿，做成小块，放入筐内，覆以麻叶或楮叶(枸树叶)，保温发酵一周，长出菌丝(生黄衣)后，取出晾干即成。生用或炒至略具有焦香气味入药(名焦六神曲)。

1. 性味与归经　甘、辛，温。归脾、胃经。

2. 功能　消食化积，健胃和中。

3. 主治　本品具有消食健胃的作用，尤以消谷积见长，适用于草料积滞、消化不良、食欲不振、肚腹胀满、脾虚泄泻等。

六神曲歌诀：

神曲甘温归胃脾，健胃消食散结积；

食积泻痢腹胀满，痰逆症结用皆宜。

(二) 麦芽

为禾本科植物大麦 Hordeum vulgare L. 的成熟果实经发芽干燥而得。将麦粒用水浸泡后，保持适宜温、湿度，待幼芽长至 0.5cm 时，晒干或低温干燥。生用或炒用(炒黄或炒焦)。全国各地均产。

1. 性味与归经　甘，平。归脾、胃经。

2. 功能　行气消食，健脾开胃，回乳。

3. 主治　本品有行气消食、健脾开胃的作用，尤以消草食见长，用治草料停滞、肚腹胀满、脾胃虚弱、食欲不振等。本品尚能回乳，用治乳汁郁积引起的乳房肿痛和断奶。

4. 注意事项　哺乳期母畜慎用。

麦芽歌诀：

麦芽甘平归胃脾，健脾开胃消食积；

脾虚胃弱饮食少，胸腹胀闷乳汁闭。

(三) 山楂

为蔷薇科植物山里红 Crataegus pinnatifida Bge. Var. Major N. E. Br. 或山楂 Crataegus pinnat-

ifida Bge. 的成熟干燥果实。秋季果实成熟时采收，切片，干燥。生用或炒用（炒黄或炒焦）。主产于河北、江苏、浙江、安徽、湖北、贵州、广东等地。

1. 性味与归经　酸、甘，微温。归脾、胃、肝经。

2. 功能　消食化积，行气散瘀。

3. 主治　本品能消食化积，尤以消化肉食积滞见长，用治伤食腹胀，治消化不良。此外，本品具有行气散瘀之功效，用治产后恶露不尽等。

4. 注意事项　脾胃虚弱无积滞者忌用。

山楂歌诀：

　　山楂酸温脾胃肝，健胃消食化饮痰；
　　脾肿寒疝症瘕积，痰饮食积胸腹满。

（四）鸡内金

为雉科动物家鸡 *Gallus gallus domesticus* Brisson 的干燥砂囊内壁。杀鸡后，取出鸡肫，立即剥下内壁，洗净，干燥。生用，或炒或烫用（至鼓起）。全国各地均产。

1. 性味与归经　甘，平。归脾、胃、小肠、膀胱经。

2. 功能　健胃，消食。

3. 主治　本品消积作用较强，而又具健胃之功，多用于草料停滞等证。用治食积不化、肚腹胀满、泄泻等。

鸡内金歌诀：

　　内金甘涩药性平，能归小肠脾胃经；
　　化积消食健脾胃，调经除烦固涩精；
　　脾虚腹泻嗳气呕，遗精尿血肠风崩。

（五）莱菔子

为十字花科植物萝卜 *Raphanus sativus* L. 的干燥成熟种子。夏季果实成熟时采割植株，晒干，搓出种子。捣碎生用，或炒用（炒至微鼓起）。全国各地均产。

1. 性味与归经　辛、甘，平。归肺、脾、胃经。

2. 功能　消食导泻，降气化痰。

3. 主治　本品生用具有消食除胀的作用，用治气滞食积的肚腹胀满、嗳气酸臭、腹痛腹泻等。熟用则降气化痰，多用治痰涎壅盛、气喘咳嗽等证。

莱菔子歌诀：

　　莱菔甘温肺胃脾，健胃祛痰消食积；
　　哮喘咳嗽痰郁结，食积腹胀气滞痫。

二、消导方

（一）曲蘖散（见《元亨疗马集》）

1. 组成　六曲、麦芽、山楂、厚朴、枳壳、陈皮、苍术、甘草，共为末，开水冲，候温加生油，白萝卜一个，同调灌服。

2. 功效 消积化谷，破气宽肠。

3. 主治 料伤。证见精神倦怠，眼闭头低，拘行束步，四足如拈，口色鲜红，脉洪大。

4. 临床应用 用于治疗马、牛料伤。

曲蘖散歌诀：

马牛料伤曲蘖散，曲芽苍术枳壳甘；
山楂厚朴陈桂皮，研末冲水生油拌。

（二）保和丸（见《丹溪心法》）

1. 组成 山楂、六神曲、半夏、茯苓、陈皮、连翘、莱菔，共为末，开水冲调，候温灌服。

2. 功效 消食和胃，清热利湿。

3. 主治 食积停滞。证见肚腹胀满，食欲不振，嗳气酸臭，或大便失常，舌苔厚腻，脉滑等。

4. 临床应用 食积甚者，加麦芽、枳实、槟榔等。

保和丸歌诀：

保和山楂莱菔曲，夏陈茯苓连翘取；
炊饼为丸白汤下，消食和胃食积去。

第十四章

止咳化痰平喘药及方剂

第一节 温化寒痰药及方剂

一、温化寒痰药

(一)半夏

为天南星科植物半夏 *Pinellia ternate*(Thunbi.)Breit. 的干燥块茎。夏、秋二季采挖，洗净，除去外皮及须根，晒干。捣碎生用。如用白矾水浸泡至口尝微有麻舌感，取出切厚片为清半夏；如与姜、矾共煮透，晾干，切薄片为姜半夏；以浸泡至内无干心的半夏，与甘草煎液和石灰液同浸泡至口尝微有麻舌感为法半夏。主产于四川、湖北、安徽、江苏、山东、福建等地。

1. 性味与归经 辛，温；有毒。归脾、胃、肺经。

2. 功能 燥湿化痰，降逆止呕，消食散结。

3. 主治 本品辛散温燥，降逆止呕之功显著，可用于反胃吐食、腹胀等证，对停饮和湿邪阻滞所致的呕吐尤为适宜。若属热性呕吐，尚需配合清热泻火的药物。本品燥湿祛痰，为止痰咳喘之要药，适用于咳嗽气逆、痰涎壅滞等。消食散结，用治肚腹胀满、气郁痰阻。生半夏有毒，多用治外科疮黄肿毒。

4. 注意事项 不宜与乌头类同用。

半夏歌诀：

半夏辛温脾胃经，止呕祛痰降气灵；

湿痰气逆腹胀痛，以及诸般呕吐证。

(二)天南星

为天南星科植物天南星 *Arisaema erubescens*(Wall.)Schott.、异叶天南星 *Arisaema heterophyllum* Bl. 或东北天南星 *Arisaema amurense* Maxim. 的干燥块茎。秋、冬二季茎叶枯萎时采挖，除去须根及外皮，干燥。生用或制用。主产于四川、河南、河北、云南、辽宁、江西、浙江、江苏、山东等地。

1. 性味与归经 苦，辛，温；有毒。归肺、肝、脾经。

2. 功能 燥湿祛痰，祛风解痉，散结消肿。

3. 主治 本品燥湿之功更烈于半夏，适用于风痰咳嗽等。本品祛风解痉，为祛风痰的君药，常用治口眼歪斜、四肢抽搐、破伤风等。本品尚能散结、消肿、定痛，外敷治痈肿。

4. 注意 生品内服宜慎；孕畜忌服。

天南星歌诀：
　　南星辛温脾肺肝，镇痉止痛祛顽痰；
　　中风麻痹痰气逆，胸痛痉挛与癫痫。

（三）旋覆花

为菊科植物旋覆花 *Inula japonica* Thunb. 或欧亚旋覆花 *Inula britannica* L. 的干燥头状花序。夏、秋二季花开放时采收，阴干或晒干。生用或蜜炙用。主产于广西、广东、江苏、浙江等地。

1. 性味与归经　苦、辛、咸，微温。归肺、脾、胃、大肠经。

2. 功能　降气，消痰，行水，止呕。

3. 主治　本品能降气、止呕，可用治风寒咳喘、呕吐等证。又能消痰行水，用治痰饮蓄积所致的咳喘痰多等证。

4. 注意事项　阴虚燥咳、粪便泄泻者忌用。

旋覆花歌诀：
　　复花咸温肺大肠，健胃祛痰将气降；
　　痰喘咳嗽嗳气呕，胸痞满闷胃膨胀。

（四）白前

为萝藦科植物柳叶白前 *Cynanchum stauntonii* (Decne.) Schltr. ex Lévl. 或芫花叶白前 *Cynanchum glaucescens* (Decne.) Hand. Mazz. 的干燥根茎及根。秋季采挖，晒干。切段生用或蜜炙用。主产于浙江、山东、安徽、河南、广东、江苏等地。

1. 性味与归经　辛、甘，微温。归肺经。

2. 功能　降气，消痰，止咳。

3. 主治　本品既可祛痰以除肺气之壅实，又能止咳嗽以制肺气之上逆，颇有标本兼顾之长，凡肺气壅滞、痰多咳喘，均可应用。

白前歌诀：
　　白前辛温归肺经，镇咳祛痰降气灵；
　　感冒咳嗽气逆喘，结核痰饮胸闷膨。

二、温化寒痰方

二陈汤（见《和剂局方》）

1. 组成　制半夏、陈皮〔原方用橘红〕、茯苓、炙甘草，研末冲服或水煎服。

2. 功效　燥湿化痰，理气和中。

3. 主治　湿痰咳嗽。证见咳嗽痰多，吐沫流涎，食欲不振，肚腹胀满，舌苔白润，脉滑。

4. 临床应用　临床上多用于因脾阳不足，运化失职，水湿聚滞成痰所引起的咳嗽、呕吐等症，本方为治疗以湿痰为主的多种痰症的基础方。

二陈汤歌诀：
　　二陈汤用半夏陈，苓草梅姜一并存；
　　理气祛痰兼燥湿，湿痰为患此方珍。

第二节 清化热痰药及方剂

一、清化热痰药

（一）川贝母

为百合科百合科植物川贝母 *Fritillaria cirrhosa* D. Don、暗紫贝母 *Fritillaria unibracteata* Hsiao et K. C. Hsia、甘肃贝母 *Fritillaria przewalskii* Maxim. 或梭砂贝母 *Fritillaria delavayi* Franch. 的干燥鳞茎。夏、秋二季或积雪融化时采挖，除去须根和粗皮，晒干或低温干燥。生用。主产于四川、青海、甘肃等地。

1. **性味与归经** 苦、甘，微寒。归肺、心经。
2. **功能** 清热润肺，止咳化痰。
3. **主治** 本品清热润肺而化痰止咳，适用于肺热燥咳、阴虚劳咳等。
4. **注意事项** 不宜与乌头类药材同用。

川贝母歌诀：

川贝苦寒心肺经，清热镇咳祛痰壅；
咳嗽吐血肺结核，虚热乳痈咽喉痛。

（二）瓜蒌

为葫芦科植物栝楼 *Trichosanthes kirilowii* Maxim. 或双边栝楼 *Trichosanthes rosthornii* Harms. 的干燥成熟果实。秋末果实成熟时，连果梗剪下，置通风处阴干。除去梗，压扁，切丝或切块生用。主产于山东、安徽、河南、四川、浙江、江西等地。

1. **性味与归经** 甘、微苦，寒。归肺、胃、大肠经。
2. **功能** 清热化痰，利气散结，润燥通便。
3. **主治** 本品甘寒清润，能清热化痰，用于肺热咳嗽、痰液黏稠等。利气散结，用治乳痈初起、肿痛未成脓者、胸膈疼痛。下润大肠之燥而通便，用治粪便干燥。
4. **注意事项** 不宜与乌头类同用。

瓜蒌歌诀：

瓜蒌甘寒肺胃肠，清热镇咳祛痰爽；
痰结胸痹久咳嗽，内热肺燥痈肿疮。

（三）桔梗

为桔梗科植物桔梗 *Platycodon grandiflorum* (Jacq.) A. DC. 的干燥根。春、秋二季采挖，除去须根，趁鲜剥去外皮或不剥去外皮，干燥。切厚片生用。主产于安徽、江苏、浙江、湖北、河南等地。

1. **性味与归经** 苦、辛，平。归肺经。
2. **功能** 宣肺，祛痰，利咽，排脓。
3. **主治** 本品宣肺祛痰，长于宣肺而疏散风邪，为治外寒或风热所致咳嗽痰多、咽喉肿痛等的常用药。此外，还能开提肺气，疏通胃肠，并为载药上行之君药。

4. 注意事项 阴虚久咳者忌用。

桔梗歌诀：

桔梗苦平归肺经，解热镇咳祛痰脓；

胸痛咳嗽肺脓疡，痰癖气促泻肠鸣。

(四)前胡

为伞形科植物白花前胡 *Peucedanum praeruptorum* Dunn 的干燥根。冬季至次春茎叶枯萎或未抽花茎时采挖，除去须根，晒干或低温干燥。切薄片生用或蜜炙用。主产于江苏、浙江、江西、广西、安徽等地。

1. 性味与归经 苦、辛，微寒。归肺经。

2. 功能 疏风清热，降气消痰。

3. 主治 本品既能疏风清热，用治风热咳嗽；又能降气祛痰，用治肺气不降的痰多气喘等证。

4. 注意事项 阴虚火嗽、寒饮咳嗽均不宜用。

前胡歌诀：

前胡苦寒归肺经，解热镇咳止疼痛；

感冒发热咳嗽喘，气逆头痛胸闷膨。

二、清化热痰方

麻杏石甘汤（见《伤寒论》）

1. 组成 麻黄、杏仁、炙甘草、石膏〔打碎先煎〕，水煎服。

2. 功效 辛凉宣肺，清热平喘。

3. 主治 外感风热，肺热咳喘。证见咳逆喘急，发热有汗或无汗，口渴贪饮，鼻翼煽动，口色红，苔薄黄，脉浮滑而数。

4. 临床应用 用于肺热气喘。若热盛可加黄芩、栀子、连翘、银花；若兼有咳嗽者，可加贝母、桔梗等。

麻杏石甘汤歌诀：

仲景麻杏甘石汤，辛凉宣肺清热良；

邪热壅肺咳喘急，有汗无汗均可尝。

第三节 止咳平喘药及方剂

一、止咳平喘药

(一)苦杏仁

为蔷薇科植物山杏 *Prunus armeniaca* L. var. ansu Maxim.、西伯利亚杏 *Prunus sibirica* L.、

东北杏 *Prunus mandshurica*(Maxim.)Koehne 或杏 *Prunus armeniaca* L. 的干燥成熟种子。夏季采收成熟果实，除去果肉和核壳，取出种子，晒干。除去核壳和种仁皮尖，捣碎生用，或焯用或炒用（炒黄）。主产于我国北方各地。

1. 性味与归经 苦，微温；有小毒。归肺、大肠经。

2. 功能 止咳平喘，润便通肠。

3. 主治 本品苦泄降气，能止咳平喘，主要用治咳嗽气喘等证。此外，本品富含脂肪，能润燥滑肠，用治老弱病畜的肠燥便秘等。

4. 注意事项 阴虚咳嗽者忌用。

苦杏仁歌诀：

杏仁苦温肺大肠，镇咳祛痰定喘良；

支气管炎喘咳嗽，肠燥便秘喉痹疮。

（二）百部

为百部科植物直立百部 *Stemona sessilifolia*(Miq.)Miq.、蔓生百部 *Stemona japonica*(Bl.) Miq. 或对叶百部 *Stemona tuberosa* Lour. 的干燥块根。春、秋二季采挖，除去须根，置沸水中略烫或蒸至无白心，取出，晒干。切厚片生用或者蜜炙用。主产于江苏、安徽、山东、河南、浙江、福建、湖北、江西等地。

1. 性味与归经 甘、苦，微温。归肺经。

2. 功能 润肺止咳，杀虫。

3. 主治 本品能润肺止咳，对新旧咳嗽均有效。本品具有杀虫作用，用治体虱和疥癣，还可以用来杀蛲虫和蛔虫。

百部歌诀：

百部苦温归肺经，镇咳润肺杀菌虫；

气管发炎久咳嗽，痨积疥癣与骨蒸。

（三）款冬花

为菊科植物款冬 *Tussilago farfara* L. 的干燥花蕾。12月或地冻前当花尚未出土时采挖，除去花梗，阴干。生用或蜜炙用。主产于河南、陕西、甘肃、浙江等地。

1. 性味与归经 辛，微苦，温。归肺经。

2. 功能 润肺下气，止咳化痰。

3. 主治 本品为治咳喘之要药，无论寒热虚实均可使用。

款冬花歌诀：

款冬辛温归肺经，健胃镇咳祛痰灵；

气逆咳嗽喘口渴，喉痹肺痈吐血脓。

（四）枇杷叶

为蔷薇科植物枇杷 *Eriobotrya japonica*(Thumb.)Lindl. 的干燥叶。全年均可采收，晒至七、八成干时，扎成小把，再晒干。除去绒毛，用水喷润。切丝生用或蜜炙用。我国南方各地均产。

1. 性味与归经 苦,微寒。归肺、胃经。

2. 功能 清肺化痰,和中降逆。

3. 主治 本品清泄肺热,化痰止咳,常用治肺热咳喘。此外,本品清胃热,止呕逆,为治胃热呕吐的常用药。

4. 注意事项 本品清降苦泄,寒嗽及胃寒作呕者不宜用。

枇杷叶歌诀:

把叶苦平肺胃经,镇咳祛痰除热证;
肺热咳嗽呕吐渴,气管发炎咽喉痛。

(五)白果

为银杏科植物银杏 *Ginkgo biloba* L. 的干燥成熟种子。秋季种子成熟时采收,除去肉质外种皮,稍蒸或略煮后,烘干。捣碎生用或炒用(炒至有香气)。全国各地均产。

1. 性味与归经 甘、苦、涩,平;有小毒。归肺经。

2. 功能 敛肺定喘,除湿。

3. 主治 本品能敛肺气,定喘咳,适用于久病或肺虚引起的咳喘。也能收涩除湿,用治湿热尿浊等。

白果歌诀:

白果甘平入肺经,敛肺定喘化痰功;
治疗尿频与遗尿,补肾收涩固下焦。

二、止咳平喘方

(一)止嗽散(见《医学心话》)

1. 组成 荆芥、桔梗、紫菀、百部、白前、陈皮、甘草,共为末,开水冲,候温灌服。

2. 功效 止咳化痰,宣肺解表。

3. 主治 外感风邪,肺气不宣。证见咳嗽痰多,微恶风寒,或久咳不止,舌苔薄白,脉浮缓等。

4. 临床应用 本方专于止咳化痰,为外感咳嗽通用方,加贝母、杏仁效果更好。

止嗽散歌诀:

止嗽散用百部菀,白前桔草荆陈研;
宣肺疏风止咳痰,姜汤调服不必煎。

(二)苏子降气汤(见《和剂局方》)

1. 组成 苏子、制半夏、前胡、厚朴、陈皮、肉桂、当归、生姜、炙甘草,水煎服。

2. 功效 降气平喘,温肾纳气。

3. 主治 上实下虚(痰壅于肺、肾阳不足)之痰喘。证见咳嗽痰多,痰涎壅盛,气促短气,胸膈满闷,头目昏眩,舌苔白滑或白腻等。

4. 临床应用 常用于治疗慢性气管炎、轻度肺气肿等，方中再加入沉香，能升降诸气，温而不燥，其降气平喘之效更为显著。

苏子降气汤歌诀：

苏子降气祛痰方，夏朴前苏甘枣姜；

肉桂纳气归调血，上实下虚痰喘康。

第十五章

温里药及方剂

一、温中散寒药

(一)附子

为毛茛科植物乌头 Aconitum carmichaeli Debx. 子根的加工品。6月下旬至8月上旬采挖，除去母根及须根，加工成盐附子、黑顺片、白附片等入药。主产于广西、广东、云南、贵州、四川等地。

1. 性味与归经 辛、甘，大热；有毒。归心、脾、肾经。

2. 功能 回阳救逆，温中散寒，补火助阳。

3. 主治 本品辛热，温中散寒，能消阴翳以复阳气。凡阴寒内盛之脾虚不运、伤水冷痛、冷肠泄泻、畏寒草少等，应用本品可收温中散寒、通阳止痛之效；又能回阳救逆，用于阳微欲绝之际。对于大汗、大吐或大下后，四肢厥冷，脉微欲绝，或大汗亡阳等虚脱危证，急用附子回阳救逆。

4. 注意事项 孕畜禁用。不宜与半夏、瓜蒌、贝母、白及同用。

附子歌诀：

附子辛热心肾脾，强心补肾逐水宜；
风寒湿痹肢拘挛，阳虚水肿结核痫。

(二)干姜

为姜科植物姜 Zingiber officinale Rosc. 的干燥根状茎。冬季采挖，晒干或低温干燥。切厚片或切块生用，或砂烫或炒炭用。主产于四川、陕西、河南、安徽、山东等地。

1. 性味与归经 辛，热。归脾、胃、肾、心、肺经。

2. 功能 温中逐寒，回阳通脉，燥湿消痰。

3. 主治 本品善温暖肠胃，胃寒食少、冷肠泄泻、冷痛等均可应用。回阳通脉，用治阳虚欲脱、四肢厥冷等。燥湿消痰，用治痰饮喘咳。

4. 注意事项 热证、阴虚及孕畜忌用。

干姜歌诀：

干姜辛辣性属温，脾胃大肠肺肾心；
温经回阳逐风寒，健胃止呕祛痰饮；
寒疝腹痛恶心呕，气逆咳嗽胸满闷。

(三)肉桂

为樟科植物肉桂 *Cinnamomum cassia* Presl 的干燥树皮。多于秋季剥取，阴干，除去粗皮。捣碎生用。主产于广东、广西、云南、贵州等地。

1. 性味与归经 辛、甘，大热。归肾、脾、心、肝经。

2. 功能 补火壮阳，温中祛寒。

3. 主治 本品补火壮阳，用治肾阳不足、命门火衰的阳痿、宫冷等。又能温中祛寒，益火消阴，大补阳气以祛寒。用治下焦命火不足、脾胃虚寒、伤水冷痛、冷肠泄泻等。

4. 注意事项 孕畜禁用。

肉桂歌诀：

  肉桂辛温肝脾肾，温中散寒祛痛好；

  寒痹腰痛心腹冷，肺寒喘嗽久泻频。

(四)吴茱萸

为芸香科植物吴茱萸 *Evodia rutaecarpa* (Juss.) Benth. 、石虎 *Evodia rutaecarpa* (Juss.) Benth. var. *officinalis*(Dode) Huang. 或疏毛吴茱萸 *Evodia rutaecarpa* (Juss.) Benth. var. bodinieri (Dode.) Huang 的干燥近成熟果实。8~11月果实尚未开裂时采收，晒干或低温干燥。生用或制用。主产于广东、湖南、贵州、浙江、陕西等地。

1. 性味与归经 辛、苦，温；有小毒。归肝、脾、胃、肾经。

2. 功能 温中止痛，理气止呕。

3. 主治 本品能温中止痛，疏肝暖脾，消阴寒之气。用治脾胃虚寒、冷肠泄泻、胃寒不食等。疏肝理气，和中止呕，用治胃冷吐诞。

4. 注意事项 血虚有热及孕畜慎用。

吴茱萸歌诀：

  吴茱萸辛药性温，归经入脾胃肝肾；

  健胃祛风通关节，温中止痛开郁闷；

  心腹冷痛呕吐泻，寒疝腰痛肢转筋。

(五)小茴香

为伞形科植物茴香 *Foeniculum vulgare* Mill. 的干燥成熟果实。秋季果实初熟时采割植株，晒干，打下果实。生用或盐水炒用。主产于山西、陕西、江苏、安徽、四川等地。

1. 性味与归经 辛，温。归肝、肾、脾、胃经。

2. 功能 散寒止痛，理气和胃。

3. 主治 本品辛能行散、温能祛寒、理气止痛，用治宫寒不孕、冷痛、冷肠泄泻、腹胀、寒伤腰胯等。此外，本品芳香醒脾，开胃进食，用治胃寒草少。

4. 注意事项 热证及阴虚火旺者忌用。

小茴香歌诀：

  小茴味辛药性温，归经入肝脾胃肾；

  理气开胃逐寒疝，温中止呕降气欣；

痞满寒疝小肠坠，霍乱呕吐腹胀闷。

(六) 艾叶

为菊科植物艾 Artemisia argyi Levl. et Vant. 的干燥叶。夏季花未开时采摘，晒干。生用、炒炭或揉绒用。各地均产，但以苏州产者为好。

1. 性味与归经 苦、辛，温；有小毒。归肝、脾、肾经。

2. 功能 散寒止痛，温经止血。

3. 主治 本品芳香，辛散苦燥，有散寒止痛、温经止血之功。适用于风寒湿痹、肚腹冷痛、宫寒不孕、胎动不安、子宫出血等。

4. 注意事项 阴虚血热者忌用。

艾叶歌诀：

艾叶苦温脾肝肾，理气、安胎逐湿寒；

子宫出血腹冷痛，温经止血有良功。

二、温中散寒方

(一) 理中汤 (见《伤寒论》)

1. 组成 党参、干姜、炙甘草、白术，水煎服，或研末冲服。

2. 功效 温中散寒，补气健脾。

3. 主治 脾胃虚寒证，证见慢草不食，腹痛泄泻，口不渴，舌淡苔白，脉沉细或沉迟。

4. 临床应用 用于脾胃虚寒而致的慢草、不食、呕吐、泄泻、腹痛等证。

理中汤歌诀：

理中干姜参术甘，温中健脾治虚寒；

中阳不足痛呕利，丸汤两用腹中暖。

(二) 茴香散 (见《元亨疗马集》)

1. 组成 茴香、肉桂、槟榔、白术、巴戟天、当归、牵牛子、藁本、白附子、川楝子、肉豆蔻、荜澄茄、木通，为末盐炒冲服。

2. 功效 温肾散寒，祛湿止痛。

3. 主治 风寒湿邪引起的腰胯疼痛。

4. 临床应用 本方以温肾散寒为主，用于治疗寒邪偏胜的寒伤腰胯疼痛。

茴香散歌诀：

温肾散寒茴香散，祛湿止痛为良方；

槟榔肉桂巴戟天，藁本白术与川楝；

牵牛当归肉豆蔻，木通白附荜澄茄；

加入茴香共为末，开水冲调炒盐、醋。

(三) 桂心散 (见《元亨疗马集》)

1. 组成 桂心、青皮、益智仁、白术、厚朴、干姜、当归、陈皮、砂仁、炙甘草、五味子、肉豆蔻，研末，开水冲调，候温加炒盐、青葱、酒，调匀灌服。

2. 功效 健脾暖胃，和血顺气。

3. 主治 脾胃阴寒所致的吐涎不食、腹痛、泄泻等证。

4. 临床应用 用于脾胃阴寒的吐涎、不食、腹痛、泄泻等证。

桂心散歌诀：

温中散寒桂心散，健脾理气止泻、寒（胃寒）；

桂心青皮益智仁，白术厚朴和姜干；

当归陈皮与砂仁，五味、肉豆和炙甘。

三、回阳救逆方

四逆汤（见《伤寒论》）

1. 组成 熟附子、干姜、炙甘草，水煎服。

2. 功效 回阳救逆。

3. 主治 少阴病和亡阳证。证见四肢厥冷，恶寒倦卧，神疲力乏，腹痛泄泻，不渴，舌淡苔白、脉沉微。

4. 临床应用 因急性胃肠炎、大汗、大泻后而引起四肢厥逆，属于阳虚阴盛者，都可用本方灌服。

四逆汤歌诀：

四逆汤中附草姜，阳衰寒厥急煎尝；

腹痛吐泻脉沉细，急投此方可回阳。

第十六章

祛湿药及方剂

第一节 祛风湿药及方剂

一、祛风湿药

(一)羌活

为伞形科植物羌活 Notopterygium incisum Ting ex H. T. Chang 或宽叶羌活 Notopterygium forbesii Boiss. 的干燥根茎及根。春、秋二季采挖，晒干。切厚片生用。主产于陕西、四川、甘肃等地。

1. 性味与归经 辛、苦，温。归膀胱、肾经。

2. 功能 解表散寒，祛风胜湿，止痛。

3. 主治 本品解表兼散风寒，用治外感风寒、颈项强硬、四肢拘挛等。此外，本品祛风胜湿、止痛，为祛上部风湿君药，多用于项背、前肢风湿痹痛。

4. 注意事项 阴虚火旺，产后血虚者慎用。

羌活歌诀：

羌活辛温肾膀胱，解表发汗止痛强；

祛上风湿前肢痛，四肢拘挛颈项强。

(二)独活

为伞形科植物重齿毛当归 Angelica pubescens Maxim. f. biserrata Shan et Yuan 的干燥根。春初苗刚发芽或秋末茎叶枯萎时采挖，烘至半干，堆置2~3d，烘干。切薄片生用。主产于四川、陕西、云南、甘肃、内蒙古等地。

1. 性味与归经 辛、苦，微温。归肾、膀胱经。

2. 功能 祛风除湿，散寒止痛。

3. 主治 本品能祛风除湿，用治风寒湿痹；还能止痛，用治外感风寒挟湿、四肢关节疼痛等。

4. 注意事项 血虚者忌用。

独活歌诀：

独活辛温入肝肾，祛风胜湿祛痛良；

风寒湿痹筋骨痛，最适腰胯四肢痛。

(三)秦艽

为龙胆科植物秦艽 *Gentiana macrophylla* Pall.、麻花秦艽 *Gentiana straminea* Maxim.、粗茎秦艽 *Gentiana crassicaulis* Duthie ex Burk. 或小秦艽 *Gentiana dahurica* Fisch. 的干燥根。春、秋二季采挖,晒干或经堆置"发汗"后再晒干。切厚片生用。主产于四川、陕西、甘肃等地。

1. 味性与归经 辛、苦,平。归胃、肝、胆经。

2. 功能 祛风湿,退热,止痹痛。

3. 主治 本品味辛,能散风湿之邪;归肝经,又可舒筋以止痛。多用于风湿痹痛、湿热黄疸、尿血等。此外,本品有降泄之功,用治虚劳发热。

4. 注意事项 脾虚便溏者忌用。

秦艽歌诀:

秦艽苦辛药性平,归胃大肠肝胆经;

解热镇痛祛风湿,通利二便活血灵;

血虚风痹结核热,黄疸拘挛服即宁。

(四)威灵仙

为毛茛科植物威灵仙 *Clematis chinensis* Osbeck、棉团铁线莲 *Clematis hexapetala* Pall. 或东北铁线莲 *Clematis manshurica* Rupr. 的干燥根及根茎。秋季采挖,晒干。切段生用。主产于安徽、江苏等地。

1. 性味与归经 辛、咸,温。归膀胱经。

2. 功能 祛风除湿,通络止痛。

3. 主治 威灵仙性急善走,味辛散风,性温除湿。风寒痹痛,寒伤腰胯,可用本品。因其善通经络,既导又利,多用于风湿所致的四肢拘挛、屈伸不利、肢体疼痛、瘀血肿痛等。

威灵仙歌诀:

灵仙辛温归膀胱,散风祛湿镇痛良;

风寒湿痹筋骨痛,停痰积饮水肿胀。

(五)木瓜

为蔷薇科植物贴梗海棠 *Chaenomeles speciosa* (Sweet) Nakai 的干燥近成熟果实。夏、秋二季果实绿黄时采收,置沸水中烫至外皮灰白色,对半纵剖,晒干。切薄片用。主产于安徽、浙江、四川、湖北等地。

1. 性味与归经 酸,温。归肝、脾经。

2. 功能 平肝舒筋,和胃化湿。

3. 主治 本品味酸,生津舒筋,性温祛湿,并能和胃化湿,用治风湿痹痛、腰胯无力、湿困脾胃、呕吐、泄泻等。此外,本品为后肢痹痛的引经药。

木瓜歌诀:

木瓜酸温归肝脾,舒筋止痛强腰膝;

筋挛足痿腰膝痛,呕吐腹泻风湿痹。

(六)五加皮

为五加科植物细柱五加 *Acanthopanax gracilistylus* W. W. Smith 的干燥根皮。夏、秋二季采挖,剥取根皮,晒干。切厚片生用。主产于四川、湖北、河南、安徽等地。

1. 性味与归经 辛、苦,温。归肝、肾经。

2. 功能 祛风湿,强筋骨,补肝肾。

3. 主治 本品既能祛风湿,又能强筋骨、补肝肾,适用于风寒湿痹、腰肢痿软等。

五加皮歌诀:

加皮辛温归肝肾,祛风胜湿壮骨筋;

风湿痹痛阴痿疝,筋脉拘挛水肿闷。

(七)防己

为防己科植物粉防己 *Stephania tetrandra* S. Moore 的干燥根。秋季采挖,除去粗皮,晒至半干,切段,个大者再纵切。切厚片生用。主产于浙江、安徽、湖北、广东等地。

1. 性味与归经 苦,寒。归膀胱、肺经。

2. 功能 利水消肿,祛风止痛。

3. 主治 本品善走下行,长于除湿。也能通脉道、祛风湿以止痛,用治风湿痹痛、关节肿痛等。

4. 注意事项 阴虚无湿滞者忌用。

防己歌诀:

防己苦寒肺膀胱,利水退肿祛风痛;

治风湿痛关节肿,阴虚无湿者忌用。

二、祛风湿方

(一)独活散(见《元亨疗马集》)

1. 组成 独活、羌活、防风、肉桂、泽泻、酒黄柏、大黄、当归、桃仁、连翘、汉防己、炙甘草,研末,开水冲调,候温加酒灌服。

2. 功效 疏风祛湿,活血止痛。

3. 主治 风湿痹痛。

4. 临床应用 用于风湿性腰胯痛。

独活散歌诀:

疏风祛湿独活散,活血止痛防肌颤;

独活羌活酒黄柏,防风大黄和泽泻;

当归肉桂与桃仁,汉防连翘伍炙甘。

(二)独活寄生汤(见《备急千金要方》)

1. 组成 独活、桑寄生、秦艽、防风、细辛、当归、白芍、川芎、熟地黄、杜仲、牛膝、党参、茯苓、桂心、甘草,水煎服或研末,开水冲调,候温灌服。

2. 功效 祛风湿,止痹痛。益肝肾,补气血。

3. 主治 痹证日久，肝肾两亏，气血不足的风寒湿痹。证见腰胯疼痛，四肢屈伸不利，腰腿软弱，卧地难起，口色淡，脉象细弱。

4. 临床应用 慢性风湿症及腰胯、肌肉、四肢、关节等处风湿，均可酌情加减运用。

独活寄生汤歌诀：

独活寄生艽防辛，归芎地芍桂苓均；
杜仲牛膝人参草，顽痹风寒湿是因。

第二节 利湿药及方剂

一、利湿药

（一）茯苓

为多孔菌科真菌茯苓 *Poria cocos*(Schw.) Wolf 的干燥菌核。多于7~9月采挖，反复堆置"发汗"后阴干。寄生于松树根，其傍附松根而生者，称为茯苓；抱附松根而生者，谓之茯神；内部色白者，称白茯苓；色淡红者，称赤茯苓；外皮称茯苓皮，均可供药用。切块或厚片生用。主产于云南、安徽、江苏等地。

1. 性味与归经 甘、淡，平。归心、肺、脾、肾经。

2. 功能 渗湿利水，健脾宁心。

3. 主治 本品味甘而淡，甘能和中，淡能渗湿。脾虚湿困、水饮不化的脾虚泄泻、慢草不食等证，用茯苓有标本兼顾之效。

茯苓歌诀：

茯苓甘淡药性平，归肺脾胃心肾经；
镇静强心除烦闷，止泻利尿消水肿；
惊悸失眠热烦满，痰饮停滞肿遗精。

（二）猪苓

为多孔菌科真菌猪苓 *Polyporus umbellatus*(Pers.) Fries 的干燥菌核。春、秋二季采挖，干燥。切厚片生用。主产于山西、陕西、河北等地。

1. 性味与归经 甘、淡，平。归肾、膀胱经。

2. 功能 渗湿利水。

3. 主治 以淡渗见长，渗湿利水作用优于茯苓。

猪苓歌诀：

猪苓甘平归膀肾，利尿消肿遥诸淋；
伤寒瘟疫糖尿病，疟疾泻痢浊带混。

（三）泽泻

为泽泻科植物泽泻 *Alisma orientalis*(Sam.) Juzep. 的干燥块茎。冬季茎叶开始枯萎时采挖，干燥。切厚片生用。主产于福建、广东、江西、四川等地。

1. 性味与归经 甘、淡,寒。归肾、膀胱经。

2. 功能 利水,清湿热。

3. 主治 本品甘淡能利水渗湿,性寒兼能清热。用治水湿停滞的排尿不利、水肿、泄泻等,以及下焦湿热所致的热淋、尿浊等。

4. 注意事项 无湿及肾虚精滑者禁用。

泽泻歌诀:

泽泻味甘属寒性,归胃膀胱脾肾经;
清热利尿益精气,渗湿止泻消水肿;
肾炎水肿糖尿病,腹胀吐泻淋沥痛。

(四)车前子

为车前科植物车前 Plantago asiatica L. 或平车前 Plantago depressa Willd. 的干燥成熟种子。夏、秋二季种子成熟时采收果穗,晒干,搓出种子。生用或炒用。主产于浙江、安徽、江西等地。

1. 性味与归经 甘,微寒。归肝、肾、肺、小肠经。

2. 功能 利水利尿,渗湿通淋,明目。

3. 主治 本品微寒而滑利,故能利水通淋,以治热淋为主。此外,清肝明目,配夏枯草、龙胆、青葙子等,用治目赤肿痛、睛生翳障、黄疸等。

4. 注意事项 内无湿热及肾虚精滑者忌用。

车前子歌诀:

车前子甘药性寒,归入小肠肺肾肝;
清热利尿明眼目,止泻镇咳祛顽痰;
风热燥咳目赤肿,淋痫湿痹服即痊。

(五)金钱草

为报春花科植物过路黄 Lysimachia christinae Hance 的干燥全草。夏、秋二季采收,晒干。鲜用或切段生用。主产于长江以南各地。

1. 性味与归经 甘、咸,微寒。归肝、胆、肾、膀胱经。

2. 功能 清热利湿,利水通淋,排石止痛,消肿。

3. 主治 清热利湿,利胆退黄,用治湿热黄疸。利水通淋,排石止痛,用治热淋、石淋、水肿等。清热消肿,常配鲜车前草,捣烂加白酒,擦患处治恶疮肿毒和毒蛇咬伤。

金钱草歌诀:

金钱草苦药性寒,归入膀胱胆肾肝;
解热消痹祛惊风,止血镇咳利小便;
惊痫痹疾鼠瘘疮,失血咳嗽肿尿难。

(六)茵陈

为菊科植物滨蒿 Artemisia scoparia Waldst. et Kit. 或茵陈蒿 Artemisia capillaris Thunb. 的干燥地上部分。春季幼苗高 6~10cm 时采收或秋季花蕾长成时采割,晒干。搓碎或切碎生用。主产于安徽、山西、陕西等地。

1. **性味与归经**　苦、辛，微寒。归脾、胃、肝、胆经。
2. **功能**　清湿热，利黄疸。
3. **主治**　本品苦泄下降，功专清利湿热。用治湿热黄疸、湿热泄泻、阳黄、阴黄。

茵陈歌诀：

茵陈蒿苦药性寒，归经入脾胃肝胆；
解热利尿净血液，益肝利胆疗黄疸；
湿热黄疸尿短赤，躁狂头痛胸闷烦。

二、利湿方

(一)五苓散(见《伤寒论》)

1. **组成**　猪苓、茯苓、泽泻、白术、桂枝，研末，开水冲服，或水煎服。
2. **功效**　健脾除湿，化气利水。
3. **主治**　水湿内停所致的水肿，小便不利，或外感风寒，内有水湿，小便不利等。
4. **临床应用**　用于水湿内停所致的水肿、尿不利、泄泻等。

五苓散歌诀：

五苓散治太阳腑，白术泽泻猪苓茯；
桂枝化气兼解表，小便通利水饮逐。

(二)八正散(见《和剂局方》)

1. **组成**　木通、瞿麦、萹蓄、车前子、滑石、甘草梢、栀子、大黄、灯芯草，研末，开水冲服，或水煎服。
2. **功效**　清热泻火，利水通淋。
3. **主治**　湿热下注膀胱所致热淋、石淋。证见小便淋漓不畅或癃闭不通，口干舌红，苔黄，脉数。
4. **临床应用**　用于膀胱炎、尿道炎属湿热者。

八正散歌诀：

八正木通与车前，萹蓄大黄栀滑研；
草梢瞿麦灯心草，湿热诸淋宜服煎。

第三节　芳香化湿药及方剂

一、芳香化湿药

(一)藿香

为唇形花科植物藿香 *Agastache rugosus*（Fisch. et Mey.）O. Ktze. 的干燥地上部分。夏、秋二季枝叶茂盛或花初开时采割，阴干。切断生用。主产于广东、吉林、贵州等地。

1. 性味与归经 辛，微温。归肺、脾、胃经。

2. 功能 芳香化湿，和中止呕，宣散表邪，行气化滞。

3. 主治 本品芳香化湿，用治夏伤暑湿、反胃吐食、肚胀、脾受湿困、暑湿泄泻等。又能散表邪，用治感冒而挟有湿滞之证。

4. 注意事项 阴虚无湿及胃虚作呕者忌用。不宜久煎。

藿香歌诀：

藿香辛温脾胃肺，芳香化湿又解表；
肚腹胀满便溏泄，使用藿香暑湿消。

（二）佩兰

为菊科植物佩兰 *Eupatorium fortunei* Turcz. 的干燥地上部分。夏、秋二季分两次采割，晒干。切段生用。主产于江苏、浙江、安徽、山东等地。

1. 性味与归经 辛，平。归脾、胃、肺经。

2. 功能 芳香化湿，醒脾开胃，发表解暑。

3. 主治 本品气味芳香，能醒脾开胃。用治湿热郁于中焦所致的食欲不振、肚腹胀满、舌苔白腻和暑湿表证等。善解暑热而生津，用治暑热内蕴、肚腹胀满。

4. 注意事项 阴虚血燥，气虚者不宜用。

佩兰歌诀：

佩兰辛平归入脾，健胃利尿祛痰宜；
头痛鼻塞胸闷呕，腰腹疼痛气上逆；
胸闷腹痛呕吐泻，风水肿毒秽恶气。

（三）苍术

为菊科植物茅苍术 *Atractylodes lancea* (Thunb.) DC. 或北苍术 *Atractylodes chinensis* (DC.) Koidz. 的干燥根茎。春、秋二季采挖，晒干，撞去须根。切厚片生用或麸炒用。主产于江苏、安徽、浙江、河北、内蒙古等地。

1. 性味与归经 辛、苦，温。归脾、胃、肝经。

2. 功能 燥湿健脾，祛风散寒，明目。

3. 主治 本品气香辛烈，性温而燥。用治湿困脾胃所致的泄泻、水肿等。辛温发散而解表，又能祛风湿。用治关节疼痛、风寒湿痹。此外，尚可用治眼科疾病。

4. 注意事项 阴虚有热或多汗者忌用。

苍术歌诀：

苍术辛温归胃脾，健胃发汗消郁积；
胸腹胀满风水肿，寒湿身痛久泻痢。

（四）白豆蔻

为姜科植物白豆蔻 *Amomum kravanh* Pierre ex Gagnep. 或爪哇白豆蔻 *Aomum compatum* Soland ex Maton 的干燥成熟果实。捣碎生用。主产于广东、广西等地。

1. 性味与归经 辛，温。归肺、脾、胃经。
2. 功能 醒脾化湿，行气温中，开胃消食。
3. 主治 本品能醒脾化湿，行气温中，用治脾寒食滞、腹胀、食欲不振、冷痛、虚寒泄泻等。又能行气而止呕，用治胃寒呕吐。

白豆蔻歌诀：
  白蔻辛温肺胃脾，健胃止呕行滞气；
  胸腹膨胀胃痛呕，酒毒噎膈与疟疾。

(五)草豆蔻

为姜科植物草豆蔻 Alpinia katsumadai Hayata. 的干燥近成熟种子。夏、秋二季采收，晒干。捣碎生用。主产于广东、广西等地。
1. 性味与归经 辛，温。归脾、胃经。
2. 功能 燥湿健脾，温胃止呕。
3. 主治 气味辛香，性温和中，燥湿健脾，用治因脾胃虚寒的食欲不振、食滞腹胀、冷痛、寒湿泄泻等。温胃止呕，用治寒湿郁滞中焦、气逆作呕。
4. 注意事项 阴血不足、无寒湿郁滞者不宜用。

草豆蔻歌诀：
  草蔻辛热归胃脾，健脾开胃破郁气；
  痞满吞酸胃胀痛，霍乱吐泻寒湿积。

二、芳香化湿方

(一)平胃散(见《元亨疗马集》)

1. 组成 苍术、厚朴、陈皮、甘草、生姜、大枣，水煎服，或研末，开水冲服。
2. 功效 健脾燥湿，消胀散满。
3. 主治 胃寒草少，寒湿困脾等证。
4. 临床应用 凡湿困中焦，郁阻气机而出现的宿食不消、脾虚慢草、肚腹胀满、大便溏泻等，均可应用。

平胃散歌诀：
  平胃散内君苍术，厚朴陈草姜枣煮；
  燥湿运脾又和胃，湿滞脾胃胀满除。

(二)藿香正气散(见《和剂局方》)

1. 组成 藿香、紫苏、茯苓、白芷、大腹皮、陈皮、桔梗、炒白术、厚朴、制半夏、甘草，水煎温服，或共为末，姜枣煎汤冲调，温服。
2. 功效 解表化湿，理气和中。
3. 主治 外感风寒，内伤湿滞。证见发热恶寒，脘腹胀满，肠鸣泄泻，呕吐，舌苔白腻等。

4. 临床应用 用于内伤湿滞，复感风寒，而以湿滞脾胃为主之证。

藿香正气散歌诀：
　　藿香正气腹皮苏，甘桔陈苓朴白术；
　　夏曲白芷加姜枣，风寒暑湿均能除。

第十七章 理气药及方剂

凡能疏通气机，调理气分疾病的药物，称为理气药。本类药物大部分辛温芳香，具有行气消胀、解郁、止痛、降气等作用，主要用于脾胃气滞所表现的肚腹胀满、疼痛不安、嗳气酸臭、食欲不振、粪便失常以及肺气壅滞所致的咳喘。

理气药多辛温香燥，易耗气伤阴，故对气虚、阴虚的病畜应慎用，必要时可配伍补气、养阴药。

一、理气药

(一)陈皮

为芸香科植物橘 *Citrus reticulate* Blanco 及其栽培变种的干燥成熟果皮。生用或炒用。主产于长江以南各地。

1. 性味与归经 辛、苦，温。入脾、肺经。

2. 功能 理气健脾，燥湿化痰。

3. 主治 本品辛能行气，故能调畅中焦脾胃气机，气行则痛止，用于中气不和引起的肚腹胀满、食欲不振、呕吐、腹泻等；燥湿化痰，用于痰湿滞塞、气逆喘咳。

4. 注意事项 阴虚燥热、舌赤少津、内有实热者慎用。

陈皮歌诀：

陈皮苦温归肺脾，健胃祛痰止呃逆；

气逆呕吐脾虚泻，胸腹胀满痰湿积。

(二)青皮

为芸香科植物橘 *Citrus reticulate* Blanco 及其栽培变种的干燥幼果或未成熟果实的果皮。切片生用或炒用。主产于长江以南各地。

1. 性味与归经 苦、辛，温。入肝、胆经。

2. 功能 疏肝止痛，破气消积。

3. 主治 辛散，苦降温通，故能疏肝破气而止痛；健胃之功略同陈皮，而行气散结化滞之力尤胜，多用治食积胀痛、气滞血瘀等。

4. 注意事项 阴虚火旺慎用。

青皮歌诀：

青皮辛温归肝胆，疏肝泻胆破积坚；

肝郁气滞胸腹痛，久疟结核乳痈疝。

(三)枳实

为芸香科植物酸橙 *Citrus aurantium* L. 及其栽培变种或甜橙 *Citrus sinensis* Obbeck 的干燥幼果。切片晒干生用、清炒、麸炒及酒炒用。主产于浙江、福建、广东、江苏、湖南等地。

1. 性味与归经 苦,微寒。入脾、胃经。

2. 功能 破气消积,通便利膈。

3. 主治 治脾胃气滞,痰湿水饮所致的肚腹胀满、草料不消等;治热结便秘、肚腹胀满疼痛者。

4. 注意事项 脾胃虚弱和孕畜忌服。

枳实歌诀:

　　枳实苦寒归胃脾,健胃祛痰破积气;
　　痰癖症结胸腹胀,咳嗽呕逆肠风痢。

(四)香附

为莎草科植物莎草 *Cyperus rotundus* L. 的干燥根茎。去毛打碎用,或醋炙、酒炙后用。我国沿海各地均产。

1. 性味与归经 辛、微苦,平。入肝、胆、脾经。

2. 功能 理气解郁,散结止痛。

3. 主治 疏肝理气,散结止痛,用治肝气郁结所致的肚腹胀满疼痛和食滞不消、寒凝气滞所致的胃肠疼痛及产后腹痛。

4. 注意事项 本品苦燥,能耗血散气,故血虚气弱者不宜单用。体温过高和孕畜慎用。

香附歌诀:

　　香附辛平三焦肝,散结止痛除痞满;
　　乳痈初起肋腹痛,气郁食积胸闷烦。

(五)砂仁

为姜科植物阳春砂 *Amomum villosum* Lour.、绿壳砂 *Amomum villosum* Lour. var. *xanthioides* T. L. Wu et Senjen. 或海南砂 *Amomum longiligulare* T. L. Wu 的干燥成熟果实。生用或炒用。主产于云南、广东、广西等地。

1. 性味与归经 辛,温。入胃、脾、肾经。

2. 功能 行气和中,温脾止泻,安胎。

3. 主治 气香性温,醒脾调胃,行气宽中,适用于脾胃气滞或气虚诸证;温脾止泻,用治脾胃虚寒,清阳下陷而致冷滑下利不禁者;安胎,用于气滞胎动不安。

4. 注意事项 胃肠热结者慎用。

砂仁歌诀:

　　砂仁辛温胃肾脾,健胃消食行滞气;
　　噎膈呕吐寒饮胀,胸闷腹痛赤白痢。

(六)木香

为菊科植物木香 *Aucklandia lappa* Decne. 的干燥根。切片生用。主产于云南、四川等地。

1. 性味与归经　辛、微苦，温。入脾、胃、大肠、胆经。
2. 功能　行气止痛，和胃止泻。
3. 主治　行胃肠滞气，凡消化不良、食欲减退、腹满胀痛等证皆可用，如脾胃气滞的肚腹疼痛和食欲不振、胸腹疼痛、里急后重的腹痛、脾虚泄泻等。
4. 注意事项　血枯阴虚、热盛伤津者忌用。

木香歌诀：
　　木香辛温归胃脾，健胃镇痛行滞气；
　　气滞腹胀胃痛呕，痰壅烦闷与痢疾。

(七)厚朴

为木兰科植物厚朴 *Magnolia officinalis* Rehd. et Wils. 或凹叶厚朴 *Magnolia officinalis* Rehd. et Wils. var. *biloba* Rehd. et Wils. 的干燥干皮、根皮或枝皮。切片生用或制用。主产于四川、云南、福建、贵州、湖北等地。

1. 性味与归经　苦、辛，温。入脾、胃、大肠经。
2. 功能　行气燥湿，降逆平喘。
3. 主治　除胃肠滞气，燥湿运脾，用治湿阻中焦、气滞不利所致的肚腹胀满、腹痛或呃逆以及肚腹胀痛兼见便秘实证者；降逆平喘，可治外感风寒而发咳喘者、痰湿内阻之咳喘者。
4. 注意事项　脾胃无积滞者慎用。

厚朴歌诀：
　　厚朴苦辛药性温，能归脾胃肺大肠；
　　降气除满化食积，健胃整肠止泻良；
　　胃寒腹痛下痢呕，霍乱吐泻胸闷胀。

(八)槟榔

为棕榈科植物槟榔 *Areca catechu* L. 的干燥成熟种子。又称玉片或大白。切片生用或炒用。主产于广东、台湾、云南等地。

1. 性味与归经　辛、苦，温。入胃、大肠经。
2. 功能　杀虫消积，行气利水。
3. 主治　驱杀多种肠内寄生虫，并有轻泻作用，有助于虫体排出；消积导滞，用治食积气滞、腹胀便秘、里急后重；行气利水。
4. 注意事项　老弱气虚者禁用。

槟榔歌诀：
　　槟榔辛温胃大肠，杀虫消积通便良；
　　胸腹气滞虫积痛，痰癖症结腹满胀。

(九)草果

为姜科植物草果 *Amomum tsaoko* Crevost et Lemaire 的干燥果实。生用或炒用。主产于广东、广西、云南、贵州等地。

1. 性味与归经　辛，温。入脾、胃经。

2. 功能　温中燥湿，除痰祛寒。

3. 主治　本品温燥辛烈，长于温中散寒、燥湿除痰，适用于痰浊内阻、苔白厚腻等；温中燥湿，可用于寒湿阻滞中焦，脾胃不运所致的肚腹胀满、疼痛、食少等。

4. 注意事项　无寒湿者不宜用。

草果歌诀：

草果辛温归胃脾，温中逐寒祛痰积；

心腹冷痛呕吐泻，痰饮胸满湿疟痢。

二、理气方剂

（一）橘皮散（见《元亨疗马集》）

1. 组成　青皮、陈皮、厚朴、桂心、细辛、茴香、当归、白芷、槟榔。

2. 功能　疏理气机，散寒止痛。

3. 主治　腹痛起卧，肠鸣如雷，口色淡青，脉象沉迟等。广泛用于治疗马的伤水冷痛。

橘皮散歌诀：

橘皮散中青陈朴，辛桂茴归芷槟榔；

理气散寒驱积水，伤水腹痛此方良。

（二）越鞠丸（见《丹溪心法》）

1. 组成　香附、苍术、川芎、六神曲、栀子，水煎服，或为末冲服。

2. 功效　行气解郁。

3. 主治　由于气、火、血、痰、湿、食诸郁所致的肚腹胀满、嗳气呕吐、水谷不消等属于实证者。

4. 临床应用　本方常用于治疗慢性胃肠病及消化不良等。

越鞠丸歌诀：

行气解郁越鞠丸，香附芎苍栀曲研，

气血痰火湿食郁，随证易君并加减。

第十八章 理血药及方剂

凡能调理和治疗血分病证的药物，称为理血药。

血分病证一般分为血虚、血热、血瘀和血溢四种，故理血药有补血、清热凉血、活血祛瘀和止血四类，本章只介绍活血祛瘀药和止血药两类。

第一节 活血祛瘀药及方剂

一、活血祛瘀药

活血祛瘀药具有活血祛瘀、疏通血脉的作用，适用于瘀血疼痛，痈肿初起，跌打损伤，产后血瘀腹痛，肿块及胎衣不下等病证。

（一）川芎（芎䓖）

为伞形科植物川芎 *Ligusticum chuanxiong* Hort. 的干燥根茎。切片生用或炒用。主产于四川，其他大部分地区也有种植。

1. 性味与归经 辛，温。入肝、胆、心包经。

2. 功能 活血行气，祛风止痛。

3. 主治 活血行气，用治气血瘀滞所致的难产、胎衣不下、跌打损伤；祛风止痛，用治外感风寒、风湿痹痛。

4. 注意事项 阴虚火旺、肝阳上亢及子宫出血忌用。

川芎歌诀：

川芎辛温包肝胆，破瘀通经解痉挛；
跌打损伤衣不下，气血瘀滞致难产。

（二）丹参

为唇形科植物丹参 *Salvia miltiorrhiza* Bge. 的干燥根及根茎。切片生用。主产于四川、安徽、湖北等地。

1. 性味与归经 苦，微寒。入心、肝经。

2. 功能 活血祛瘀，凉血消痈，养血安神。

3. 主治 活血祛瘀，可用于多种瘀血为患的病证，治产后恶露不尽、瘀滞腹痛等；凉血消痈，治疮痈肿毒；养血安神，用于温病热入营血、躁动不安等。

4. 注意事项 反藜芦。

丹参歌诀：
　　丹参苦寒归心肝，活血调经消肿满；
　　产后恶露流不尽，症瘕积聚疮疥癣。

(三) 桃仁

为蔷薇科植物桃 *Prunus persica*（L.）Batsch 或山桃 *Prunus davidiana*（Carr.）Franch. 的干燥成熟种子。去果肉及核壳，生用或捣碎用。主产于四川、陕西、河北、山东、贵州等地。

1. 性味与归经　甘、苦，平。入肝、肺、大肠经。

2. 功能　破血祛瘀，润燥滑肠。

3. 主治　活血祛瘀，用于产后血瘀疼痛、跌打损伤、瘀血肿痛；润肠通便，治肠燥便秘。

4. 注意事项　无瘀滞及孕畜忌用。

桃仁歌诀：
　　桃仁苦平归心肝，破血通经消积坚；
　　产后瘀血有疼痛，津枯便秘盲肠炎。

(四) 红花（草红花）

为菊科植物红花 *Carthamus tinctorius* L. 的干燥花。生用。主产于四川、河南、云南、河北等地。

1. 性味与归经　辛，温。入心、肝经。

2. 功能　活血通经，祛瘀止痛。

3. 主治　本品为活血要药，应用广泛，主要用治产后血瘀疼痛、胎衣不下等；用于跌打损伤、瘀血作痛、痈肿疮疡。

4. 注意事项　孕畜忌用。

红花歌诀：
　　红花辛温归心肝，活血通经破积坚；
　　产后血瘀有疼痛，胎衣不下跌打伤。

(五) 益母草

为唇形科植物益母草 *Leonurus japonicas* Houtt. 的新鲜或干燥全草。切碎生用。各地均产。

1. 性味与归经　辛、苦，微寒。入肝、心包经。

2. 功能　活血祛瘀，利水消肿。

3. 主治　活血祛瘀，是治疗胎产疾病的要药，治产后血瘀腹痛；利水消肿，用以消除水肿。

4. 注意事项　孕畜忌用。

益母草歌诀：
　　益母辛苦性微寒，归经能入心包肝；
　　活血祛瘀益精气，产后血瘀与难产。

(六)乳香

为橄榄科植物鲍达乳香树 *Boswellia bhaw-dajiana* Birdw.、卡式乳香树 *Boswellia carterii* Birdw. 或野乳香树 *Boswellia neglecta* Moore. 切伤皮部所采得的油胶树脂。去油用或制用。主产于地中海沿岸及其岛屿。

1. **性味与归经** 苦、辛，温。入心、肝、脾经。
2. **功能** 活血止痛，生肌。
3. **主治** 活血止痛，兼有行气之效，主要用于气血郁滞所致的腹痛及跌打损伤和痈疽疼痛等；外用有生肌之功效。
4. **注意事项** 无瘀滞及孕畜忌用。

乳香歌诀：

乳香辛温心肝脾，活血止痛祛瘀积；
跌打损伤痈疽痛，寒湿身痛外生肌。

说明：外生肌指外用生肌的功效。

(七)没药

为橄榄科植物没药 *Commiphora myrrha* Engl. 或其他同属植物茎干皮部渗出的油胶树脂。炒或炙后打碎用。主产于非洲、阿拉伯半岛及印度等地。

1. **性味与归经** 苦，平。入肝经。
2. **功能** 活血祛瘀，止痛生肌。
3. **主治** 本品的活血、止痛及生肌功能与乳香基本相似，用法亦同。
4. **注意事项** 无瘀滞及孕畜忌用。

没药歌诀：

没药苦平归肝经，活血祛瘀止疼痛；
癥瘕腹痛助生肌，痔瘘恶疮血瘀通。

(八)王不留行

为石竹科植物麦蓝菜 *Vaccaria segetalis* (Neck.) Garcke 的干燥成熟种子。生用或炒用。主产于东北、华北、西北等地。

1. **性味与归经** 苦，平。入肝、胃经。
2. **功能** 活血通经，下乳消肿。
3. **主治** 活血通经，适用于产后瘀滞疼痛；下乳消肿，治产后乳汁不通、痈肿疼痛、乳痈。
4. **注意事项** 孕畜忌用。

王不留行歌诀：

不留苦平归胃肝，活血通经催乳专；
乳汁不下肿胀痛，乳痈恶疮腹即安。

(九)赤芍

为毛茛科植物芍药 *Paeonia lactiflora* Pall. 或川赤芍 *Paeonia veitchii* Lynch. 的干燥根。切段

生用。主产于内蒙古、甘肃、山西、贵州、四川、湖南等地。

1. 性味与归经 苦,凉。入肝经。

2. 功能 凉血活血,消肿止痛。

3. 主治 清热凉血,用于温病热入营血、发热、舌绛、斑疹以及血热妄行、衄血等;活血祛瘀、止痛,治跌打损伤、疮痈肿毒等气滞血瘀证;对肝热上炎、目赤肿痛也有一定疗效。

赤芍歌诀:

赤芍苦凉入肝经,消肿止痛凉活血;

热入营血有发热,血热妄行、斑、衄血。

二、活血化瘀方剂

(一)桃红四物汤(见《医宗金鉴》)

1. 组成 桃仁、当归、赤芍、红花、川芎、生地黄,水煎温服。

2. 功效 活血祛瘀。

3. 主治 血瘀肢体疼痛,产后瘀血阻滞腹痛。

4. 临床应用 对于血瘀诸证,均可在本方基础上加减运用。

桃花四物汤歌诀:

桃仁红花与赤芍,生地当归并川芎;

煎服研末开水调,祛瘀止痛补、或血。

(二)红花散《元亨疗马集》

1. 组成 红花、当归、没药、枳壳、厚朴、陈皮、神曲、麦芽、山楂、桔梗、黄药子、白药子、甘草,共为末,开水冲,候温灌服。

2. 功效 活血理气,消食化积。

3. 主治 料伤五攒痛。

4. 临床应用 马料伤五攒痛。由于喂料过多,运动不足,脾胃运化失职,料毒流注肢蹄所致。

红花散歌诀:

活血理气红花散,清热散瘀消食滞;

主治料伤五攒痛,现代称谓蹄叶炎;

没药红花黄白药,(黄药子、白药子)神曲山楂和麦芽;

枳壳厚朴和桔梗,当归甘草研末冲。

(三)生化汤(见《傅青主女科》)

1. 组成 当归、川芎、桃仁、炮姜、炙甘草,加黄酒,童便煮,候温灌服,亦可水煎服。

2. 功效 活血化瘀,温经止痛。

3. 主治 产后恶露不行。

4. 临床应用 用于产后恶露不行。

生化汤歌诀：
　　生化汤是产后方，归芎桃草酒炮姜；
　　消瘀活血功偏擅，止痛温经效亦彰。

(四)通乳散(江西省中兽医研究所方)

1. 组成　黄芪、党参、通草、川芎、白术、续断、山甲珠、当归、王不留行、木通、杜仲、甘草、阿胶，共为末，开水冲，加黄酒，候温灌服。

2. 功效　补气血，通乳汁。

3. 主治　气血不足所致的缺乳证。

4. 临床应用　用于母畜体质瘦弱，产后气血不足之缺乳证。

通乳散歌诀：
　　气血不足脉不通，缺乳家畜可使用；
　　阿胶白术和川芎，党参黄芪和杜仲；
　　当归木通加通草，王不留行与甘草；
　　山甲珠和川续断，研末水冲加酒服。

第二节　止血药及方剂

止血药具有制止内外出血的作用，适用于各种出血证，如便血、衄血、尿血、子宫出血等。治疗出血时必须根据出血的原因及不同的症状，选择适当药物进行配伍，增强疗效。如属血热妄行之出血厥，应与清热凉血药同用。

一、止血药

(一)三七(田七)

为五加科植物三七 *Panax notoginseng*(Burk.)F. H. Chen. 的干燥根。打碎或磨末生用，主产于云南、广西、江西等地。

1. 性味与归经　甘、微苦，温。入肝、胃经。

2. 功能　散瘀止血，消肿止痛。

3. 主治　本品止血作用良好，又能活血散瘀，有"止血不留瘀"的特点，适用于出血兼有瘀滞肿痛者，为治疗跌打损伤之要药。

三七歌诀：
　　三七甘温归肝胃，止血化瘀镇痛宜；
　　吐衄尿血有肿痛，跌打血瘀崩赤痢。

(二)白及

为兰科植物白及 *Bletilla striata*(Thunb.)Reichb. f. 的干燥块茎。打碎或切片生用。主产于华东、华南及陕西、四川、云南等地。

1. 性味与归经　苦、甘、涩，微寒。入肺、胃、肝经。

2. 功能 收敛止血，消肿生肌。

3. 主治 本品性涩而收敛，止血作用良好，主要用于肺、胃出血，还可治外伤出血；消肿生肌，用于疮痈初起未溃者。

4. 注意事项 反乌头。

白及歌诀：

白及苦平归肾肺，止血消痈敛疮溃；

肺病咳血胃溃呕，痈肿恶疮皆消退。

（三）小蓟

为菊科植物小蓟 *Cirsium setosum*（Willd.）MB. 的干燥地上部分。生用或炒炭用。我国各地均产。

1. 性味与归经 甘，凉。入心、肝经。

2. 功能 凉血止血，散痈消肿。

3. 主治 用于治疗各种血热出血证，如尿血、鼻衄及子宫出血等，尤长于治尿血；用治热毒疮肿。

小蓟歌诀：

小蓟甘凉归肝脾，清热凉血止血宜；

金疮出血呕吐衄，下焦结热逆淋痢。

（四）地榆

为蔷薇科植物地榆 *Sanguisorba officinalis* L. 或长叶地榆 *Sanguisorba officinalis* L. var. *longifolia*（Bert.）Yu. et Li 的干燥根。生用或炒炭用。主产于浙江、安徽、湖北、湖南、山东、贵州等地。

1. 性味与归经 苦、酸，微寒。入肝、胃、大肠经。

2. 功能 凉血止血，收敛解毒。

3. 主治 凉血止血，可用于各种出血证，但以治下焦血热的便血、血痢、子宫出血等最为常用；凉血、解毒、收敛作用，为治烧烫伤的要药。

4. 注意事项 虚寒病畜不宜用。

地榆歌诀：

地榆苦寒胃肠肝，止血凉血疗疮患；

带下病痛恶疮瘘，吐衄血崩肠风便。

（五）槐花

为豆科植物槐 *Sophora japonica* L. 的干燥花及花蕾。生用或炒用。主产于辽宁、湖北、安徽、北京等地。

1. 性味与归经 苦，微寒。入肝、大肠经。

2. 功能 凉血止血，清肝明目。

3. 主治 凉血止血，凡衄血、便血、尿血、子宫出血等属于热证者均可应用，但多用于便血；清肝明目，用于肝火上炎所致的目赤肿痛。

4. 注意事项 孕畜忌用。

槐花歌诀：
　　槐花苦凉肝大肠，止血止痢疗疮疡；
　　赤痢肠风便血脓，吐衄血淋与痔疮。

(六)茜草

为茜草科植物茜草 Rubia cordifolia L. 的干燥根及根茎。生用或炒用。全国各地均产。

1. 性味与归经　苦，寒。入肝经。

2. 功能　凉血止血，活血祛瘀。

3. 主治　凉血止血，广泛用于血热妄行所致衄血、便血、子宫出血、尿血等；活血祛瘀，可用于跌打损伤、瘀滞肿痛及痹症。

4. 注意事项　孕畜忌用。

茜草歌诀：
　　茜草苦寒心包肝，止血通经利小便；
　　吐衄崩漏二便血，折伤水肿肝脏炎。
　　说明：二便血指的是尿血和便血。

二、止血方剂

(一)槐花散(见《本事方》)

1. 组成　炒槐花、炒侧柏叶、荆芥炭、炒枳壳，共为末，开水冲，候温灌服。

2. 功效　清肠止血，疏风理气。

3. 主治　肠风下血，血色鲜红，或粪中带血。

4. 临床应用　用于大肠湿热所致的便血，如大肠热盛。

槐花散歌诀：
　　槐花侧柏荆枳壳，等分为末米饮调；
　　清肠止血又疏风，血热肠风脏毒疗。

(二)秦艽散(见《元亨疗马集》)

1. 组成　秦艽、炒蒲黄、瞿麦、车前子、天花粉、黄芩、大黄、红花、当归、白芍、栀子、甘草、淡竹叶，共为末，开水冲服。

2. 功效　清热凉血，利尿止血。

3. 主治　热积膀胱，小便出血或努伤出血。

4. 临床应用　主要用于热性尿血，如膀胱炎、尿道炎及内伤尿血等。

秦艽散歌诀：
　　清热通淋秦艽散，体虚尿血可使用；
　　车前黄芩和大黄，秦艽瞿麦炒蒲黄；
　　白芍红花天花粉，当归、栀、甘、淡竹叶。

第十九章

收敛药及方剂

凡具有收敛固涩作用，能治疗各种滑脱证的药物，称为收涩药。滑脱证主要表现为子宫脱出、滑精、自汗、盗汗、久泻、久痢、二便失禁、脱肛、久咳、虚喘等。由于脱证的表现各异，故本类药物又分为涩肠止泻和敛汗涩精两类。

第一节 涩肠止泻药及方剂

一、涩肠止泻药

（一）乌梅

为蔷薇科植物梅 Prunus mume (Sieb.) Sieb. et Zucc. 的干燥成熟果实的加工熏制品。打碎生用。主产于浙江、福建、广东、湖南、四川等地。

1. 性味与归经 酸、涩，平。入肝、脾、肺、大肠经。

2. 功能 敛肺涩肠，生津止渴，驱虫。

3. 主治 敛肺止咳，主要用于肺虚久咳；涩肠止泻，用治久泻久痢；生津止渴，用于虚热所致的口渴贪饮；本品有安蛔作用，适用于蛔虫引起的腹痛、呕吐等。

乌梅歌诀：

乌梅酸涩药性平，归脾肺肝大肠经；

清热柔肝祛痰涎，敛肺涩肠驱蛔虫。

（二）诃子

为使君子科植物诃子 Terminalia chebula Retz. 或绒毛诃子 Terminalia chebula Retz. var. tomentella Kurt. 的干燥成熟果实。煨用或生用。主产于广东、广西、云南等地。

1. 性味与归经 苦、酸、涩，温。入肺、大肠经。

2. 功能 涩肠止泻，敛肺止咳。

3. 主治 涩肠止泻，适用于久泻久痢，需煨用；敛肺止咳，适用于肺虚咳喘，需生用。

4. 注意事项 泻痢初起者忌用。

诃子歌诀：

诃子酸平肺大肠，敛肺镇咳止泻良；

痰喘咳嗽咽喉痛，久泻久痢大便溏。

(三)石榴皮(安石榴)

为石榴科植物石榴 Punica granatum L. 的干燥果实。切碎生用。我国南方各地均有。

1. 性味与归经 酸、涩，温。入大肠经。

2. 功能 收敛止泻，杀虫。

3. 主治 收敛止泻，适用于虚寒所致的久泻久痢；驱杀蛔虫、蛲虫。

4. 注意事项 有实邪者忌用。

石榴皮歌诀：

榴皮酸涩温大肠，收敛止泻杀虫良；

虚寒导致久泻痢，驱杀蛔虫和蛲虫。

(四)五倍子

为漆树科植物盐肤木 Rhus chinensis Mill.、青麸杨 Rhus potaninii Maxim. 或红麸杨 Rhus punjabensis Stew. var. sinica(Diels) Rehd. et Wils. 叶上的虫瘿，主要由五倍子蚜 Melaphis chinensis (Bell) Baker. 寄生而形成。研末用。主产于四川、贵州、广东、广西、河北、安徽、浙江及西北各地。

1. 性味与归经 酸、涩，寒。入肺、胃、大肠经。

2. 功能 涩肠止泻，止咳，止血，杀虫解毒。

3. 主治 涩肠止泻，用于治疗久泻久痢、便血日久；敛肺止咳，用于肺虚久咳。

4. 注意事项 肺热咳嗽及湿热泄泻者忌用。

五倍子歌诀：

五倍酸平肺胃肠，镇咳止泻疗癣疮；

遗精泻痢肺虚咳，疮毒湿烂与脱肛。

(五)肉豆蔻

为肉豆蔻科植物肉豆蔻 Myristica fragrans Houtt. 的干燥种仁，又称肉果。煨用。主产于印度尼西亚、西印度洋群岛和马来半岛等地。我国广东有栽培。

1. 性味与归经 辛、温。入脾、胃、大肠经。

2. 功能 收敛止泻，温中行气。

3. 主治 善温脾胃，长于涩肠止泻，适用于久泻不止或脾胃虚寒引起的久泻；温中行气，适用于脾胃虚寒引起的肚腹胀痛和食欲不振。

4. 注意事项 凡热泻热痢者忌用。

肉豆蔻歌诀：

肉蔻辛温肠胃脾，温中固肠散寒积；

脾胃虚寒腹胀痛，霍乱吐泻赤白痢。

二、涩肠止泻方

乌梅散(见《元亨疗马集》)

1. 组成 乌梅(去核)、诃子、黄连、姜黄、干柿，共为细末，开水冲，候温灌服，或水煎灌服。

2. 功效 涩肠止泻，清热燥湿。

3. 主治 初生幼驹奶泻。

4. 临床应用 新驹奶泻体热者，加银花、蒲公英、黄柏；体虚者可加党参、白术、茯苓、山药等。

乌梅散歌诀：

乌梅散内加干柿，黄连、姜黄和诃子；

清燥热湿止肠泻，幼驹幼畜奶泻止。

第二节 敛汗涩精药及方剂

一、敛汗涩精药

(一) 五味子

为木兰科植物五味子 *Schisandra chinensis* (turcz.) Baill. 或南五味子 *Schisandra sphenanthera* Rehd. et Wils. 的干燥成熟果实。生用或经醋、蜜等拌蒸晒干。前者习称北五味子，为传统使用的正品，主产于东北、内蒙古、河北、山西等地；南五味子主产于西南及长江以南地区。

1. 性味与归经 酸，温。入肺、心、肾经。

2. 功能 敛肺，滋肾，敛汗涩精，止泻。

3. 主治 上敛肺气，下滋肾阴，用治肺虚或肾虚不能纳气所致的久咳虚喘；生津止渴、敛汗，用于津少口渴和体虚多汗；益肾固精，涩肠止泻，用治脾肾阳虚泄泻、滑精及尿频数等。

4. 注意事项 表邪未解及有实热者忌用。

五味子歌诀：

五味酸温归肾肝，补肾涩精镇咳喘；

虚劳羸瘦喘咳泻，遗精盗汗水肿满。

(二) 牡蛎

为牡蛎科动物长牡蛎 *Ostrea gigas* Thunberg、近江牡蛎 *Ostrea rivularis* Gould 或大连湾牡蛎 *Ostrea talienwhanensis* Crosse 的贝壳。生用或煅用。主产于沿海地区。

1. 性味与归经 咸、涩，微寒。入肝、肾经。

2. 功能 平肝潜阳，软坚散结，敛汗涩精。

3. 主治 平肝潜阳，适用于阴虚阳亢引起的躁动不安等证；软坚散结，用于消散瘰疬；煅用善于敛汗涩精，用于自汗、盗汗和滑精。

牡蛎歌诀：

牡蛎咸涩入肝肾，平肝潜阳祛躁烦；

敛汗涩精治盗汗，常配金英治滑精。

(三) 浮小麦

为禾本科植物小麦 *Triticum aestivum* 干燥瘪瘦果实。生用或炒用。各地均产。

1. **性味与归经** 甘，凉。入心经。
2. **功能** 止汗。
3. **主治** 主要用于治疗自汗、虚汗和产后虚汗不止。

浮小麦歌诀：

浮麦甘凉归心经，补心止汗除骨蒸；

骨蒸劳热诸汗出，服用此药最适应。

(四)金樱子(金英子)

为蔷薇科植物金樱子 Rosa laevigata Michx. 的干燥成熟果实。擦去刺，剥去核，洗净晒干，备用。

1. **性味与归经** 酸、涩，平。入肾、膀胱、大肠经。
2. **功能** 固肾涩精，涩肠止泻。
3. **主治** 固精缩尿，适用于肾虚引起的滑精、尿频等；涩肠止泻，可用于脾虚泄泻。

金樱子歌诀：

金樱酸平归肾脾，益肾固精止泻痢；

遗精遗尿脾肾虚，赤白带下用皆宜。

二、敛汗涩精方剂

(一)牡蛎散(见《和剂局方》)

1. **组成** 麻黄根、生黄芪、煅牡蛎、浮小麦，水煎温服。
2. **功效** 固表敛汗。
3. **主治** 体虚自汗。
4. **临床应用** 主要用于阳虚卫气不固之虚汗证。若大汗不止，有阳虚欲脱之证者，则本方难以胜任，应用参附汤加龙骨、牡蛎，回阳固脱以止汗。

牡蛎散歌诀：

牡蛎散内用黄芪，麻黄根与小麦齐；

益气固表又敛阴，体虚自汗盗汗宜。

(二)玉屏风散(见《世医得效方》)

1. **组成** 黄芪、白术、防风，水煎温服。
2. **功效** 益气健脾，固表止汗。
3. **主治** 表虚自汗及气虚易感风邪者。证见自汗、恶风、苔白、舌淡、脉浮缓。
4. **临床应用** 用于表虚自汗以及体虚患畜易感风邪者。若表虚自汗不止，可酌加牡蛎、浮小麦、五味子等，以增强固表止汗的作用。

玉屏风散歌诀：

玉屏组合少而精，芪术防风鼎足形；

表虚汗多易感冒，固卫敛汗效特灵。

第二十章

补虚药及方剂

凡能补益机体气血阴阳的不足,治疗各种虚证的药物,称为补虚药。

虚证一般分为气虚、血虚、阴虚和阳虚四种,因此补虚药也分为补气、补血、滋阴、助阳四类。补虚药虽能扶正,但应用不当则有留邪之弊,故患病动物实邪未尽时,不宜早用。若病邪未解,正气已虚,则以祛邪为主,酌加补虚药以扶正,增强抵抗力,达到祛邪又扶正的目的。

第一节 补气药及方剂

补气药多味甘,性平或偏温,主入脾、胃、肺经,具有补肺气、益脾气的功效,适用于脾肺气虚证和血虚证。因脾为后天之本,生化之源,故脾气虚则见精神倦怠、食欲不振、肚腹胀满、泄泻等;肺主一身之气,肺气虚则气短气少,动则气喘,自汗无力等。以上诸证多用补气药。又因气为血帅,气旺可以生血,故补气药又常用于血虚病证。

一、补气药

(一)党参

为桔梗科植物党参 *Codonopsis pilosula* (Franch) Nannf、素花党参 *Codonopsis pilosula* Nannf. var. *modesta* (Nannf.) L. T. Shen 或川党参的干燥根。生用或蜜炙用。主产于东北、西北、山西及四川等地。

1. 性味与归经 甘、平,微寒。入脾、肺经。

2. 功能 补中益气,健脾生津。

3. 主治 本品为常用的补气药。用于久病气虚、倦怠乏力、肺虚喘促、脾虚泄泻等;用于气虚下陷所致的脱肛、子宫脱垂;用于津伤口渴、肺虚气短。

4. 注意事项 反藜芦。

党参歌诀:
　　党参甘平归肝脾,健脾补中益元气;
　　中气衰弱脾虚泻,结核咳嗽崩漏痢。

(二)黄芪

为豆科植物膜荚黄芪 *Astragalus membranaceus* (Fisch.) Bge. 或蒙古黄芪 *Astragalus membranaceus* (Fisch.) Bge. var. *mongholicus* (Bge.) Hsiao 的干燥根。生用或蜜炙用。主产于甘肃、内蒙

古、陕西、河北及东北、西藏等地。

1. 性味与归经 甘，微温。入脾、肺经。

2. 功能 补气升阳，固表止汗，托毒生肌，利水退肿。

3. 主治 重要的补气药，用于脾肺气虚、食少倦怠、气短、泄泻等，气虚下陷所引起的脱肛、子宫脱垂等；固表止汗，用于表虚自汗和表虚易感风寒等；补益元气而托毒，多用于气血不足，疮疡脓成不溃，或溃后久不收口等；益气健脾，利水消肿，适用于气虚脾虚、尿不利、水湿停滞而成的水肿。

4. 注意事项 阴虚火盛、邪热实证不宜用。

黄芪歌诀：

黄芪甘温归肺脾，敛汗固表益元气；
阳虚水肿糖尿病，脾虚腹泻疮瘰疬。

(三) 山药

为薯蓣科植物薯蓣 *Dioscorea opposita* Thunb. 的干燥块茎。切片生用或炒用。主产于河南、湖南、河北、广东等地。

1. 性味与归经 甘，平。入脾、肺、肾经。

2. 功能 健脾胃，益肺肾。

3. 主治 平补脾胃，不论脾阳虚或胃阴亏，皆可应用；益肺气，养肺阴，用于肺虚久咳；补益肾气，用于肾虚滑精、尿频数等。

山药歌诀：

山药甘平脾肺肾，主要健脾益肺肾；
平补脾胃养肺阴，补益肾气治尿频。

(四) 白术

为菊科植物白术 *Atractylodes macrocephala* Koidz. 的干燥根茎。切片生用或炒用。主产于浙江、安徽、湖南、湖北及福建等地。

1. 性味与归经 甘、苦，温。入脾、胃经。

2. 功能 补脾益气，燥湿利水，固表止汗。

3. 主治 补气益气的重要药物，主要用于脾胃气虚、运化失常所致的食少胀满、倦怠乏力、脾胃虚寒、肚腹冷痛、泄泻等；健脾燥湿，利水，可用于水湿内停或水湿外溢之水肿；补气固表，用于表虚自汗；安胎，治胎动不安。

白术歌诀：

白术甘温归胃脾，健脾利尿益中气；
胸腹胀满脾虚泻，痰饮水肿寒湿痹。

(五) 甘草

为豆科植物甘草 *Glycyrrhiza uralensis* Fisch.、胀果甘草 *Glycyrrhiza inflata* Bat. 或光果甘草 *Glycyrrhiza glabra* L. 的干燥根及根茎。切片生用或炙用。主产于辽宁、内蒙古、甘肃、新疆、青海等地。

1. 性味与归经 甘，平。入十二经。

2. 功能 补中益气，清热解毒，润肺止咳，缓和药性。

3. 主治 本品炙用则性微温，善于补脾胃，益心气；清热解毒，常用于疮痈肿痛、咽喉肿痛，本品还是中毒的解毒要药；甘缓润肺止咳，用咳嗽喘息等，因其性质平和，肺寒咳喘或肺热咳嗽均可应用；缓和某些药物的峻烈之性，具有调和诸药的作用，许多处方常配伍本品。

4. 注意事项 湿盛中满者不宜用。反大戟、甘遂、芫花、海藻。

甘草歌诀：

甘草甘平十二经，健脾益胃解毒灵；

腹胀吐泻中气弱，咳嗽中毒咽喉痛。

二、补气方剂

(一)四君子汤(见《和剂局方》)

1. 组成 党参、炒白术、茯苓、炙甘草，共为细末，开水冲服，或水煎服。

2. 功效 益气健脾。

3. 主治 脾胃气虚。证见精神倦怠，四肢无力，食少便溏，舌淡苔白，脉细弱。

4. 临床应用 本方为治脾气虚弱的基础方。

四君子汤歌诀：

四君子汤中和义，党参苓术甘草比；

益气健脾基础剂，脾胃气虚治相宜。

(二)补中益气汤(见《脾胃论》)

1. 组成 炙黄芪、党参、白术、当归、陈皮、炙甘草、升麻、柴胡，共为细末，开水冲服，或水煎服。

2. 功效 调补脾胃，升阳益气。

3. 主治 脾胃气虚及气虚下陷诸证。

4. 临床应用 用于气虚下陷，泻痢脱肛，子宫脱垂或气虚发热自汗，倦怠无力等证。

补中益气汤歌诀：

补中益气芪参术，炙草升柴归陈助；

清阳下陷能升举，气虚发热甘温除。

(三)生脉散(见《内外伤辨惑论》)

1. 组成 党参、麦冬、五味子，研为细末，开水冲服，或水煎服。

2. 功效 补气敛汗，养阴生津。

3. 主治 暑热伤气，气津两伤之证。证见精神倦怠，汗多气短，口渴舌干，脉虚。

4. 临床应用 凡热伤汗出过多，气津耗伤；体倦乏力，气短舌燥，脉虚属气阴虚而无外邪者，均可应用。对于胃肠炎属气津两伤者，亦可应用。

生脉散歌诀：
　　生脉麦味与党参，保肺清心治暑淫；
　　气少汗多兼口渴，病危脉绝急煎斟。

第二节　补血药及方剂

　　补血药多味甘，性平或偏温，多入心、肝、脾经，有补血的功效，适用于体瘦毛焦、口色淡白、精神萎靡、心悸脉弱等血虚之证。因心主血，肝藏血，脾统血，故血虚证与心、肝、脾密切相关，治疗时以补心、肝为主，配以健脾药物。

一、补血药

(一)当归
　　为伞形科植物当归 *Angelica sinensis* (Oliv.) Diels 的干燥根。切片生用或酒炒用。主产于甘肃、宁夏、四川、云南、陕西等地。
　　1. 性味与归经　甘、辛、苦，温。入肝、脾、心经。
　　2. 功能　补血养血，活血止痛，润肠通便。
　　3. 主治　补血活血，用于体弱血虚证；活血止痛，多用于跌打损伤、痈肿血滞疼痛、风湿痹痛等；润肠通便，多用于阴虚或血虚的肠燥便秘。
　　4. 注意事项　阴虚内热者不宜用。

当归歌诀：
　　当归苦温心脾肝，补血活血润通便；
　　跌打损伤血虚证，血瘀痈肿服即瘥。

(二)熟地黄
　　为玄参科植物地黄 *Rehmannia glutinosa* Libosch. 的块根，经加工炮制而成。切片用。主产于河南、浙江、北京，其他地区也有生产。
　　1. 性味与归经　甘，微温。入心、肝、肾经。
　　2. 功能　补血滋阴。
　　3. 主治　补血要药，用于血虚诸证；滋阴要药，用于肝肾阴虚所致的潮热、出汗、滑精等。
　　4. 注意事项　脾虚湿盛者忌用。

熟地歌诀：
　　熟地甘温心肝肾，固精益髓补虚损；
　　精亏血虚腰腿痛，潮热消渴耳目昏。

(三)白芍
　　为毛茛科植物芍药 *Paeonia lactiflora* Pall. 的干燥根。切片生用或炒用。主产于东北、河北、内蒙古、陕西、山西、山东、安徽、浙江、四川、贵州等地。

1. 性味与归经 苦、酸,微寒。入肝经。
2. 功能 平抑肝阳,柔肝止痛,敛阴养血。
3. 主治 平抑肝阳,敛阴养血,适用于肝阴不足、肝阳上亢、躁动不安等;柔肝止痛,主要用于肝旺乘脾所致的腹痛;养血敛阴,适用于血虚或阴虚盗汗等。
4. 注意事项 反藜芦。

白芍歌诀:

白芍苦平归肝经,养血镇痉止疼痛;
肝阳上亢燥不安,肠胃痉挛结瘕症。

(四)阿胶

为马科动物驴 Equus asinus L. 的皮熬煮加工而成的胶块。溶化冲服或炒珠用。主产于山东、浙江。此外,北京、天津、河北、山西等地也有生产。
1. 性味与归经 甘,平。入肺、肾、肝经。
2. 功能 补血止血,滋阴润肺,安胎。
3. 主治 补血,为治血虚的要药,用于血虚体弱;止血,适用于多种出血证;滋阴润燥,用于妊娠胎动、下血。
4. 注意事项 内有瘀滞及有表证者不宜用。

阿胶歌诀:

阿胶甘平肺肝肾,清肺养肝滋肾阴;
虚劳咳嗽吐衄血,崩中带下赤痢淋。

二、补血方剂

(一)四物汤(见《和剂局方》)

1. 组成 熟地黄、白芍、当归、川芎,研为细末,开水冲服,或水煎服。
2. 功效 补血活血。
3. 主治 血虚诸证,证见舌淡、脉细,或血虚夹有瘀滞者。
4. 临床应用 对于营血虚损、气滞血瘀、胎前产后诸疾均可以本方为基础,加减运用。

四物汤歌诀:

四物熟地归芍芎,补血调血此方宗;
营血虚滞诸多症,加减运用贵变通。

第三节 助阳药及方剂

助阳药味甘或咸,性温或热,多入肝、肾经,有补肾助阳、强筋壮骨作用,适用于形寒肢冷、腰胯无力、阳痿滑精、肾虚泄泻等。因"肾为先天之本",故助阳药主要用于温补肾阳。对肾阴衰微不能温阳脾阳所致的泄泻,也用补肾阳药治疗。助阳药多属温燥,阴虚发热及实热证等均不宜用。

一、助阳药

(一)巴戟天

为茜草科植物巴戟天 Morinda of ficinalis How. 的干燥根。生用或盐炒用。主产于广东、广西、福建、四川等地。

1. 性味与归经 辛、甘,微温。入肝、肾经。

2. 功能 补肾阳,强筋骨,祛风湿。

3. 主治 温补肾阳,主要用于治肾虚阳痿、滑精早泄等;强筋壮骨,用治肾虚骨痿、运步困难、腰膝疼痛、肾阳虚的风湿痹痛等。

4. 注意事项 阴虚火旺者不宜用。

巴戟天歌诀:

巴戟辛温归入肾,强神补髓健脑筋;

阳痿遗精经不调,风湿痹痛寒疴沉。

(二)淫羊藿(仙灵脾)

为小檗科植物淫羊藿 Epimedium brevicornum Maxim. 、箭叶淫羊藿 Epimedium sagittatum (Sieb. et Zucc.) Maxim. 、柔毛淫羊藿 Epimedium pubescens Maxim. 、巫山淫羊藿 Epimedium wushanense T. S. Ying. 、朝鲜淫羊藿 Epimedium koreanum Nakai. 的干燥茎叶。切丝生用。主产于陕西、甘肃、四川、台湾、安徽、浙江、江苏、广东、广西、云南等地。

1. 性味与归经 辛,温。入肝、肾经。

2. 功能 补肾壮阳,强筋骨,祛风除湿。

3. 主治 补肾壮阳,主要用于肾阳不足所致的阳痿、滑精、尿频、腰膝冷痛、肢冷恶寒等;强筋骨,祛风湿,适用于风湿痹痛、四肢不利、筋骨痿弱、四肢瘫痪等。

淫羊藿歌诀:

羊藿辛温归肝肾,壮阳强神健骨筋;

阳痿遗精寒痹痛,腰膝酸软肢不仁。

(三)杜仲

为杜仲科植物杜仲 Eucommmia ulmoides Oliv. 的干燥树皮。切丝生用,或酒炒、盐炒用。主产于四川、贵州、云南、湖北等地。

1. 性味与归经 甘、微辛,温。入肝、肾经。

2. 功能 补肝肾,强筋骨,安胎。

3. 主治 补肝肾,强筋健骨,主要用于腰胯无力、阳痿、尿频等肾阳虚证;安胎,用于孕畜体虚、肝肾亏损所致的胎动不安。

4. 注意事项 阴虚火旺者不宜用。

杜仲歌诀:

杜仲辛温归肝肾,润肝补肾壮骨筋;

腰腿疼痛血压高,胎动阴痒肿五淋。

(四)补骨脂(破故纸)

为豆科植物补骨脂 *Psoralea corylifolia* L. 的干燥成熟果实,又称破故纸。生用或盐水炒用。主产于河南、安徽、山西、陕西、江西、云南、四川、广东等地。

1. 性味与归经 辛、苦,大温。入脾、肾经。

2. 功能 温肾壮阳,止泻。

3. 主治 本品为温性较强的补阳药,能助命门之火,用于肾阳不振的阳痿、滑精、腰胯冷痛及尿频等;止泻作用,因其既能补肾阳,又能温脾阳,故常用于脾肾阳虚引起的泄泻。

4. 注意事项 阴虚火旺者、粪便秘结者忌用。

补骨脂歌诀:

骨脂辛温脾肾包,固精壮阳补肾妙;

阳痿遗精肠结核,腰膝冷痛频遗尿。

(五)肉苁蓉

为列当科植物肉苁蓉 *Cistanche deserticola* Y. C. Ma. 的干燥带鳞叶的肉质茎,用盐水浸渍称为咸苁蓉;再以清水漂洗,蒸熟晒干,称为淡苁蓉;或切片生用。主产于内蒙古、甘肃、青海、新疆等地。

1. 性味与归经 甘、咸,温。入肾、大肠经。

2. 功能 补肾壮阳,润肠通便。

3. 主治 补肾阳,温而不燥,补而不峻,是性质温和的滋补强补药,主要用于肾虚阳痿、滑精早泄及肝肾不足、筋骨痿弱、腰膝疼痛;润肠通便,适用于老弱血虚及病后、产后津液不足、肠燥便秘等。

4. 注意事项 阴虚火盛、脾虚便溏者忌用。

肉苁蓉歌诀:

肉苁蓉药甘咸温,归入命门大肠肾;

固精益髓润五脏,壮阳止血健骨筋。

二、助阳方剂

(一)肾气丸(见《金匮要略》)

1. 组成 熟地、山药、山茱萸、茯苓、泽泻、丹皮、附子(炮)、肉桂,水煎去渣,候温灌服。

2. 功效 温补肾阳。

3. 主治 各种家畜肾阳虚衰证,证见尿清粪溏,后肢水肿,四肢发凉,动则气喘,公畜阳痿滑精等。

肾气丸歌诀:

肾气丸主肾阳虚,熟地山药及山萸;

少量桂附泽苓丹,水中生火在温煦;

主治肾阳精血虚,尿清粪溏四肢凉。

(二)巴戟散(见《元亨疗马集》)

1. 组成 巴戟天、肉苁蓉、补骨脂、胡芦巴、小茴香、肉豆蔻、陈皮、青皮、肉桂、木通、川楝子、槟榔,水煎温服。

2. 功效 温补肾阳,散寒除湿,通经止痛。

3. 主治 肾阳虚弱,腰胯疼痛,后腿难移。

4. 临床应用 多用于肾阳不足型后肢、腰胯风湿痹痛证。

巴戟散歌诀:

巴戟散用腰胯痛,肾阳虚衰可使用;

陈皮、青皮、肉豆蔻,肉桂木通小茴香;

胡芦巴和补骨脂,槟榔楝子肉苁蓉;

加巴戟天研末饮,散寒除湿补肾阳。

第四节 滋阴药及方剂

滋阴药多味甘,性凉。主入肺、胃、肝、肾经。具有滋肾阴、补肺阴、养胃阴、益肝阴等功效,适用于舌光无苔、口舌干燥、虚热口渴、肺燥咳嗽等阴虚证。滋阴药多甘凉滋腻,凡阳虚阴盛,脾虚泄泻者不宜用。

一、滋阴药

(一)天门冬(天冬)

为百合科植物天门冬 *Asparagus cochinchinensis* (Lour.) Merr. 的干燥块根。生用或酒蒸用。主产于华南、西南、华中及河南、山东等地。

1. 性味与归经 甘、微苦,寒。入肺、肾经。

2. 功能 养阴清热,润肺滋肾。

3. 主治 清肺化痰,可用于干咳少痰的肺虚热证,治阴虚内热、口干痰稠者;滋肾阴、润燥通便,可用于肺肾阴虚、津少口渴等。

4. 注意事项 寒咳痰多、脾虚便溏者不宜用。

天冬歌诀:

天冬甘寒归肺肾,清热润燥滋补阴;

肺痈咳嗽吐血脓,风热干渴胸烦闷。

(二)麦冬(麦门冬)

为百合科植物麦冬 *Ophiopogon japonica* (Thunb.) Ker-Gawl. 的干燥块根。生用。主产于江苏、安徽、浙江、福建、四川、广西、云南、贵州等地。

1. 性味与归经 甘、微苦,凉。入肺、胃、心经。

2. 功能 清心润肺,养胃生津。

3. 主治 清热养阴、润肺止咳作用与天冬相似,适用于阴虚内热、干咳少痰等;养胃生津，适用于阴虚内热，或热病伤津、口渴贪饮、肠燥便秘等；在凉血清心和养心安神的处方中，亦常加入本品。

4. 注意事项 泄泻者忌用。

麦冬歌诀：

麦冬甘寒肺胃心，强心补肺益胃阴；

阴虚内热咳嗽喘，乳少浮肿热伤津。

(三)沙参

为桔梗科植物轮叶沙参 *Adenophora tetraphylla* (Thunb.) Fisch.、沙参 *Adenophora stricta* Mig. 或伞形科植物珊瑚菜 *Glehnia littoralis* F. Schm. ex Miq. 的干燥根。前两种习称南沙参，后者习称北沙参。切片生用。南沙参主产于安徽、江苏、四川等地，北沙参主产于山东、河北等地。

1. 性味与归经 甘，凉。入肺、胃经。

2. 功能 润肺止咳，养胃生津。

3. 主治 清肺热、养肺阴，并能益气祛痰，常用于久咳肺虚及热伤肺阴干咳少痰等；养胃阴，可用于热病后或久病伤阴所致的口干舌燥、便秘、舌红脉数等。

4. 注意事项 肺寒湿痰咳嗽者不宜用。反藜芦。

沙参歌诀：

沙参甘寒归肺胃，镇咳祛痰补阴亏；

脾虚胃弱肺热咳，五脏蕴热服即退。

(四)枸杞子

为茄科植物宁夏枸杞 *Lycium barbarum* L. 的干燥成熟果实。生用。主产于宁夏、甘肃、河北、青海等地。

1. 性味与归经 甘，平。入肝、肾经。

2. 功能 养阴补血，益精明目。

3. 主治 本品为滋阴补血的常用药，用于肝肾亏虚、精血不足、腰膝乏力等；益精明目，用于肝肾不足所致的视力减退、眼目昏暗、瞳孔散大等。

4. 注意事项 脾虚湿滞、内有实热者不宜用。

枸杞歌诀：

枸杞甘平归肝肾，滋阴养肝强骨筋；

肾虚腰痛糖尿病，筋痿骨弱目暗昏。

(五)女贞子

为木犀科植物女贞 *Ligustrum lucidum* Ait. 的干燥成熟果实。生用或蒸用。主产于江苏、湖南、河南、湖北、四川等地。

1. 性味与归经 甘、微苦，平。入肝、肾经。

2. 功能 滋阴补肾，养肝明目。

3. 主治 本品常用于益肝肾之阴，以强腰膝、明目，故常用于肝肾阴虚所致的腰膝无力、眼目不明、滑精等。

4. 注意事项　脾虚泄泻及阳虚者忌用。

女贞子歌诀：
　　女贞苦温归肝肾，养肝益肾滋补阴；
　　结核潮热腰酸痛，心悸失眠眼目昏。

(六)百合

为百合科植物百合 *Lilium brownii* F. E. Brown var. *viridulum* Baker、细叶百合或 *Lilium pumilum* DC. 或卷丹 *Lilium lancifolium* Thunb. 的干燥肉质鳞叶。生用或蜜炙用。主产于浙江、江苏、湖南、广东、陕西等地。

1. 性味与归经　甘、微苦，微寒。入心、肺经。

2. 功能　润肺止咳，清心安神。

3. 主治　清肺润燥而止咳，并能益肺气，适用于肺燥咳或肺热咳以及肺虚久咳等；清热、宁心安神，可用于热病后余热未清、气阴不足而致躁动不安、心神不宁等证。

4. 注意事项　外感风寒咳嗽者忌用。

百合歌诀：
　　百合甘寒归肺心，镇咳祛痰亦滋阴；
　　神经衰弱百合病，肺脏结核尽除根。

(七)石斛

为兰科植物金钗石斛 *Demdrobium nobile* Lindl. 的干燥茎。生用或熟用。主产于广西、台湾、四川、贵州、云南、广东等地。

1. 性味与归经　甘，微寒。入肺、胃、肾经。

2. 功能　滋阴生津，清热养胃。

3. 主治　石斛重在滋养肺胃之阴而清虚热，故适用于热病伤阴、津少口渴或阴虚久热不退者。

4. 注意事项　湿温及温热尚未化燥者忌用。

石斛歌诀：
　　石斛甘寒肺胃肾，清热滋阴壮骨筋；
　　阳痿虚劳盗汗出，腰酸口渴津亏损。

二、滋阴方剂

(一)六味地黄汤(见《小儿药证直诀》)

1. 组成　熟地黄、山萸肉、山药、泽泻、茯苓、丹皮，共为细末，开水冲服，或水煎服。

2. 功效　滋阴补肾。

3. 主治　肝肾阴虚，虚火上炎所致的潮热、腰膝痿软无力、耳鼻四肢温热、舌燥咽痛、盗汗、粪干尿少、舌红苔少、脉细数。

4. 临床应用　用于肾阴不足诸证。本方加知母、黄柏，名知柏地黄汤，治阴虚火旺六味地黄汤歌诀：

　　六味地黄山药萸，泽泻苓丹"三泻"侣；

　　三阴并补重滋肾，肾阴不足效可居；

　　滋阴降火知柏需，养肝明目加杞菊；

　　都气五味纳肾气，滋补肺肾麦味续。

(二)百合固金汤(见《医方集解》)

1. 组成　百合、麦冬、生地黄、熟地黄、川贝母、当归、白芍、玄参、桔梗、生甘草，共为细末，开水冲服，或水煎服。

2. 功效　养阴清热，润肺化痰。

3. 主治　肺肾阴虚，虚火上炎所致燥咳气喘、咽喉疼痛、舌红少苔、脉细数。

4. 临床应用　用于肺阴不足的肺燥咳喘、咽喉疼痛、干咳无痰或痰中带血、舌红赤、脉细数等证。

百合固金汤歌诀：

　　百合固金二地黄，玄参贝母桔草藏；

　　麦冬芍药当归配，喘咳痰血肺家伤。

第二十一章 平肝药及方剂

凡能清肝热、熄肝风的药物，称为平肝药。肝藏血，主筋，外应于目。故当肝受风热外邪侵袭时，表现目赤肿痛，羞明流泪，甚至云翳遮睛等症状；当肝风内动时，可引起四肢抽搐，角弓反张，甚至猝然倒地。根据本类药物疗效，可分为平肝明目和平肝熄风两类。

第一节 平肝明目药及方剂

一、平肝明目药

(一)石决明

为鲍科动物杂色鲍 Haliotis diversicolor Reeve 或皱纹盘鲍 Haliotis discus hannai Ino. 的贝壳。打碎生用或煅后碾碎用。主产于广东、山东、辽宁等地。

1. **性味与归经** 咸，平。入肝经。
2. **功能** 平肝潜阳，清肝明目。
3. **主治** 本品善于平肝潜阳，适用于肝肾阴虚、肝阳上亢所致的目赤肿痛；平肝明目的要药，适用于肝热实证所致的目赤肿痛、羞明流泪、目赤翳障等。

石决明歌诀：

　　石决咸平归肺肝，清热明目利小便；

　　风热青盲内外障，五淋骨蒸劳热烦。

(二)决明子

为豆科植物决明 Cassia obtusifolia L. 或 Cassia tora L. 的干燥成熟种子。生用或炒用。主产于安徽、广西、四川、浙江、广东等地。

1. **性味与归经** 甘、苦，微寒。入肝、大肠经。
2. **功能** 清肝明目，润肠通便。
3. **主治** 本品有清肝明目作用，对肝热或风热引起的目赤肿痛、羞明流泪；润肠通便，用于粪便燥结。
4. **注意事项** 泄泻者忌用。

决明子歌诀：

　　决明甘苦大肠肝，清肝明目润通便；

　　羞明流泪目肿痛，粪便燥结可使用。

(三)木贼

为木贼科植物木贼 *Equisetum hiemale* L. 的干燥地上部分(又称锉草)。切碎生用。主产于山西、吉林、内蒙古及长江流域各地。

1. **性味与归经**　甘、苦，平。入肝、肺经。
2. **功能**　疏风热，退翳膜。
3. **主治**　本品有疏风热、退翳膜的作用，用治风热目赤肿痛、羞明流泪或睛生翳膜者。
4. **注意事项**　阴虚者忌用。

木贼歌诀：
　　木贼甘苦入肝肺，疏风热症退翳膜；
　　风热目赤眼肿痛，流泪生翳可使用。

二、平肝明目方剂

决明散(见《元亨疗马集》)

1. **组成**　煅石决明，草决明，栀子，大黄，白药子，黄药子，黄芪，黄芩，没药，黄连，郁金，煎汤，候温加蜂蜜、鸡蛋清同调灌服。
2. **功效**　清肝明目，退翳消瘀。
3. **主治**　肝经积热，外传于眼所致的目赤肿痛、云翳遮睛等。
4. **临床应用**　用于外障眼及鞭伤所致的眼目赤肿、睛生云翳、眵盛难睁、羞明流泪等症。方中黄芪可不用。

决明散歌诀：
　　肝家受病不寻常，外传两眼热淤疮；
　　头眩耳聋精神少，四蹄如柱目无光；
　　热甚发狂东西走，逢物不见撞着墙；
　　药用解毒决明散，便是师皇伯乐方；
　　栀子大黄白药子，黄芪黄药郁金良；
　　草决石决黄芩炒，没药黄连等分量；
　　蛋清一双药二两，蜜水同调灌便康。

第二节　平肝熄风药及方剂

一、平肝熄风药

(一)天麻

为兰科植物天麻 *Gastrodia elata* Bl. 的干燥块茎。生用。主产于四川、贵州、云南、陕西等地。

1. 性味与归经 甘,微温。入肝经。
2. 功能 平肝熄风,镇痉止痛。
3. 主治 本品有熄风止痉作用,适用于肝风内动所致抽搐拘挛之证,破伤风、偏瘫、麻木、风湿痹痛等。
4. 注意事项 阴虚者忌用。

天麻歌诀:

天麻甘平归肝经,熄风镇痉止疼痛;
肢麻抽搐身偏废,头痛眩晕儿惊风。

(二)钩藤

为茜草科植物钩藤 Uncaria rhynchophylla (Miq.) Jacks、大叶钩藤 Uncaria macrophylla Wall. 或毛钩藤 Uncaria hirsuta Havil. 等同属植物的干燥带钩茎枝。生用,不宜久煎。主产于广西、广东、湖南、江西、浙江、福建、台湾等地。

1. 性味与归经 甘,微寒。入肝、心包经。
2. 功能 熄风止痉,平肝清热。
3. 主治 熄风止痉,又可清热,适用于热盛风动所致的痉挛抽搐等证;平肝清热,适用于肝经有热、肝阳上亢的目赤肿痛等;兼有疏散风热之效,适用于外感风热之证。
4. 注意事项 无风热及实火者忌用。

钩藤歌诀:

钩藤甘寒心包肝,解热镇静缓拘挛;
惊风发热肢抽搐,目赤红肿头痛眩。

(三)全蝎

为钳蝎科动物东亚钳蝎 Buthus martensii Karsch. 的干燥体,又称全虫。生用、酒洗用或制用。主产于河南、山东等地。

1. 性味与归经 辛、甘,平;有毒。入肝经。
2. 功能 熄风止痉,解毒散结,通络止痛。
3. 主治 本品为熄风止痉的要药,治惊痫及破伤风、中风口眼歪斜之证;解毒散结,治恶疮肿毒,用麻油煎全蝎、栀子加黄蜡为膏,敷于患处;通络止痛,用治风湿痹痛。
4. 注意事项 血虚生风者忌用。

全蝎歌诀:

全蝎辛平归肝经,镇痉疗疟平熄风;
诸风掉眩口眼歪,惊痫抽搐与耳聋。

(四)蜈蚣

为蜈蚣科少棘巨蜈蚣 Scolopendra subspinipes multilans L. Koch. 的干燥体。生用或微炒用。主产于江苏、浙江、安徽、湖北、湖南、四川、广东、广西等地。

1. 性味与归经 辛、温;有毒。入肝经。
2. 功能 熄风止痉,解毒散结,通络止痛。

3. 主治 本品熄风止痉作用较强，适用于癫痫、破伤风等引起的痉挛抽搐；解毒散结，用治疮疡肿毒、瘰疬溃烂等，还可治毒蛇咬伤；通络止痛，用于风湿痹痛。

4. 注意事项 孕畜忌用。

蜈蚣歌诀：

蜈蚣辛温归肝经，熄风镇痉破结症；
瘰疬惊痫肢抽搐，疮疡肿痛羊痫风。

(五)僵蚕

为蚕蛾科昆虫家蚕 *Bombyx mori* Linnaeus. 的幼虫，感染或人工接种淡色丝菌科白僵菌 *Beauveria bassiana*(Bals.) Vuillant 而致死的干燥体。生用或炒用。主产于浙江、江苏、安徽等地。

1. 性味与归经 辛、咸，平。入肝、肺经。

2. 功能 熄风止痉，驱风止痛，化痰散结。

3. 主治 熄风止痉，又可化痰，治肝风内动所致的癫痫、中风等；驱风止痛，治风热上扰而致目赤肿痛，风热外感所致的咽喉肿痛，还能化痰散结，用治瘰疬结核。

僵蚕歌诀：

僵蚕辛平归肺肝，熄风化痰镇惊痫；
外感风热咽喉痛，肝风内动痫中风。

二、疏散外风方剂

以辛散祛风或滋阴潜阳、清热平肝药为主组成，具有疏散外风和平熄内风作用，治疗风证一类方剂，统称祛风方。

风证有"外风"和"内风"之分，外风多由风邪侵袭肌表、筋脉、肌肉、关节等引发，如歪嘴风、破伤风等；疏散外风方适用于外风病证，以辛散祛风药为主，根据症候表现，分别配伍清热、祛湿、祛寒、养血活血药组成。

牵正散(见《杨氏家藏方》)

1. 组成 白附子、白僵蚕、全蝎(去毒)各等分，上药均生用，共为细末，热酒调下，不拘时候。

2. 功效 祛风化痰，通络止痉。

3. 主治 歪嘴风，证见口眼歪斜，或一侧耳下垂，或口唇麻痹下垂等。

4. 临床应用 本方为治风中经络、口眼歪斜的基础方。临床应用时可酌加防风、白芷、红花等，以加强疏风活血的作用；若用于风湿性或神经炎性颜面神经麻痹，可酌加蜈蚣、天麻、川芎、地龙等祛风通络止痉药物，以加强疗效。

牵正散歌诀：

牵正散治口眼斜，白附僵蚕合全蝎；
等分为末热酒下，祛风化痰痉能解。

三、平熄内风方剂

内风由脏腑功能失调引发,如热极生风、肝风内动、肝阳上亢、阴虚风动等。平熄内风方适用于肝风内动、肝阳亢盛、热极风动,或热病后期的阴虚风动等病证,以平肝熄风药为主,配伍清热凉肝、滋阴养血、镇痉潜阳或化痰药组成;或以滋阴养血药为主,配伍平肝与熄风潜阳药组成。

镇肝熄风汤(见《衷中参西录》)

1. 组成 怀牛膝、生赭石、生龙骨、生牡蛎、生龟板、生杭芍、玄参、天冬、川楝子、生麦芽、茵陈、甘草,水煎服。

2. 功效 镇肝熄风,滋阴潜阳。

3. 主治 阴虚阳亢,肝风内动所致的口眼歪斜、转圈运动或四肢活动不利、痉挛抽搐、脉弦长有力。

4. 临床应用 用于肝阳上亢、阴虚肝风导致的拘挛抽搐、口眼歪斜及转圈运动等证热重加生石膏;痰多加胆南星;便溏减龟板、赭石,加赤石脂。

镇肝熄风汤歌诀:
镇肝熄风芍天冬,玄参龟板赭茵从;
龙牡麦芽膝草楝,肝阳上亢能奏功。

第二十二章

外用药及方剂

凡以外用为主，通过涂敷、喷洗方式治疗家畜外科疾病的药物，称为外用药。外用药一般具有杀虫解毒、消肿止痛、去腐生肌、收敛止血等功用。临床上多用于疮疡肿毒、跌打损伤等病症。外用药多数具有毒性，内服时必须严格按制药的方法，进行处理及操作，以保证用药安全。本类药一般都与他药配伍，较少单味使用。

一、外用药

（一）冰片

为菊科植物大风艾 Blumea balsamifera DC. 的鲜叶经蒸馏、冷却所得的结晶品，或以松节油、樟脑为原料化学方法合成。主产于广东、广西及上海、北京、天津等地。

1. **性味与归经** 辛、苦，微寒。入心、肝、脾、肺经。
2. **功能** 宣窍除痰，消肿止痛。
3. **主治** 本品为芳香走窜之药，内服有开窍醒脑之效，适用于神昏、惊厥诸证，但效力不及麝香，两者常配伍应用。外用有清热止痛、防腐止痒之效，常用于各种疮疡、咽喉肿痛、口舌生疮及目疾等。

冰片歌诀：

冰片辛苦性微寒，入心肝脾和肺经；
开窍除痰消肿痛，神昏痉厥祛热痒。

（二）硫磺

为自然元素类矿物硫族自然硫，或用含硫矿物经加工而成。主产于山西、陕西、河南、广东、台湾等地。

1. **性味与归经** 酸，温；有毒。入肾、脾、大肠经。
2. **功能** 外用解毒杀虫，内服补火助阳。
3. **主治** 用治皮肤湿烂、疥癣阴疽等，常制成 10%~25% 的软膏外敷；用于命门火衰、阳痿、肾不纳气的喘逆等。
4. **注意事项** 阴虚阳亢及孕畜忌用。

硫磺歌诀：

硫磺酸温肾脾肠，壮阳散寒健骨筋；
阳痿虚寒久泻痢，疥癣疮癣用除根。

(三)硼砂

为硼砂矿经精制而成的结晶。主产于西藏、青海、四川等地。

1. 性味与归经 甘、咸，凉。入肺、胃经。

2. 功能 解毒防腐，清热化痰。

3. 主治 外用有良好的清热和解毒防腐作用，主要用于口舌生疮、咽喉肿痛、目赤肿痛等。内服能清热化痰。主要用于肺热痰嗽、痰液黏稠之证。

硼砂歌诀：

硼砂咸凉归肺胃，解毒消炎祛腐溃；

目翳口疮齿龈肿，咽喉肿痛热消退。

(四)雄黄

为硫化物类矿物雄黄族雄黄，主含二硫化二砷(As_2S_2)。主产于湖南、贵州、湖北、云南、四川等地。

1. 性味与归经 辛，温；有毒。入肝、胃经。

2. 功能 杀虫解毒。

3. 主治 有解毒和止痒作用，外用治各种恶疮疥癣及蛇虫咬伤。

4. 注意事项 孕畜禁用。

雄黄歌诀：

雄黄辛温归胃肝，攻毒杀虫疗疮痈；

疥癣恶疮毒虫伤，疟疾惊痫头晕眩。

(五)石灰

为碳酸盐类矿物石灰岩煅烧而成的氧化钙（CaO）。各地均产。

1. 性味与归经 辛，温；有毒。

2. 功能 生肌，杀虫，止血，消胀。

3. 主治 有较强的解毒和止血作用，外用用于烫火伤，创伤出血，用风化石灰加水，浸泡搅拌，澄清后吹去水面浮衣，取中间清水，加入麻油调成乳状，涂抹烫伤处；陈石灰研末，可作刀伤止血药用。化气消胀，内治牛臌胀证。

石灰歌诀：

熟石灰放陈久用，具有解毒止血功；

味辛性温有毒性，外用出血烫伤创。

(六)明矾(白矾)

为硫酸盐类矿物明矾石经加工炼制而成，主含含水硫酸铝钾$[KAl(SO_4)_2·12H_2O]$，又称明矾，生用或煅用，煅后称枯矾。主产于山西、甘肃、湖北、浙江、安徽等地。

1. 性味与归经 辛涩、酸，寒。入脾经。

2. 功能 杀虫，止痒，燥湿祛痰，止血止泻。

3. 主治 有解毒杀虫之功，外用枯矾，收湿止痒更好，主要用于痈肿疮毒、湿疹疥癣、口舌生疮等；内服多用生白矾，有较强的祛痰作用，用于风痰壅盛或癫痫等；收敛止血，可用于久泻不止和止血。

明矾歌诀：
　　白矾涩酸入脾经，解毒杀虫和止痒；
　　燥湿功能皆外上，内服止血止泻强。

二、外用方剂

以外用药为主组成，能够直接作用于病变局部，具有清热凉血、消肿止痛、化腐拔毒、排脓生肌、接骨续筋和体外杀虫止痒等功效的一类方剂，称为外用方。外用方以局部熏洗、涂搽、敷贴、点眼、吹鼻等为主要使用方式，多用于治疗疮黄肿毒、皮肤病、眼病和某些内科病证等。对于某些顽固性或病情严重的外科病证，可配合内服方药，以加强疗效。

这类方剂的药物多具有刺激性或毒性，不宜过量使用，涂搽面积亦不宜过大，以免引起肿胀疼痛或动物中毒。

（一）桃花散（见《医宗金鉴》）

1. 组成　陈石灰、大黄，陈石灰用水泼成末，与大黄同炒至石灰呈粉红色为度，去大黄，将石灰研细末备用。

2. 功效　止血，结痂，加速新鲜创伤愈合。

3. 主治　新鲜创伤出血。

4. 临床应用　外撒创面或撒布后用纱布包扎以止新鲜创伤出血，效果良好。

桃花散歌诀：
　　新鲜创伤化脓疮，均可使用桃花散；
　　水泼陈石灰为末，大黄同炒至粉红；
　　除去大黄研石灰，过筛装瓶后备用。

（二）冰硼散（见《外科正宗》）

1. 组成　冰片、朱砂、硼砂、玄明粉，共为极细末，混匀，用时吹撒患处。

2. 功效　清热解毒，消肿止痛。

3. 主治　口舌生疮，咽喉肿痛。

4. 临床应用　用于各种家畜的口舌生疮，咽喉肿痛之证。

冰硼散歌诀：
　　口舌生疮咽喉痛，外科可用冰硼散；
　　冰片朱、硼、玄明粉，散于患部消肿痛。

（三）青黛散（见《元亨疗马集》）

1. 组成　青黛、黄连、黄柏、薄荷、桔梗、儿茶，各等分共为极细末，混匀装瓶备用。用时可装入纱布袋内让家畜口嚼，或多次吹撒于患处。

2. 功效　清热解毒，消肿止痛。

3. 主治　舌疮。

4. 临床应用　适用于心经实热而致口舌生疮，咽喉肿痛。

青黛散歌诀：
　　口舌生疮咽喉痛，马儿可用青黛散；
　　青黛连柏和儿茶，薄荷桔梗等研末；
　　口噙或撒于患部，清热解毒消肿痛。

第四篇 针灸

第二十三章
针灸学

兽医针灸学是以中兽医基础理论为指导，运用针术和灸术等方法来防治家畜病证的一门临床学科，是中兽医学的重要组成部分。我国兽医针灸源远流长，考古证明兽医针灸起源于我国原始社会时期，若以火烤、灸取暖祛除病痛的时间算起更为久远。兽医针灸疗法具有治病广泛、疗效迅速、操作安全、简单易学、便于推广等特点，在临床应用中有许多独到之处，越来越受到国内外兽医工作者的重视。

本章主要介绍兽医临床常用的针灸器具、针灸前的准备工作以及针灸的基本操作方法和针灸常见意外事故处理的措施等内容。这些内容是兽医临床针灸所必须掌握的知识和技能。

一、针灸的概念

针灸即是针法和灸法的合称，是利用针具或用艾灸、熨、烙等方法温热刺激畜体的一定穴位，通过经络调整阴阳、宣通气血、扶正祛邪、以预防疾病和达到预防与治疗疾病目的的一种手段或技术。针灸是中兽医学的重要组成部分，是经络学说在中兽医临床上的具体应用。针法和灸法虽然是两种不同的方法或技术，但其作用类似，且常常配合使用，因此习惯上将二者统称为针灸疗法，简称针灸。

二、针灸用具

针具是用于防治畜禽疾病时刺激穴位所用的器具。针具经历了漫长的演变过程，由原始社会新石器时代的砭石和骨针，发展为现代使用的不锈钢针和一些新型针具（如激光和微波等）。

（一）白针用具

1. 圆利针　用不锈钢制成，特点是针体较粗，针尖呈三棱状，较锋利。针体直径1.5~2mm，分大小两种，大圆利针针体长度有6cm、8cm、10cm三种，一般用于马、牛、驼和猪；小圆利针针体长度有2cm、3cm、4cm三种，一般用于针刺马、牛眼周围穴位及仔猪、禽的白针穴位。

2. 毫针　不锈钢或合金制成，特点是针体细长，针尖圆锐。针体直径0.16~1.25mm，长度有1.3cm、2.5cm、3cm、4.5cm、6cm、10cm、12cm、15cm、20cm、25cm和30cm等多种。多用于白针穴位或深刺、透刺和针刺麻醉。

（二）血针用具

1. 宽针　用优质钢制成，特点是针头如矛状，针刃锋利，针体较粗、呈圆柱状。分为大、中、小三种。大宽针长约12cm，针锋部宽约0.8cm，用于放马、牛的颈脉、肾堂、蹄头血；中宽针长约11cm，针锋部宽0.6cm，用于放大家畜的胸堂、带脉、尾本血；小宽针长约

10cm，针锋部宽0.4cm，用于放马、牛的太阳、缠腕血。中、小宽针有时也用于牛、猪的白针穴位。

2. 三棱针 用优质钢或合金制成，特点是针头部呈三棱锥状，针体圆柱状。分为大、小两种，大三棱针用于针刺三江、通关、玉堂等位于较细静脉或静脉丛上的穴位，或点刺分水穴；小三棱针用于针刺猪的白针穴位；针尾部有孔者，也可做缝合针使用。

(三)火针用具

火针，用不锈钢制成，特点是针柄绝热，针体光滑，比圆利针粗，针尖圆锐。针体长度有2cm、3cm、5cm、10cm四种。

(四)艾灸用具

1. 艾绒 是将艾叶经晾晒捣碎，去除杂质和粗梗后制成。

2. 艾炷 是应用艾绒制成，圆锥体状，制作时尽量搏紧。

3. 艾卷 是将艾绒以草纸卷成细圆柱状。

(五)其他用具

1. 持针器

(1)针锤：用硬质木料车制而成，特点是锤端较粗，顶端有一椭圆形的锤头。其长约35cm，经锤头中心钻有一横向洞道，用以插针。主要用于安装宽针，放颈脉、胸堂、带脉和蹄头血。

(2)针棒：用硬质木料车制而成，长约24cm，直径约为4cm，在棒的一端约7cm处锯去一半，沿纵轴中心挖一针沟。使用时用细绳将针紧固在针沟内，针头露出适当长度，即可施针。常用于持宽针或圆利针。

2. 巧治针具

(1)穿黄针：与大宽针相似，专用于穿黄穴，其形状类似大宽针，但其尾部有一针孔，可穿以棕榈或马尾。由针尖、针柄和针尾三部分组成。

(2)夹气针：由竹片制成，其形状类似双股剑，专用于夹气穴和上夹气穴。由针体和针柄两部分组成。

(3)三弯针：又名浑睛虫针或开天针。用优质钢制成，针尖锐利，治疗浑睛虫病。

(4)玉堂钩：用优质钢制成，针尖部弯成半圆形，三棱状，专用于玉堂穴放血。

(5)抽筋钩：用优质钢制成，特点是钩尖圆而钝，专用于抽筋穴钩拉肌腱。

(6)宿水管：用铜、铝或铁皮制成的圆锥形小管，形似毛笔帽。用于针刺云门穴放腹水。

3. 针灸仪器

(1)电针治疗机：电针治疗机种类很多，现在广泛应用的是半导体低频调制脉冲式电针机，其具有波型多样、输出量及频率可调、刺激作用较强以及对组织无损伤等特点。由于使用半导体元件组成，具有体积小、便于携带、操作简单以及一机多用等优点，可用于电针治疗、电针麻醉、穴位探测等。

(2)激光针灸仪：医用激光器的种类很多，目前在兽医针灸常用的有氦氖激光器和二氧化碳激光器两种。氦氖激光器能发出波长6328Å的红色光，输出功率为1~40mW，穿透力较强而热效应较弱，主要用于照射穴位和局部组织。二氧化碳激光器发出波长10 600Å的无色光，输出功率为5~30W，穿透力较弱，热效应较强的红外不见光，可用于穴位的烧灼，也可代替手术刀。

（3）**微波针灸仪**：目前使用的是国内生产的扁鹊-A型微波针灸仪，正弦波，输出功率为2W。微波针灸是将圆利针或毫针刺入穴位后，再输入一定能量的微波而加强刺激的一种疗法，可将能量导入穴位，在体内产生热和非热等多种效应而发挥治疗作用。

（4）**特定电磁波治疗器（TDP）**：TDP有落地式、移动式、台式和手摆式几种。移动式是由照射头、自由平衡支架、电器控制盒和底座四部分组成，其中照射头是安装TDP辐射板、实现受热激发而产生电磁波谱的主要部分。TDP的镇痛效果较好，可用于外科各种炎症，尤其是关节炎、腱鞘炎、炎性肿胀，产科疾病和幼畜疾病。

4. 温熨用具　有软烧棒、麻袋、毛刷等。软烧棒可临时制作，用圆木一根（长40cm，直径1.5cm），一端为木柄，另一端用棉花包裹，外用纱布包扎，再用细铁丝结紧，使之呈鼓锤状，锤头长约8cm，直径3cm。

5. 烧烙用具　烙铁，用铁制成。主要有刀状烙铁和方形烙铁两种。刀状烙铁一般用于直接烧烙，方形烙铁用于间接烧烙。

6. 拔火罐用具　火罐，多为陶瓷罐或玻璃罐，呈圆筒形或半球形，也可用竹筒或大罐头瓶代替，用于拔火罐疗法。

7. 刮痧用具　刮痧器，用铁板制成，形如屠猪用的刮毛刀，但更钝得多，也可用旧锄头代替。

三、针前准备

（一）基本功训练

施针操作时若没有相当的基本功为前提，易发生多种问题及事故，因此临证操作前需要扎实的基本功，常见的方法有：

1. 指力的练习　针刺时持针要稳健有力，运针要得心应手。

（1）**纸片练针法**：取旧书一本，平放在桌上或者悬挂于墙壁上，练习者右手拇、食、中三指持针，针尖刺入书本，捻转进针，不弯不颤，开始可用略粗短的毫针进行，继而改用细长的毫针，当练到能够顺利地透穿30~50层纸，且针体不弯，操作自如，不觉费力，临证时就能较顺利地入针。

（2）**棉纱球练针法**：取棉花一把，用棉纱线或纱布将棉花裹成鸭蛋形棉球，直径约为6~8cm，使内松外紧，外包一层白布，可用于练习上下提插和左右捻转等基本操作手法。其特点是携带方便，随时练习。

（3）**卧床刺枕法**：自制练针小枕一个，上层装棉花，中层垫一层硬纸片，下层以马鬃或棕榈填塞。针刺入鬃为虚，手下如入空谷感，为"不得气"。刺伤纸片为实。刺进棉花，棉绒缠针则有沉紧之感，体验"得气"。在练习时持针的手不要空悬，一定要以小指和无名指指尖按压在"穴旁"作支点。练成这样的针刺素养，临证时就不会因患病动物骚动而把针拨出或刺入过深。

2. 腕力与准确性的练习　大家畜皮厚进针困难，不但需要有相当的指力，而且还需要一定的腕力配合，才能顺利完成针刺，尤其是放血，要求快速准确，用力适当。使用针锤时，对腕力和准确性要求更高。

(1) **水中漂果练习法**：该法是练习臂力和腕力的好方法。将小果放入盛有清水的盆中，小果浮起，练习者手持针锤，站以"骑马蹲裆式"，将肘部紧贴于胸侧勿离开，这样用腕力甩动针锤时才能保证准确性。再以针尖对准水中小果急刺。要求一针扎住小果，但盆中之水不得飞溅。因此，用力要迅猛，幅度要适中，若超过一定的尺度则盆中水飞溅；而力量过小，则又不能刺住小果。接着略搅动盆水，使小果慢慢游动，再继续练习。当每一针都能刺准小果后，尽管患病动物略有骚动，也能在血针疗法中一针见血，如放胸膛、蹄头、肾堂血时。

(2) **速刺金钱练习法**：将古代用的中间带有方孔的铜钱用线悬吊空中，高低不一，练习者持针对准铜钱眼速刺，以练习进针的准确性。

(二) 检查针灸用具

实施针灸术前，应根据针灸方法的不同，选择所用的针灸用具，并检查有无生锈、带钩、针柄松动或弯折现象，有上述现象者，不能使用；艾灸前应检查艾柱或艾卷是否有受潮现象，如果受潮，不能使用。

(三) 动物的保定

为确保术者和动物的安全，以及保证针灸的顺利进行，应对动物进行适当的保定。马、牛可以站立保定于柱栏内，若无柱栏可用绳索将头及后肢固定好，再行施术。对性情温顺的猪在取穴不多时，可由饲养员帮助抚摸其耳根或腹部，使猪安静以便施针。犬、猫宜用网架保定。详细的动物保定方法参见其他书籍或材料。

(四) 术者

术者根据临诊检查，确定针治方案，态度认真，基本功扎实，操作严谨。

(五) 消毒准备

1. **穴位**　针刺穴位选定后，大动物宜剪毛，再用75%酒精消毒，待干后即可施针。
2. **针具**　消毒一般用75%酒精擦拭，必要时用蒸汽消毒。
3. **术者**　施针前术者双手洗净后用75%酒精棉擦拭。
4. **场地**　特别是放血污染的地面要清理干净，并用消毒液喷洒。

四、针刺方法

(一) 持针法

一般多用右手拇、食、中三指夹持针柄，以无名指抵住针体，在进针时辅助着力，防止针身弯曲，使着力点集中在针尖上。兽医临床上根据穴位不同和针具的差异，持针手法也有不同。

1. 毫针持针法

(1) **单手持针法**：常以右手的拇指和食指夹持针柄，以中指和无名指抵住针体，辅助进针并掌握进针的深度。此法适用于针体较短的毫针，操作方便灵活，易发挥针刺的各种手法。

(2) **双手持针法**：持针的手以拇、食、中指三指捏持针柄，押手的拇、食二指捏持针体的下1/3处，此法适用于针体细长的毫针。

2. 全握式持针法　右手拇指和食指捏住针头，根据刺入的深度留出针刃，用其余三指握住针体，并将针尾抵于掌心中。此法持针有力，常用于宽针、三棱针和圆利针。

3. 执笔式持针法　术者以拇、食、中指三指持针体，并将中指抵按于针尖部以控制进针深度，就像手执毛笔的姿势。再用无名指抵按在穴旁起支撑固定作用，以辅助准确进针。此法常用于三棱针刺通关穴、太阳穴等。

4. 弹琴式持针法 术者以拇指和食指夹持针锋，留出适当长度，其余三指护住针体，针柄不能抵于手心内。此法多用于平刺三江穴和肾堂穴。

5. 火针持针法 火针在点燃烧针时必须拿平，如针尖向下，则火焰烧手，针尖向上则热油流在手上，扎针时的持针方法依穴位而异。如针背腰或后胯部穴位，以持手的拇、食、中指三指捏针柄，针尖向前，似"摇铃式"水平进针。

6. 针锤持针法 先将针具夹在锤头针缝内，针尖露出适当的长度，推上锤圈，固定针体。术者手持锤柄，摇动针锤，使针刃顺血管刺入。此法常用于颈脉和胸膛。

7. 手代针锤持针法 以持针手的食、中、无名指握紧针体，针尖放置在小指中节的外侧，留出适当长度，拇指抵压针尾上端，摇动手臂，针尖顺血管急刺穴位。

(二)押手(按穴)法

针刺时多以左手按穴，称为押手。其作用是固定穴位，辅助进针，使针体准确地刺入穴位，还可以减轻针刺的疼痛。一般有下列四种手法：

1. 指切押手法 以左手拇指指甲切压穴位及近旁皮肤，右手持针使针尖靠近押手拇指边缘，刺入穴位内。适用于短针的进针。

2. 骈指押手法 用左手拇指、食指夹捏棉球，裹住针尖部，右手持针柄，当左手夹针下压时，右手顺势将针尖刺入。适用于长针的进针。

3. 舒张押手法 用左手拇指、食指贴近穴位皮肤向两侧撑开，使穴位皮肤紧张，以利进针。适用于位于皮肤松弛部位或不易固定的穴位。

4. 夹持押手法 用左手拇指和食指将穴位皮肤捏起来，右手持针，使针体从侧面刺入穴位。适用于头部或皮肤薄、穴位浅等部位的穴位，以及施穿黄针时使用。

(三)进针法

1. 缓刺法 又称捻转进针法，适用于圆利针和毫针的进针。操作时，一般左手按穴，右手持针先将针尖刺入皮下，然后再捻转进针至所需深度。如果用细长的毫针或穴位部位皮肤较厚，不易进针时可采用骈指押手法辅助进针或套管进针法。

2. 急刺法 又称速刺法，适用于宽针、火针、圆利针和三棱针的进针。左手按穴，右手持针，用持针手的拇指、食指固定针刺深度，将针尖点在穴位中心，迅速刺入所需深度。

(四)针刺角度

针刺角度即针体与穴位皮肤平面所构成的角度，是由针刺方向决定的，一般有以下三种：

1. 直刺 针体与穴位皮肤表面约呈90°角刺入。适用于全身大多数的穴位，尤其是肌肉丰满处的穴位。

2. 斜刺 针体与穴位皮肤表面呈45°角刺入。多用于肌肉较薄或靠近脏器及骨骼边缘、不宜深刺的穴位。

3. 平刺 针体与穴位皮肤表面呈15°角刺入。多用于肌肉较浅薄处的穴位以及两个或两个以上穴位的透刺。

(五)针刺深度

针刺时进针深度必须适当，不同的穴位对针刺深度各有不同的要求，如开关穴刺入2~

3cm，夹气穴一般刺入30cm。因此，一般可按穴位规定的深度作为标准。但是，由于畜禽的大小、肥瘦、病证的虚实以及病程长短等不同，针刺深度应有所区别。正如《元亨疗马集·伯乐明堂论》中指出"凡在医者，必须观察其虚实，审其轻重，明其表里，度其浅深"。针刺的深浅与刺激强度有一定关系，进针深，刺激强度大；进针浅，刺激强度小。需要注意的是，在靠近大血管和其内部有重要脏器的部位，尤其是胸背部和肋缘下有肝脾的穴位，针刺不宜过深。

（六）行针与得气

1. 行针 针刺后，为了使病畜产生针刺感而运行针体的方法，称为行针，包括提插和捻转两种基本手法，以及搓、弹、摇、刮四种辅助手法。

（1）提插：纵向的行针手法。在针体进入穴位一定深度后，将针体在皮下或肌肉内进行上下、进退的运动。提插的幅度不易过大，时间以3~5min为宜。

（2）捻转：横向的行针手法。在针体进入穴位一定深度后，以右手拇指和食、中两指持针柄，一左一右来回转动。捻转的幅度一般在180°~360°。捻转的角度越大、频率越快，所产生的刺激越强；捻转的角度越小、频率越慢，所产生的刺激越弱。

2. 得气 针刺部位产生了经气的感应，称为"得气"，也称"针感"。得气后，动物会出现提肢、拱腰、摆尾、局部肌肉收缩或跳动，术者则有针下沉紧的感觉。

（七）针刺强度

适当的针刺强度对于取得理想的治疗效果十分重要，常用的有以下三种：

1. 强刺激 进针深，捻转、提插幅度大，速度快，用力重。适用于体质较强的患病动物，针刺麻醉时也常用。

2. 弱刺激 进针浅，捻转、提插幅度小，速度慢，用力轻。适用于老弱的患病动物。

3. 中刺激 刺激强度介于上述两者之间，行针幅度和频率均取中等。适用于一般患病动物。

（八）留针

留针是在运用手法后，将其在穴位内停留一段时间，时间根据动物情况和病情决定，一般在10~30min，其间每隔5~10min可行针1次，每次2~3min。

（九）退针

1. 捻转退针法 在起针时，左手轻按穴位皮肤，右手持针柄，缓慢地捻转针体，随着捻转慢慢地将针退出穴位。

2. 抽拔退针法 在起针时，用左手拇指、食指夹持近穴位端针体，同时轻压皮肤，以右手持针柄轻快地将针体拔出。

（十）针刺意外情况处理

1. 弯针 动物骚动不安或肌肉强烈收缩，可引起弯针现象。此时，术者不应用力拔针，须待动物安静后，再轻轻捻转针体，顺针弯曲的方向缓缓拔出。

2. 滞针 针刺入肌肉后，发生不能捻转、提插的现象称为滞针，多由于局部肌肉紧张所引起。此时应停针片刻，按揉局部，消除紧张，再行施针，或轻轻向相反方向捻转针体将针拔出。

3. 折针 进针时应留适当长度的针身在体外，以便折针时容易拔除。若出现折针，应设法尽快拔出。如果针体全部折于体内无法拔出时，采用手术方法取出。

4. 血针出血不止 若因进针过深，刺伤动脉，或切断血管等而出血不止，应采取压迫、钳夹或结扎止血。血针后如果局部瘀血肿胀，可用温敷法或涂以金黄散促其消散。

5. 火针针孔化脓 火针后，一般应用碘酒彻底消毒针孔，或涂以红霉素或四环素软膏等封闭针孔。若出现针孔化脓，应清洁针孔，排尽脓汁，再涂碘酒。必要时，切开排脓。

五、针术

应用各种不同类型的针具或具有某种刺激源（如激光、微波、电磁波等）刺入或辐射动物体一定穴位或部位，给予适当刺激，以治疗疾病的方法，称为针术。根据所用针具及方法的不同，针术分为以下几种：

1. 白针疗法 使用圆利针、毫针或宽针，在血针穴位以外的穴位上施针，借以调整机体功能活动，以治疗各种疾病的方法，叫作白针疗法。

2. 血针疗法 使用宽针和三棱针等，在畜体血针穴位上施针，从而达到防治疾病的目的，这种治疗方法称为血针疗法。《元亨疗马集·明堂哥》中"春来万病生，大血两针彻，诸毒不能成，百病俱消灭"。许多地方春季给马、牛放大血或洗口放血，以减少夏季发生热病。

3. 火针疗法 用特制的针具，烧热后刺入一定的穴位，以治疗疾病的一种方法，具有针和灸两方面的治疗作用。火针能使针刺出的组织产生较深的灼烧灶，在一定的时间内保持对穴位的刺激作用，实践证明，火针疗法对某些疾病（如风湿病、慢性腰肢病等）有较好的疗效。

4. 电针疗法 将毫针或圆利针刺入穴位，待出现针感后，在针体上通以脉冲电流，刺激穴位的治疗方法，称为电针疗法。该法除了有针刺的作用外，还有电流的理化治疗作用。

5. 气针疗法 向穴位皮下注入适量气体以达到治疗目的的一种方法。一般来说，气体进入皮下或肌肉内，能刺激末梢神经和血管，改善局部血液循环和营养供应，使疾病得以治愈。此疗法对神经麻痹、肌肉萎缩等慢性病症有一定的疗效。

6. 水针疗法 又称穴位注射，是一种针刺和药物相结合的新疗法。该法是在穴位、痛点或肌肉起止点注射某些药物，通过针刺和药物的双重作用，达到治疗疾病的目的。

六、灸术

（一）艾灸

艾灸是将艾绒制成艾卷或艾炷，点燃后熏灼动物体穴位或特定部位，或利用其他温热物体，对患部给予温热灼痛刺激，借以疏通经络、驱散寒邪，达到治疗目的的方法，称为灸术。

（二）温熨疗法

温熨具有温经散寒的作用，常用于治疗风寒湿邪所引起的痹症等慢性疾患。根据具体方法的不同，可分为醋酒灸、醋麸灸和软烧法。

（三）烧烙

烧烙疗法是将特制的烙铁烧红后，在动物体表进行画烙或熨烙的一种传统方法。此法盛行于古代，在《元亨疗马集》中就有"伯乐画烙图歌"。现在某些地区仍继续使用，包括直接烧烙和间接烧烙两种。

七、其他疗法

(一)穴位埋线疗法

埋线疗法又称埋植疗法，是把羊肠线埋植于穴位内，利用肠线对穴位的持续刺激以治疗疾病的方法。羊肠线埋入穴位内一般约 25 天软化，45 天左右完全吸收，即 25 天内一直有较强的刺激作用，比一般针刺的作用长几十倍，起到了长期留针的效应。同时，在软化和吸收的过程中也是异体蛋白的刺激过程，有增强免疫功能的效应。这种异体蛋白及线的刺激又犹如针的机械刺激，使针感更加持久。可见，穴位埋线法相当于多种刺激的结合，使穴位受到长时间的良性刺激。

(二)拔火罐疗法

以罐为工具，借助火的热力排除罐内的空气，造成负压吸附在患病动物穴位皮肤上造成局部瘀血的一种治疗方法。拔火罐疗法具有温经通络，活血逐痹的作用，常用于治疗风湿症、急性挫伤，幼畜消化不良以及吸毒排脓等。

(三)按摩疗法

运用手及手指的各种按摩技巧，在患病动物体表的一定经络穴道上，连续施以不同强度和形式的机械性刺激而达到防治疾病的一种方法，又称为推拿。主要用于中、小家畜和幼年动物的消化不良、泄泻、痹症、肌肉萎缩、神经麻痹、关节扭伤等。常用的手法包括：按、摩、推、拿、揉和打法等。

1. 按法 用手指或手掌在穴位或患部按压的方法。按时应缓缓用力，反复进行。适用于全身各部，有通经活络、调畅气血的作用。

2. 摩法 用手指或手掌在患部缓缓抚摩的一种方法。抚摩时主要依靠腕力，力度达到皮肤或皮下，多配合推法进行，有理气和中，调理脾胃的作用。

3. 推法 用手掌向前后、左右用力推动的一种方法，常配合摩法使用。可采用单手推、双手推、指推、掌推等法。

4. 拿法 用拇指和其他手指把皮肤或筋膜提拿起来的一种方法。适用于肌肉丰满处，有祛风散寒、疏通经络的作用。

5. 揉法 用手指或手掌在患部做按压和回环揉动的一种方法。具有和气血、活经络的作用。

6. 打法 又称为"叩击法"，分为掌打和棒打两种。掌打法以手握空拳，击打所治部位。棒击法多用圆木锤击患部或穴位。使用打法时，应注意轻重变换，快慢交替。打法有宣通气血，祛风散寒的作用。

第二十四章

穴 位

第一节 针灸的穴位

腧穴是脏腑经络气血输注于体表的特殊部位，是针灸施术的刺激点。在历代文献中，腧穴有"砭灸处""节""气穴""气府""孔穴""穴道""经穴"等不同名称，现代称为"穴位"。

一、穴位的基本知识

(一)概念

穴位是针灸治疗动物疾病的刺激点，是脏腑经络的气血在体表汇集、输注的部位。现代研究证实，兽医针灸穴位多分布在动物体表的肌肉、血管、淋巴管和神经末梢等部位，穴位和经络均有特定的解剖位置，并表现出特定的生物物理现象。通过经络的联系，穴位接受针灸的各种刺激并将其传导至体内，使脏腑功能得到调整，从而起到防治疾病的目的。

(二)穴位的命名

穴位分布在动物体表各处，有其一定的位置和名称，而名称往往均有其特定的含意。《素问·阴阳应象大论》中"气穴所发，各有处名"。了解穴位的命名，不仅有助于理解穴位的功能和特点，而且可帮助记忆，利于临证选用。

1. 按体表形象命名

(1)以动物形象命名，如龙会、伏兔、雁翅、虎门等。

(2)以植物形象命名，如莲花。

(3)以天体形象命名，如太阳、天门、云门等。

(4)以山川形象命名，如三江、山根、巴山、阳陵、后海等。

(5)以水流形象命名，如涌泉、滴水等。

(6)以建筑形象命名，如玉堂、三台、仰瓦等。

2. 按脏腑命名　如心俞、肺俞、肝俞、脾俞、肾俞、胃俞、大肠俞等。

3. 按穴位功能命名　如知甘、开关、睛明、挺耳、断血等。

4. 按解剖位置命名　如眼脉、鼻俞、耳尖、鬐甲、尾根、尾尖、大胯、小胯等。

5. 按会意命名　如承浆，因口涎流出时由此承接，掠草，因马在草原奔跑时此穴掠草而过。

(三)穴位的分类

穴位分布于全身各处,根据穴位的针灸方法、解剖部位及其与经脉的络属关系可有三种分类方法。

1. 按针法分类 各个穴位所使用的针具和针法各不相同,正如《元亨疗马集》中"考察名堂,详明针穴,乃有八十一道温火之针,八十一道补泻之针,七十二道彻血之针,一十二道巧治之针,通前彻后,共有二百四十(六)穴"。因此,可以将穴位分为:白针穴位、血针穴位、火针穴位和巧治穴位四类。

(1)白针穴位:大多数体表穴位均属白针穴位,一般多分布于腰背部或肌肉丰满处,临床应用最多,如抢风、脾俞、关元俞、后海等。

(2)火针穴位:多分布于肌肉较丰厚、神经分支较少,其下无大血管、重要脏器的位置,适合深刺,如九委、百会、巴山、大胯、小胯等。

(3)血针穴位:分布于体表浅静脉或末梢器官脉络丛上,如经脉、三江、太阳、胸膛、肾堂等。

(4)巧治穴位:运用特制的针具,施以手术技巧来治疗疾病的一类穴位,其操作较一般针灸疗法复杂,如抽筋、姜牙、开关等。

2. 按解剖分区分类 按动物体的解剖分区,即同一区域的穴位划为一类,分为头部穴位、躯干部穴位、前肢穴位和后肢穴位四大类。现代兽医针灸文献大都采用此法分类。

3. 按经脉络属关系分类 按穴位的归经将穴位分为经穴、经外奇穴和阿是穴三类。人的中医多按照此种方法分类,随着比较针灸学的研究和发展,中兽医也有采用这种分类方法的趋势。

(1)经穴:凡归属于十四正经循行经路上的穴位。

(2)经外奇穴:有穴位和固定部位,但尚未归属于十四正经的穴位。

(3)阿是穴:这类穴位既无具体名称,又无固定位置,而是以病痛部位最显著处或压痛点、反应点作为针灸刺激点,因其无固定部位,又称不定穴。其是十四经穴和经外奇穴的补充,无一定数目。

(四)取穴的方法

穴位的定位称为取穴,穴位具有特定的位置,而取穴的准确与否直接影响疗效,因而要特别重视。根据不同的疾病选取不同的穴位作为针灸治疗点,这包括两个方面的含义,第一根据病情选取一定的穴位;第二所选取的穴位在动物体的定位。通常所说的取穴指的是第二项含义。常用的取穴方法:

1. 按家畜解剖部位取穴 主要是根据家畜的解剖部位结构来确定,多在骨骼、骨节、肌腱、韧带之间或体表的静脉血管上。

(1)以骨骼或骨节作取穴标志,如在腰荐十字部确定"百会"穴。

(2)以肌沟作取穴标志,如抢风穴位于臂三头肌长头与外头形成的凹陷处。

(3)以浅表静脉作取穴标志,如胸膛位于胸外侧沟臂头静脉上,带脉位于肘后6cm的胸外静脉上。

(4)以耳、鼻、口、眼、肛门及尾作取穴标志,如眼内的开天穴。

2. 按体表自然标志确定穴位 主要是根据家畜外貌的一些自然标志来确定穴位,如在髋结节/股骨大转子附近确定"环中""环后"和"环跳"三穴。

3. 按体躯比例距离确定穴位 如在"百会"与髋结节连线之中点确定"肾俞"穴。

4. 其他方法 如"肋骨同体寸取穴法""指量法"等。这些方法在兽医上应用较少。

(五)选穴原则

针灸治疗是通过一定穴位进行的，然而全身的穴位很多，作用也较复杂，一穴可以治疗多种病症，一种疾病可用几个穴位相互配合治疗。因此必须掌握选穴原则以实现治疗作用。临床上选穴方法有：

1. 局部选穴 选取病患部位的穴位进行治疗。如治疗浑睛虫取开天穴，治蹄病取蹄头穴，治眼病取晴明、太阳穴等。

2. 邻近选穴 指在病患部位的附近取穴，与局部穴位配合，加强治疗作用。如蹄痛放缠腕血等。

3. 循经选穴 根据经络学说，某一脏腑有病，就在相关的经脉上选穴。如治肝热传眼取肝经的太阳穴，治肺热喘粗取肺经的鹘脉穴等。

4. 随证选穴 针对病证选取有效的穴位。如治发热取大椎、降温穴，人中、百会、耳尖、尾尖可治中暑和某些急性热病等。

(六)配穴原则

在针灸治疗过程中，除了选择1~2个主治穴位外，还需选取具有共同主治性能的穴位配合应用，以发挥穴位的协同作用，称为配穴。根据治疗的需要适当地选取和搭配穴位，常用的配穴方法有：

1. 两侧对称配穴 如治感冒取两侧耳尖穴；治结症取两侧关元俞穴等。

2. 前后配穴 如治冷痛，取三江穴，配尾尖穴；治结症，取脾俞穴，配后海穴等。

3. 内外配穴 如治食欲不振，取六脉穴，配玉堂穴；治粪结，取后海穴，配通关穴等。

4. 表里配穴 如肺热可根据肺与大肠的表里关系取位于大肠经的鼻俞穴或血堂穴相配。

5. 背腹配穴 如治泄泻取背侧的脾俞穴，配腹侧的海门穴等。

6. 远近配穴 如治胃病，取胃俞穴，配远端的后肢阳明胃经上的后三里穴。

二、犬猫的常用穴位

(一)头颈部穴位

1. 水沟(人中)穴

[位置] 上唇唇沟上、中1/3交界处，一穴。

[针法] 毫针或三棱针直刺0.5cm。

[主治] 中风、中暑、咳嗽。

水沟歌诀：

上唇唇沟有水沟，唇沟三分上中有，三棱毫针点直刺，休克昏迷全赶走，刺扎此穴还可治，中风中暑和咳嗽。

2. 山根穴

[位置] 鼻背正中，有毛无毛交界处，一穴。

[针法] 三棱针点刺 0.2~0.5cm，出血。
[主治] 中暑、感冒、发热。

山根歌诀：
鼻背正中山根穴，有毛无毛交界处，三棱毫针刺出血，发热休克正对路，中风感冒与中暑，针刺山根症可除。

3. 锁口穴
[位置] 口角后约 0.5cm，口轮匝肌后缘，左右侧各一穴。
[针法] 毫针顺口角微向后上方斜刺。
[主治] 面部肌肉抽搐或麻痹。

锁口歌诀：
口角后约 0.5，左右各一有锁口，面部麻痹与抽搐，沿着口角刺上后。

4. 廉泉穴
[位置] 下颌正中线上，喉头上方舌骨上缘交界的凹陷处，一穴。
[针法] 由下向上直刺 2~3cm。
[主治] 舌运动或分泌障碍。

廉泉歌诀：
下颌正中有廉泉，喉头上方舌根缘，分泌障碍舌运动，向上直刺 2~3。

5. 印堂穴
[位置] 两眼眶上突连线的中点处，一穴。
[针法] 毫针自上而下平刺 1~1.5cm，或艾灸。
[主治] 感冒、意识不清、癫痫。

印堂歌诀：
印堂位于两眶间，上突连线中间点，毫针平刺一个半，可治感冒和癫痫。

6. 三江穴
[位置] 内眼角下的眼角静脉上，左右侧各一穴。
[针法] 三棱针点刺 0.2~0.5cm，出血。
[主治] 腹痛、便秘、眼病。

三江歌诀：
内眼角下有三江，就在眼角静脉上，三棱点刺须出血，目赤便秘止腹痛。

7. 睛俞穴
[位置] 上眼睑正中，额骨眶上突正下缘，左右眼各一穴。
[针法] 下推眼球，毫针沿眼球与眼眶之间刺入 1~1.5cm。
[主治] 结膜炎、角膜炎、虹膜炎、角膜溃疡。

睛俞歌诀：
　　额骨眶突下睛俞，眼睑正中即此处，下推眼球毫针刺，结膜角膜眼病除。

8. 承泣穴
[位置]　下眼睑眶上缘中部的凹陷中，左右眼各一穴。
[针法]　上推眼球，毫针沿眼球与眼眶之间刺入2~3cm。
[主治]　眼病（结膜炎、角膜炎、白内障）。

承泣歌诀：
　　上推眼球毫针刺，下眶上缘中承泣，刺入2~3厘米，结膜角膜炎症夷。

9. 睛明（睛灵）穴
[位置]　内眼角上下眼睑交界处，左右眼各一穴。
[针法]　外推眼球，毫针直刺0.2~0.3cm。
[主治]　眼病（结膜炎、角膜炎、白内障）。

睛明歌诀：
　　睛明就在内眼角，上下眼睑此处交，眼球外推毫针刺，结膜角膜炎症消。

10. 太阳穴
[位置]　外眼角后方凹陷处，左右侧各一穴。
[针法]　毫针直刺0.5~1cm。
[主治]　眼病。

太阳歌诀：
　　眼角后方凹陷处，太阳穴道在此处，毫针直刺1厘米，眼睛疾病可消除。

11. 上关穴
[位置]　下颌关节上方的凹陷处，左右侧各一穴。
[针法]　毫针直刺3cm。
[主治]　面神经麻痹、耳聋。

上关歌诀：
　　颧弓上方上关位，下颌关节突囊内，毫针直刺3厘米，面部麻痹耳聋没。

12. 下关穴
[位置]　下颌关节下方，颧弓与下颌骨角的凹陷处，左右侧各一穴。
[针法]　毫针直刺3cm。
[主治]　面神经麻痹、耳聋。

下关歌诀：
　　下关就在颧弓下，下颌印迹凹陷中，毫针直刺3厘米，颜面神经离麻痹。

13. 开关穴
[位置]　口角后上方咬肌前缘，左右侧各一穴。

[针法] 毫针向后上方或向前下方斜刺2~3cm。
[主治] 牙关紧闭、面神经麻痹。

开关歌诀：
口角后方有开关，位置就在咬肌前，毫针前后向下刺，面部麻痹开牙关。

14. 翳风穴
[位置] 耳后乳突和下颌骨之间，左右侧各一穴。
[针法] 毫针直刺3cm。
[主治] 面神经麻痹、耳聋。

翳风歌诀：
翳风位于耳基处，下颌关节后下部，凹陷之中毫针刺，面部麻痹耳聋除。

15. 耳尖穴
[位置] 耳郭背面，靠近尖端的血管上，左右耳各一穴。
[针法] 三棱针或小宽针点刺，出血。
[主治] 中暑、感冒、发热、腹痛。

耳尖歌诀：
耳郭背面有脉管，脉管尖端有耳尖，三棱毫针刺出血，发热感冒它能管。

16. 耳根穴
[位置] 耳根后方的凹陷中，左右耳各一穴。
[针法] 毫针向内下方斜刺3cm。
[主治] 耳部炎症。

耳根歌诀：
耳根穴在耳根部，耳后正中凹陷处，毫针内下斜刺3，耳部炎症可消除。

17. 伏兔穴
[位置] 耳基后1~2cm，环椎翼后缘的凹陷中，一穴。
[针法] 毫针斜向后下方刺2~3cm。
[主治] 破伤风、颈部疾患。

伏兔歌诀：
伏兔环椎翼后缘，耳基后2找凹陷，颈部疾病破伤风，毫针斜刺后下方。

18. 风池穴
[位置] 环椎翼前缘直上部的凹陷中，左右侧各一穴。
[针法] 毫针直刺2cm。
[主治] 感冒、颈部风湿。

风池歌诀：
风池环椎翼前缘，沿缘向上有凹陷，毫针直刺2厘米，颈部风湿感冒安。

19. 天门穴

[位置]　头顶部，枕骨后缘正中，一穴。
[针法]　毫针直刺 1~3cm，或艾灸。
[主治]　发热、脑炎、感冒、惊厥。

天门歌诀：

头部天门枕骨缘，后缘正中可发现，毫针平刺斜下刺，发热癫痫瘫痪安。

20. 颈脉穴

[位置]　颈部旁侧面，颈静脉上、中 1/3 交界处，左右侧各一穴。
[针法]　小宽针顺血管刺入 0.5~0.8cm，出血。
[主治]　中暑、中毒、肺充血。

颈脉歌诀：

颈静脉上颈脉穴，静脉三分上中界，使用宽针刺出血，中暑中毒肺充血。

21. 喉俞穴

[位置]　颈部腹侧，第 3、4 气管环状软骨之间的两侧凹陷处，一穴。
[针法]　毫针平刺或斜刺 0.5~1.5cm。
[主治]　慢性气管炎、肺热咳嗽。

喉俞歌诀：

颈部腹侧有喉俞，3、4 管轮凹陷处，毫针平刺或斜刺，气管炎症肺热除。

(二) 躯干部和尾部穴位

1. 大椎穴

[位置]　背中线上，第七颈椎与第一胸椎棘突之间的凹陷中，一穴。
[针法]　毫针直刺 2~4cm，或艾灸。
[主治]　发热、风湿症、咳嗽、癫痫。

大椎歌诀：

颈椎胸椎交界点，大椎穴在脊椎见，毫针直刺 2~4，发烧咳嗽它能管，肩部风湿前肢伤，针刺艾灸此穴强。

2. 陶道穴

[位置]　第一、二胸椎棘突之间，一穴。
[针法]　毫针斜向前下方刺入 2~4cm，或艾灸。
[主治]　前肢及肩扭伤、癫痫、发热。

陶道歌诀：

1、2 胸椎棘突间，陶道（六道）即此点，斜刺深度 2~4，前肢、肩扭、发热、痫。

3. 身柱穴

[位置]　第三、四胸椎棘突间凹陷中，一穴。

[针法] 毫针向前下方刺入2~4cm，或艾灸。
[主治] 肺热、咳嗽、肩扭伤。

身柱歌诀：
3、4胸椎棘突处，有一穴道是身柱，肺热咳嗽肩部挫，毫针直刺前下戳。

4. 灵台穴

[位置] 背中线上，第六、七胸椎棘突之间的凹陷中，一穴。
[针法] 毫针稍向前下方刺入1~3cm，或艾灸。
[主治] 胃痛、黄疸、咳喘。

灵台歌诀：
6、7胸椎棘突间，灵台穴道即此点，胃痛肝胆有湿热，肺热咳嗽刺此穴，毫针刺下稍向前，刺入深度1~3。

5. 中枢穴

[位置] 第十、十一胸椎棘突间的凹陷中，一穴。
[针法] 毫针直刺1~2cm，或艾灸。
[主治] 食欲不振、胃炎。

中枢歌诀：
10与11胸椎突，之间有穴为中枢，胃部疾患食欲减，毫针直刺1、2安。

6. 脊中穴

[位置] 第十一、十二胸椎棘突之间，一穴。
[针法] 毫针直刺1~2cm，或艾灸。
[主治] 腰背疾患、消化不良、腹泻。

脊中歌诀：
胸椎脊突有脊中，11、12交界处，腰部疾患与腹泻，毫针直刺1、2除。

7. 悬枢穴

[位置] 背中线上，最后胸椎和第一腰椎棘突之间的凹陷中，一穴。
[针法] 毫针斜向后下方刺入1~2cm，或艾灸。
[主治] 消化不良、泄泻、腰胯疼痛、扭伤、椎间盘突出。

悬枢歌诀：
胸椎腰椎相接处，棘突之间是悬枢，腰部风湿与扭伤，消化不良毫针除。

8. 夹脊穴

[位置] 第一胸椎至第七腰椎各棘突后旁开1.5~3cm。
[针法] 常用于按摩，或毫针直刺或斜刺1~1.5cm，或艾灸。
[主治] 通利气血，调理脏腑。

夹脊歌诀：

夹脊穴道有多个，分布胸1至腰7，脊突两侧3cm，后旁取穴调脏器，按摩脊突旁两侧，通利气血舒筋骨。

9. 肺俞穴

[位置]　第三肋间，背最长肌与髂肋肌之间的肌沟中，左右侧各一穴。
[针法]　毫针沿肋间向下斜刺2~3cm，或艾灸。
[主治]　咳嗽、气喘。

肺俞歌诀：

第3肋间有肺俞，两肌之间肌沟取，毫针肋间向下刺，咳嗽气喘病可除。

10. 厥阴俞穴

[位置]　第四肋间，背最长肌与髂肋肌之间的肌沟中，左右侧各一穴。
[针法]　毫针沿肋间向内下方刺入2~3cm，或艾灸。
[主治]　咳嗽、气喘、呕吐、心病。

厥阴俞歌诀：

第4肋间厥阴俞，两肌之间肌沟取，毫针平内刺止吐，咳嗽气喘病可除。

11. 心俞穴

[位置]　第五肋间，背最长肌与髂肋肌之间的肌沟中，左右侧各一穴。
[针法]　毫针沿肋间向下斜刺2~3cm，或艾灸。
[主治]　心脏疾患、癫痫。

心俞歌诀：

第5肋间有心俞，两肌之间肌沟取，毫针直刺2~3，消除心病和癫痫。

12. 督俞穴

[位置]　第六肋间，背最长肌与髂肋肌之间的肌沟中，左右侧各一穴。
[针法]　毫针沿肋间向内下方刺入2~3cm，或艾灸。
[主治]　心病、腹痛、膈肌挛。

督俞歌诀：

第6肋间有督俞，两肌之间肌沟取，心病、腹痛膈肌挛，毫针内刺2~3。

13. 膈俞穴

[位置]　第七肋间，背最长肌与髂肋肌之间的肌沟中，左右侧各一穴。
[针法]　毫针沿肋间向内下方刺入2~3cm，或艾灸。
[主治]　慢性出血性疾患、膈肌痉挛。

膈俞歌诀：

第7肋间有膈俞，两肌之间肌沟取，慢性出血膈肌挛，针刺此穴2~3。

14. 肝俞穴

[位置]　第九肋间，背最长肌与髂肋肌之间的肌沟中，左右侧各一穴。

[针法] 毫针沿肋间向下斜刺2~3cm，或艾灸。
[主治] 肝炎、黄疸、眼病。

肝俞歌诀：
第9肋间有肝俞，两肌之间肌沟取，毫针刺入2~3，黄疸、眼病和肝炎。

15. 胆俞穴
[位置] 第十肋间，背最长肌与髂肋肌之间的肌沟中，左右侧各一穴。
[针法] 毫针沿肋间向内下方刺入2~3cm，或艾灸。
[主治] 肝炎、黄疸、眼病。

胆俞歌诀：
第10肋间有胆俞，两肌之间肌沟取，针刺方法与作用，完全等同于肝俞。

16. 脾俞穴
[位置] 第十一肋间，背最长肌与髂肋肌之间的肌沟中，左右侧各一穴。
[针法] 毫针沿肋间向下斜刺入1~2cm，或艾灸。
[主治] 食欲不振、消化不良、呕吐、贫血。

脾俞歌诀：
11肋间有脾俞，两肌之间肌沟取，贫血呕吐食欲减，毫针下刺1~2。

17. 胃俞穴
[位置] 第十二肋间，背最长肌与髂肋肌之间的肌沟中，左右侧各一穴。
[针法] 毫针沿肋间向内下方刺入2~3cm，或艾灸。
[主治] 食欲不振、消化不良、腹泻、呕吐。

胃俞歌诀：
12肋间有胃俞，两肌之间肌沟取，食欲不振和呕吐，消化不良与腹泻，毫针内下刺2、3。

18. 三焦俞穴
[位置] 第一腰椎横突相对的背最长肌与髂肋肌之间的肌沟中，左右侧各一穴。
[针法] 毫针直刺2~3cm，或艾灸。
[主治] 食欲不振、消化不良、呕吐。

三焦俞歌诀：
第一腰椎横突处，有一穴道三焦俞，髂肋肌沟与横突，相接之点即此处，腹泻呕吐血不足，消化不良食欲无，毫针2、3即可除。

19. 肾俞穴
[位置] 第二腰椎横突相对的背最长肌与髂肋肌之间的肌沟中，左右侧各一穴。
[针法] 毫针直刺1~3cm，或艾灸。
[主治] 腰胯风湿、腰扭伤、瘫痪、肾炎、多尿症。

肾俞歌诀：

第二腰椎横突处，有一穴道名肾俞，髂肋肌沟与横突，相接之点即此处，肾炎多尿不孕症，腰部风湿与扭伤，毫针1、3可消除。

20. 卵巢俞穴

[位置]　距第四腰椎横突末端约3cm处，左右侧各一穴。

[针法]　毫针直刺1~3cm。

[主治]　卵巢和子宫疾患。

卵巢俞歌诀：

卵巢俞距大肠俞，大约3个厘米处，卵巢子宫有疾患，毫针直刺1、3除。

21. 子宫俞穴

[位置]　距第五腰椎横突末端约3cm处，左右侧各一穴。

[针法]　毫针直刺1~3cm。

[主治]　子宫疾患。

子宫俞歌诀：

子宫俞距关元俞，大约3个厘米处，子宫疾患刺此穴，毫针直刺1、3除。

22. 大肠俞穴

[位置]　第四腰椎横突相对的背最长肌与髂肋肌之间的肌沟中，左右侧各一穴。

[针法]　毫针直刺1~3cm，或艾灸。

[主治]　消化不良、便秘、泄泻。

大肠俞歌诀：

第四腰椎横突处，有一穴道大肠俞，背最长肌髂肋肌，肌沟之中即此处，消化不良秘或泄，毫针1、3可消除。

23. 关元俞穴

[位置]　第五腰椎横突末端相对的髂肋肌沟中，左右侧各一穴。

[针法]　毫针直刺1~3cm，或艾灸。

[主治]　消化不良、腹胀、泄泻、便秘。

关元俞歌诀：

第五腰椎横突处，有一穴道关元俞，髂肋肌沟与横突，相接之点即此处，消化不良胀秘泄，毫针1、3可消除。

24. 小肠俞穴

[位置]　第六腰椎横突末端相对的髂肋肌沟中，左右侧各一穴。

[针法]　毫针直刺1~3cm，或艾灸。

[主治]　肠炎、肠痉挛、腰痛。

小肠俞歌诀：

第六腰椎横突处，有一穴道小肠俞，腰痛肠炎肠痉挛，毫针1、3症消除。

25. 膀胱俞穴

[位置]　第七腰椎横突末端相对的髂肋肌沟中，左右侧各一穴。
[针法]　毫针直刺1~3cm，或艾灸。
[主治]　膀胱炎、膀胱痉挛、尿潴留、血尿、腰痛。

膀胱俞歌诀：

第七腰椎横突处，有一穴道膀胱俞，膀胱痉挛与炎症，血尿潴尿腰酸痛，毫针直刺1~3，以上病症可消除。

26. 命门穴

[位置]　背中线上，第二、三腰椎棘突之间的凹陷中，一穴。
[针法]　毫针斜向下方刺入1~2cm，或艾灸。
[主治]　风湿症、后肢瘫痪、泄泻、腰痛。

命门歌诀：

2、3腰椎棘突间，命门穴道即此点，毫针直刺后下刺，肾虚腰痿泄泻安。

27. 阳关穴

[位置]　背中线上，第四、五腰椎棘突之间的凹陷中，一穴。
[针法]　毫针斜向下方刺入1~2cm，或艾灸。
[主治]　性机能减退、子宫内膜炎、风湿症、腰部扭伤。

阳关歌诀：

4、5腰椎棘突间，有个穴道为阳关，毫针直刺后下刺，可治子宫内膜炎，针刺此穴还能治，腰部疾患性欲减。

28. 关后穴

[位置]　第五、六腰椎棘突之间，一穴。
[针法]　毫针直刺1~2cm，或艾灸。
[主治]　子宫内膜炎、卵巢囊肿、腰风湿、腰椎病。

关后歌诀：

5、6腰椎棘突间，关后穴道即此点，毫针直刺1~2，卵巢囊肿腰痛缓，针刺关后还能治，腰椎疼痛子宫炎。

29. 百会穴

[位置]　背中线上，最后腰椎和第一荐椎棘突之间的凹陷中，一穴。
[针法]　毫针直刺1~3cm，或艾灸。
[主治]　腰胯疼痛、瘫痪、泄泻、脱肛。

百会歌诀：
　　腰椎荐椎连接处，百会穴道即此处，毫针直刺1~3，脱肛不孕症可除，腰椎疼痛后肢瘫，针刺此穴病能除。

30. 二眼穴
[位置]　第一、二荐椎背荐孔处，左右侧各二穴。
[针法]　毫针直刺1~2cm，或艾灸。
[主治]　腰胯疼痛、瘫痪、子宫疾病。

二眼歌诀：
　　1、2背荐有孔处，左右双穴为二眼，毫针直刺1~2，子宫疾病后肢瘫。

31. 后海穴
[位置]　尾根与肛门之间的凹陷中，一穴。
[针法]　毫针稍向前上方刺入2~4cm。
[主治]　消化不良、泄泻、脱肛、便秘。

后海歌诀：
　　尾根肛门间凹陷，后海穴道即此点，毫针刺入前下方，腹泻脱肛症可缓，犬不发情阳痿症，刺入2、4病可减。

32. 会阴穴
[位置]　肛门与外生殖器之间正中缝的中点上，一穴。雌性亦可在阴唇两侧中点旁开0.5cm处取穴，左右侧各一穴。
[针法]　毫针直刺2~4cm。
[主治]　便秘、尿闭、脱肛、脱宫及阴道、子宫疾患。

会阴歌诀：
　　生殖器官肛门间，会阴穴在正中点，母犬阴唇旁两侧，距旁半厘中间点，毫针直刺2~4，脱肛尿闭通便秘，子宫脱出阴宫患，针刺此穴也能管。

33. 尾根穴
[位置]　背中线上，最后荐椎与第一尾椎棘突之间的凹陷中，一穴。
[针法]　毫针直刺0.5~1cm。
[主治]　瘫痪、尾神经麻痹、便秘、泄泻。

尾根歌诀：
　　荐椎尾椎棘突间，尾根穴道即此点，毫针直刺1厘米，可治便秘后肢瘫，脱肛、腹泻尾麻痹，针刺尾根也能管。

34. 尾本穴
[位置]　尾部腹侧正中，距尾根部1cm处的血管上，一穴。
[针法]　三棱针直刺0.5~1cm，或艾灸。
[主治]　腹痛、尾麻痹、腰风湿。

尾本歌诀：

尾本就在血管上，尾根腹面正中央，距离尾部1厘米，三棱直刺见血放，尾部麻痹腹部痛，还治腰部风湿痛。

35. 尾尖穴

[位置] 尾尖端，一穴。

[针法] 毫针或三棱针从末端刺入0.5~0.8cm。

[主治] 中暑、发热、泄泻、瘫痪。

尾尖歌诀：

尾尖就在尾末端，宽针三棱刺此点，发热感冒与中暑，腹泻中风和中毒。

36. 天突穴

[位置] 胸骨上窝正中，一穴。

[针法] 毫针斜向下方刺2~3cm。

[主治] 咳嗽、气喘。

天突歌诀：

胸骨上窝正中间，天突穴道即此点，毫针斜向下方刺，治疗咳嗽与气喘。

37. 中脘穴

[位置] 剑状软骨后缘与肚脐眼之间正中处，一穴。

[针法] 毫针向前斜刺0.5~1cm，或艾灸。

[主治] 消化不良、呕吐、泄泻、胃痛。

中脘歌诀：

剑骨后缘脐眼间，有一穴道是中脘，毫针向前斜刺半，积食腹泻呕吐安。

38. 神阙穴

[位置] 脐窝正中，一穴。

[针法] 禁针，可艾灸。

[主治] 呕吐、腹泻、脱肛。

神阙歌诀：

脐窝正中是神阙，此处禁针灸可用，呕吐腹泻与脱肛，灸灸此穴症消除。

39. 天枢穴

[位置] 肚脐旁开3cm处。左右侧各一穴。

[针法] 毫针直刺0.5cm，或艾灸。

[主治] 腹痛、泄泻、便秘、带症。

天枢歌诀：

脐眼旁开3厘米，左右各一有天枢，肠炎、便秘肠痉挛，艾灸或选毫针刺。

(三)前肢穴位

1. 膊尖穴

[位置] 肩胛骨前角前方凹陷中，左右侧各一穴。

[针法] 毫针向后下方刺入 1cm。

[主治] 颈部疼痛、肩关节疼痛。

膊尖歌诀：

肩胛前角有膊尖，前角前方凹陷点，毫针后下刺1厘，颈部与肩疼痛除。

2. 膊栏穴

[位置] 肩胛骨后角后方凹陷中，左右侧各一穴。

[针法] 毫针向前下方刺入 1cm。

[主治] 肩、胸部疼痛。

膊栏歌诀：

肩胛后角有膊栏，后角后方凹陷点，毫针前下刺1厘，肩部胸部疼痛除。

3. 胸膛穴

[位置] 胸前，胸外侧沟中的臂头静脉上，左右侧各一穴。

[针法] 头高位，小宽针或三棱针顺血管直刺 1cm，出血。

[主治] 中暑、肩肘扭伤、风湿病。

胸膛歌诀：

胸膛穴在胸前方，胸外侧沟静脉上(臂头静脉)，宽针顺管刺出血，治疗中暑肩扭伤。

4. 肩井穴

[位置] 肩关节前上缘，肩峰前下方的凹陷中，左右肢各一穴。

[针法] 毫针直刺 2~3cm。

[主治] 肩部神经麻痹、扭伤、风湿。

肩井歌诀：

臂骨结节上凹陷，肩峰前下即肩井，毫针直刺2~3，前肢麻痹扭伤肩。

5. 肩外髃穴

[位置] 肩峰后下方的凹陷中，左右肢各一穴。

[针法] 毫针直刺 2~4cm，或艾灸。

[主治] 肩部神经麻痹、扭伤、风湿。

肩外髃歌诀：

肩峰后下方凹陷，左右各一肩外髃，肩部扭伤与麻痹，毫针直刺2~4。

6. 抢风穴

[位置] 肩关节后下方的凹陷中，肩外俞到肘俞连线的上、中 1/3 交界处，左右肢各一穴。

[针法] 毫针直刺 2~3cm，或艾灸。
[主治] 前肢神经麻痹、闪伤、扭伤、风湿。

抢风歌诀：
肩关节后有抢风，穴在肌肉凹陷中，毫针直刺2、3厘，风湿麻痹与扭伤。

7. 郄上穴
[位置] 肩外俞与肘俞连线的外 1/4 处，肘俞穴前上方，左右肢各一穴。
[针法] 毫针直刺 2~4cm，或艾灸。
[主治] 前肢神经麻痹、扭伤、风湿。

郄上歌诀：
肘俞肩外髃连线，郄上就在中间点，毫针直刺2~4，风湿扭伤和麻痹。

8. 肘俞穴
[位置] 臂骨外上髁与肘突之间的凹陷中，左右肢各一穴。
[针法] 毫针直刺 2~4cm，或艾灸。
[主治] 前肢及肘部闪伤、前肢神经麻痹。

肘俞歌诀：
肘突臂骨外上髁，之间凹陷即肘俞，毫针直刺2~4，前肢肘部疼痛无。

9. 前曲池穴
[位置] 肘关节前外侧，肘横纹外端凹陷中，左右肢各一穴。
[针法] 毫针直刺 2~3cm，或艾灸。
[主治] 前肢及肘部闪伤、前肢神经麻痹。

前曲池歌诀：
肘关节前外侧部，肘横纹外凹陷处，毫针直刺2、3厘，刺入位置前曲池，可治挠神经麻痹，前肢肘部疼痛扭。

10. 前三里穴
[位置] 前臂外侧上 1/4 处，腕外侧屈肌与第五指伸肌间，左右肢各一穴。
[针法] 毫针直刺 2~3cm，或艾灸。
[主治] 桡神经麻痹、前肢风湿、扭伤、消化不良。

前三里歌诀：
前肢外侧四等分，前三里在上一点，挠骨外侧肌肉间，毫针刺它2~3，前肢扭伤风湿症，神经麻痹症可安。

11. 四渎穴
[位置] 肘突下，前臂骨上 1/3 处，桡尺骨之间的凹陷中，左右各一穴。
[针法] 毫针直刺 2~3cm，或艾灸。
[主治] 前肢神经麻痹或扭伤、前肢疼痛。

四渎歌诀：
前臂分三上一处，肘突下部有四渎，挠尺之间凹陷点，刺它止痛正对路。前肢扭伤神经麻，毫针2、3能消除。

12. 外关穴
[位置]　前臂外侧下1/4处，桡骨与尺骨的间隙中，左右肢各一穴。
[针法]　毫针直刺1～3cm，或艾灸。
[主治]　前肢神经麻痹、腹痛、便秘、缺乳。

外关歌诀：
前臂外侧四等分，外关就在下一点，挠尺骨的间隙间，前肢风湿神经麻，便秘缺乳毫刺3。

13. 内关穴
[位置]　前肢内侧下1/4处的桡骨与尺骨间隙中，与外关穴相对，左右肢各一穴。
[针法]　毫针直刺1～2cm，或艾灸。
[主治]　前肢神经麻痹、腹痛、便秘、缺乳。

内关歌诀：
前臂内侧骨隙间，外关相对有内关，毫针1、2治腹痛，神经麻木和痛风。

14. 阳池穴
[位置]　腕关节背侧，腕骨与尺骨远端之间的凹陷中，左右肢各一穴。
[针法]　毫针直刺1cm，或艾灸。
[主治]　腕和指掌关节扭伤、前肢神经麻痹、疼痛。

阳池歌诀：
腕部关节背阳池，腕尺连接凹陷点，毫针直刺1厘米，前肢疼痛和麻痹，腕关节炎指掌伤。

15. 腕骨穴
[位置]　前肢尺骨远端和副腕骨间的凹陷中，左右肢各一穴。
[针法]　毫针直刺1cm，或艾灸。
[主治]　胃炎、指腕关节痛。

腕骨歌诀：
腕骨穴在副腕骨，尺骨远端凹陷处，毫刺1厘胃炎无，指腕关节疼痛除。

16. 膝脉穴
[位置]　腕关节内侧下方，第一、二掌骨间的掌心浅内侧静脉上，左右肢各一穴。
[针法]　三棱针或小宽针顺血管直刺0.5～1cm，出血。
[主治]　腕关节肿痛、屈腱炎、指扭伤、风湿病、中暑、感冒、腹痛。

膝脉歌诀：

　　腕掌关内侧下方，1、2掌骨浅静上，膝脉穴在血管上，宽针刺入见血放，风湿感冒与中暑，关节肿胀指扭伤，屈腱炎症和腹痛。

17. 合谷穴

　　[位置]　前肢第一、二掌骨之间，第二掌骨外侧缘中点，左右肢各一穴。
　　[针法]　毫针向内上方斜刺2~3cm。
　　[主治]　感冒、前肢麻痹或疼痛。

合谷歌诀：

　　1、2掌骨间合谷，2掌外缘中间处，毫针内上斜刺入，感冒疼痛肢麻无。

18. 涌泉穴

　　[位置]　第三、四掌骨间的掌背侧静脉上，左右肢各一穴。
　　[针法]　圆利针或毫针点刺出血。
　　[主治]　风湿症、感冒。

涌泉歌诀：

　　掌背静脉上涌泉，位于3、4掌骨间，圆利毫针刺穴点，感冒发热前肢麻，疼痛休克和癫痫。

19. 指间(前六缝)穴

　　[位置]　掌指关节缝中下皮肤皱褶上，每足三穴。
　　[针法]　毫针平刺1~3cm。
　　[主治]　指扭伤或麻痹。

指间歌诀：

　　掌指关节缝指间，皮肤皱褶前六缝，毫针平刺1~3，前肢扭麻与休克。

(四)后肢穴位

1. 环跳穴

　　[位置]　股骨大转子前方的凹陷中，左右侧各一穴。
　　[针法]　毫针直刺2~4cm，或艾灸。
　　[主治]　后肢麻痹、腰胯疼痛。

环跳歌诀：

　　股骨转子前凹陷，环跳穴位即此点，毫针直刺2~4，腰胯疼痛肢麻免。

2. 肾堂穴

　　[位置]　股内侧上部的股内侧隐静脉上，左右肢各一穴。
　　[针法]　三棱针或小宽针顺血管刺入0.5~1cm，出血。
　　[主治]　腰胯闪伤、疼痛。

肾堂歌诀：
股内侧隐静脉上，左右各一有肾堂，宽针顺管刺出血，髋膝关节扭痛除。

3. 仰瓦穴
[位置]　股骨中部后方的肌沟（股二头肌和半腱肌之间）中，汗沟之下，左右肢各一穴。
[针法]　毫针直刺 1~4cm。
[主治]　腰胯扭伤、后肢风湿或麻痹。

仰瓦歌诀：
股骨中后肌沟中，汗沟之下为仰瓦，毫针直刺 1~4，腰胯扭伤后风麻。

4. 膝上穴
[位置]　髌骨上缘外侧 0.5cm 处，左右肢各一穴。
[针法]　毫针直刺 1~3cm。
[主治]　膝关节炎。

膝上歌诀：
髌骨上缘外侧半，膝上处于此位点，毫针直刺 1~3，治疗膝部关节炎。

5. 膝凹穴
[位置]　股骨与胫骨外髁的凹陷中，左右肢各一穴。
[针法]　毫针直刺 0.5~1cm。
[主治]　膝关节炎。

膝凹歌诀：
股胫外髁有凹陷，膝凹处于此位点，毫针直刺 0.5，也治膝部关节炎。

6. 膝下（掠草）穴
[位置]　膝关节前外侧、膝中、外直韧带之间的凹陷中，左右肢各一穴。
[针法]　毫针直刺 1~2cm，或艾灸。
[主治]　膝关节炎、扭伤神经痛。

膝下歌诀：
膝部关节前外侧，外直韧带膝中间，凹陷之处即膝下，毫针直刺或斜刺，膝关节炎神经痛。

7. 阳陵穴
[位置]　后肢膝关节外侧后方的股二头肌肌间隙内，左右侧各一穴。
[针法]　毫针直刺 2~3cm。
[主治]　膝关节扭伤、后肢麻痹。

阳陵歌诀：
股二头肌肌间隙，膝关外后是阳陵，毫针直刺 2、3 厘，关节扭伤后肢痹。

8. 后三里穴

[位置] 小腿外侧上 1/4 处的胫腓骨间隙中，左右肢各一穴。
[针法] 毫针直刺 1~2cm，或艾灸。
[主治] 后肢麻痹、风湿、闪伤、消化不良、泄泻、腹痛、腹胀、发热。

后三里歌诀：

小腿外侧四等分，后三里在胫腓间，毫针直刺 1 厘米，后肢麻痹腹泻安。

9. 后曲池穴

[位置] 跗关节前横纹中，胫、跗骨之间的静脉上，或避开血管取穴，左右肢各一穴。
[针法] 圆利针或小宽直刺，出血，或避开血管，毫针直刺和斜刺 1~3cm 或艾灸。
[主治] 腹痛、后肢扭伤或麻痹。

后曲池歌诀：

跗关节前横纹中，胫跗骨间静脉上，避开血管取穴位，左右各一后曲池。圆利小宽刺出血，避开血管毫针刺，后肢扭伤与麻痹，腹痛也刺后曲池。

10. 后跟（跟端）穴

[位置] 跟骨外侧，跟骨与胫骨远端之间的凹陷中，左右肢各一穴。
[针法] 毫针直刺 1cm，或艾灸。
[主治] 后肢神经麻痹、后肢瘫痪、扭伤。

后跟歌诀：

腓骨远端跟骨外，凹陷之中后跟在，毫针直刺 0.5，后肢麻痹扭伤除。

11. 中付（太溪）穴

[位置] 跟骨内侧凹陷中，左右侧各一穴。
[针法] 毫针直刺或斜刺 0.5~2cm，或艾灸。
[主治] 扭伤、后肢麻痹。

中付歌诀：

跟骨内侧凹陷中，左右各一为中付，毫针直刺 0.5，后肢麻痹扭伤除。

12. 滴水穴

[位置] 第三、四跖骨间的跖背侧静脉上，左右肢各一穴。
[针法] 圆利针或毫针点刺出血。
[主治] 四肢下部肿痛、四肢风湿、感冒。

滴水歌诀：

跖背静脉上滴水，位于 3、4 跖骨间，圆利毫针刺穴点，感冒发热后肢麻，腹痛休克和癫痫。

13. 趾间（后六缝）穴

[位置] 跖趾关节缝中下皮肤皱褶上，每足三穴。

［针法］ 毫针平刺1~3cm。
［主治］ 趾扭伤、麻痹。

后六缝歌诀：
跖趾关节缝趾间，皮肤皱处后六缝，毫针平刺1~3，后肢扭伤休克除。

14. 阳辅穴
［位置］ 小腿外侧上1/4处的胫腓骨前端，左右肢各一穴。
［针法］ 毫针直刺1cm，或艾灸。
［主治］ 后肢疼痛、麻痹、发热、消化不良。

阳辅歌诀：
小腿外侧四分上，胫腓前端阳辅点，毫针直刺1厘米，麻痹发热后肢痛。

三、马的常用穴位

(一)头颈部穴位

1. 分水穴
【位置】 上唇外面，旋毛正中，一穴。
【针法】 小宽针或三棱针刺入1~2cm，出血。
【主治】 冷痛(肠痉挛)、中暑、歪嘴风(面神经麻痹)。

分水歌诀：
上唇外面旋毛中，有一穴道是分水，小宽三棱刺出血，中暑冷痛歪嘴风。

2. 玉堂穴
【位置】 口内，上颚硬腭第三腭褶，正中线旁开1.5cm处，左右侧各一穴。
【针法】 将舌拉出，以拇指顶住上腭，用玉堂钩钩破穴点；或用三棱针或小宽针向前上方斜刺0.5~1cm，出血，以盐擦之。
【主治】 硬腭肿胀、齿龈肿痛、舌疮。

玉堂歌诀：
口内上颚三棱上，正中线旁是玉堂，中线左右1.5，三棱斜上刺血出，胃热舌疮上颚肿。

3. 通关(知甘)穴
【位置】 舌腹侧面，舌系带两侧的血管(舌下静脉)上，左右侧各一穴。
【针法】 将舌拉出，向上翻转，三棱针或小宽针刺入0.5~1cm，出血。
【主治】 舌疮、舌肿胀、齿龈肿痛、消化不良。

通关歌诀：
舌体腹侧系带旁，左右通关血管上，三棱刺入致出血，胃热慢草黑汗风。

4. 承浆穴
【位置】 下唇外面正中，距下唇边缘约3cm处的凹陷中，一穴。

【针法】 小宽针或圆利针刺入1cm。
【主治】 歪嘴风(面神经麻痹)、下唇肿胀、齿龈肿痛。

承浆歌诀：

下唇距边3厘米，外中线凹有承浆，下唇、齿龈痛歪嘴，小宽圆利上刺1。

5. 锁口穴
【位置】 口角后上方2cm，口轮匝肌后缘处，左右侧各一穴。
【针法】 圆利针或毫针向后下方平刺3cm，或透刺开关穴；火针3cm，或间接烧烙。
【主治】 破伤风、歪嘴风(面神经麻痹)、面颊肿胀。

锁口歌诀：

口角后约2cm，左右各一有锁口，面部麻痹与抽搐，沿着口角上后刺。

6. 开关穴
【位置】 口角后上方约15cm，咬肌前缘的上、下臼齿(第四臼齿)之间的外侧面凹陷中，左右侧各一穴。
【针法】 圆利针或火针向后上方平刺2~3cm，毫针9cm，或向前下方透刺锁口穴，或灸烙。
【主治】 破伤风、歪嘴风。

7. 鼻前(降温)穴
【位置】 上唇外面，两鼻孔下缘连线上，鼻内翼旁开1cm处，左右侧各一穴。
【针法】 小宽针或圆利针直刺1~3cm，毫针2~3cm，捻针后可适当留针。
【主治】 发热、感冒、中暑。

鼻前歌诀：

鼻孔下缘连线上，鼻内翼内1厘米，左右各一有鼻前，小宽、毫针刺鼻前，发热感冒中暑消。

8. 姜牙穴
【位置】 鼻孔外缘，鼻翼软骨(姜牙骨)尖端处，左右侧各一穴。
【针法】 将上唇向另一侧拉紧，使姜牙骨充分暴露，以大宽针切开皮肤，挑破或割去软骨端。
【主治】 冷痛等各种腹痛。

姜牙歌诀：

鼻孔外侧缘下方，鼻翼软骨顶端处，左右各一有姜牙，腹痛冷痛用宽针，大宽挑破软骨端。

9. 鼻俞穴
【位置】 鼻梁两侧，鼻孔上方，距鼻孔上缘3cm处，左右侧各一穴。
【针法】 以三棱针横刺穿透鼻中隔，出血(如出血不止可高吊马头，用冷水、冰块冷敷或采取其他止血措施)。

【主治】 肺热咳喘、感冒、中暑、鼻肿胀。

鼻俞歌诀：
　　鼻梁两侧有鼻俞，左右鼻颌切迹内，鼻孔上缘3厘米，小宽横穿鼻中隔，肺热感冒中暑除。

10. 三江穴
【位置】 内眼角下方3cm处的血管（眼角静脉）上，左右侧各一穴。
【针法】 低栓马头，使血管怒张，用三棱针或小宽针顺血管刺入1cm，出血。
【主治】 冷痛、肚胀、月盲、肝热传眼。

11. 睛明穴
【位置】 下眼睑泪骨上缘，两眼角连线的内、中1/3交界处，左右眼各一穴。
【针法】 上推眼球，毫针沿眼球与泪骨之间向内下方刺入3cm，或在上眼睑黏膜上点刺出血。
【主治】 肝经风热、肝热传眼、睛生云翳、月盲、夜盲。

12. 睛俞穴
【位置】 上眼睑正中，额骨眶上突下缘，左右眼各一穴。
【针法】 下压眼球，毫针沿眼球与额骨之间向内后下方刺入3cm，或在上眼睑黏膜上点刺出血。
【主治】 肝经风热、肝热传眼、睛生云翳、月盲、夜盲。

睛俞歌诀：
　　额骨眶突下睛俞，眼睑正中即此处，下推眼球毫针刺，结膜角膜眼病除。

13. 开天穴
【位置】 眼球上，角膜背侧缘，黑白睛（角膜和巩膜）交界处，左右眼各一穴。
【针法】 巧治穴位，将头牢固保定，冷水冲眼或滴表面麻醉剂使眼球不动，待虫体游至眼前房时，用三弯针轻手急刺0.3cm，虫随眼房水流出；也可注射器吸取虫体或注入3%精制敌百虫杀死虫体。
【主治】 浑睛虫病。

开天歌诀：
　　眼球角膜与巩膜，交界之处为开天，待虫游至眼前房，三弯急刺虫流出。

14. 太阳穴
【位置】 外眼角后上方约3cm处的血管（面横静脉上），左右侧各一穴。
【针法】 低栓马头，使血管怒张，用小宽针或三棱针顺血管刺入1cm，出血；或用毫针避开血管直刺5~7cm。
【主治】 肝热传眼、中暑、脑黄。

15. 上关穴
【位置】 下颌关节后上方的凹陷处，左右侧各一穴。
【针法】 圆利针或火针向内下方刺入3cm，毫针4.5cm。

【主治】 歪嘴风、破伤风、下颌脱臼。

16. 下关穴

【位置】 下颌关节下方,外眼角后上方的凹陷处,左右侧各一穴。

【针法】 圆利针或火针向内上方刺入 1~2cm,毫针 2~3cm。

【主治】 歪嘴风、破伤风。

17. 大风门穴(一个穴名,三个穴点,其中一个是主穴,两个是副穴)

【位置】 头顶部,门鬃下缘正中为主穴,由主穴向两侧斜下方各旁开 3cm 为两副穴,三穴点成一正三角形。

【针法】 毫针、圆利针或火针沿皮下由主穴向副穴或由副穴向主穴平刺 3cm,或艾灸、烧烙。

【主治】 破伤风、脑黄、心热风邪(脑炎、脑膜炎、脑水肿、脑积水等)。

大风门歌诀：

门鬃下缘顶骨嵴,分叉之处大风门,外嵴旁开 3 厘米,左右各一为副穴,脑黄心热破伤风,皮下向上平刺 3。

18. 耳尖穴

【位置】 耳背侧,耳大静脉的内、中、外支汇合处,左右耳各一穴。

【针法】 捏紧耳尖,使血管怒张,小宽针或三棱针刺入 1cm,出血。

【主治】 冷痛、感冒、中暑。

(二)躯干穴位

1. 风门(小风门)穴

【位置】 耳根后 3cm,距鬣下缘 6cm,寰椎翼(伏兔骨)前缘的凹陷中,左右侧各一穴。

【针法】 毫针向内下方刺入 6cm,火针刺入 2~3cm,或灸、烧烙。

【主治】 破伤风、颈部风湿、风邪症。

歌诀参考犬的风池穴。

2. 九委穴

【位置】 九委穴分布在颈部两侧,每侧有九个穴点,沿颈部呈弧形排列,由前向后依次分别称为上上委、上中委、上下委、中上委、中中委、中下委、下上委、下中委、下下委。也有将其称为一委、二委、三委、四委、五委、六委、七委、八委、九委的。

上上委位于伏兔穴后 3cm,距鬣下缘 3.5cm 处;下下委位于肩胛骨前角(膊尖穴)前方 4.5cm,距鬣下缘 5cm 处。将此二穴之间分为八等份,为其余七穴。各穴相距约 6cm,排列于颈的背侧部。在与鬣线的距离上,两端穴位距鬣线稍近,中间穴位稍远,呈弧线状排列。

【针法】 毫针直刺 4.5~6cm,火针 2~3cm。

【主治】 项脊愣(颈部风湿)。

九委歌诀：

九委位于颈两侧,弧形肌沟内九穴,最上伏兔后下 3,鬣下 3.5 上上委,最下膊尖前

4.5，鬃下缘5下下委，两穴之间八等分，治颈风湿破伤风。

3. 颈脉(鹘脉)穴
【位置】 颈静脉沟的上、中1/3交界处，左右侧各一穴。
【针法】 高拴马头，颈基部拴一细绳，打活结，用大宽针对准穴位急刺1cm，出血；术后松开绳扣，即可止住出血。
【主治】 热性病、脑黄、中毒、中暑、遍身黄(荨麻疹)、五攒痛(蹄叶炎)。

颈脉歌诀：
颈静脉沟均分三，上中交界即颈脉，中暑中毒脑黄风，小宽急刺1厘米。

4. 迷交感(颈脉)穴
【位置】 颈侧，颈静脉沟上缘的上、中1/3交界处，左右侧各一穴。
【针法】 水针，针头向对侧稍斜下方刺入4~6cm，针尖抵达气管软骨环后，再稍退针，连接注射器，回抽无血液时注入药液。也可毫针同法刺入，或电针。
【主治】 腹泻、便秘、少食。

迷交感歌诀：
颈侧有穴迷交感，颈颈脉沟的上缘，上缘三分上中交，腹泻、便秘少食消。

5. 大椎穴
【位置】 背中线上，第七颈椎和第一胸椎棘突间的凹陷中，一穴。
【针法】 毫针或圆利针稍向前下方刺入6~9cm。
【主治】 感冒、咳嗽、发热、癫痫、腰背风湿。

6. 鬐甲穴
【位置】 背中线上，第三、四胸椎棘突之间的凹陷中，即鬐甲最高点前方的凹陷中，一穴。
【针法】 毫针向前下方刺入6~9cm，火针刺入3~4cm；治鬐甲肿胀时用宽针散刺。
【主治】 鬐甲痈肿、咳嗽、气喘、腰背风湿。

鬐甲歌诀：
三四胸椎棘突间，有一穴道为鬐甲，背部风湿鬐甲肿，咳嗽气喘与肚痛，毫针火针宽散刺。

7. 断血穴
【位置】 在背中线上，有三个穴点，一个主穴，两个副穴。分别在第十七和第十八胸椎、第十八胸椎和第一腰椎、第一和第二腰椎棘突间的凹陷中。
【针法】 毫针、圆利针或火针直刺2.5~3cm。
【主治】 便血、尿血、阉割后出血等各种出血症。

断血歌诀：
胸椎腰椎棘突间，有一凹陷为断血，前后移动一脊椎，断血前后两副穴，阉后出血尿便血，圆利火针直刺3。

8. 关元俞穴

【位置】 最后肋骨后缘，距背中线约12cm，背最长肌和髂肋肌之间的肌沟中，左右侧各一穴。

【针法】 圆利针或火针直刺2~3cm，毫针6~8cm，可达肾脂肪囊内。

【主治】 肚胀、结症、泄泻、冷痛、腰脊痛。

9. 脾俞穴

【位置】 倒数第三肋间，距背中线约12cm，背最长肌和髂肋肌之间的肌沟中，左右侧各一穴。

【针法】 圆利针或火针直刺2~3cm，毫针向上或向下斜刺4~5cm。

【主治】 胃冷吐涎、肚胀、结症、泄泻、冷痛、膈肌痉挛。

10. 胃俞穴

【位置】 倒数第六肋间，距背中线约12cm，背最长肌和髂肋肌之间的肌沟中，左右侧各一穴。

【针法】 圆利针或火针直刺2~3cm，毫针向上或向下斜刺3~4cm。

【主治】 胃寒、胃热、消化不良、肠臌气、大肚结。

11. 命门穴

【位置】 背中线上，第二、三腰椎棘突之间，一穴。

【针法】 毫针、圆利针或火针直刺2~3cm。

【主治】 闪伤腰胯、寒伤腰胯、破伤风、不孕症。

12. 肷俞穴

【位置】 在肷窝三角正中。

【主治】 剖腹，胃臌气。

肷俞歌诀

肷窝中点即肷俞，两侧对症不一样，左侧剖腹急腹症，右侧套管放气盲。

13. 百会穴

【位置】 背中线上，最后腰椎和第一荐椎棘突之间的凹陷处，即腰荐十字结合部的凹陷中，一穴。

【针法】 圆利针或火针直刺3~4.5cm，毫针6~7.5cm。

【主治】 闪伤腰胯、寒伤腰胯、破伤风、风湿症、腹痛、便秘、泄泻、不孕症等。

14. 尾根(追风)穴

【位置】 尾部上部正中，第一、二尾椎之间的凹陷处，一穴。

【针法】 圆利针或火针直刺1~2cm，毫针3cm。

【主治】 腰胯风湿、闪伤腰胯、尾神经麻痹。

15. 巴山穴

【位置】 臀部，百会穴与股骨大转子连线的中点处，左右侧各一穴。

【针法】 圆利针或火针直刺3~4.5cm，毫针10~12cm。

【主治】 腰胯风湿、闪伤腰胯、后肢麻木、后肢风湿。

巴山歌诀：
股骨大转连百会，连线中点是巴山，腰胯风湿麻闪伤，圆利火针直刺3。

16. 穿黄穴

【位置】 胸前正中下缘，中线两侧各旁开2cm的皮肤皱褶上，左右侧各一穴。

【针法】 拉起皮肤，用穿黄针穿上马尾穿通两穴，马尾两端拴上适当重物，引流黄水；或用宽针局部散刺。

【主治】 胸黄（胸前水肿）。

穿黄歌诀：
胸前中线旁开2，左右各一时穿黄，胸部水肿穿此穴，马尾挂重引黄水。

17. 胸堂穴

【位置】 胸骨两侧，腋窝前上方与桡骨上端同高位的臂皮下静脉上，左右侧各一穴。

【针法】 高拴马头，用中宽针沿血管急刺1cm，出血。

【主治】 前肢闪伤、胸膊痛、五攒痛、心热。

胸膛歌诀：
胸骨两侧腋上前，桡骨上端同高点，臂皮静脉上胸膛，前肢闪伤胸肺热，拴高马头刺出血。

18. 黄水穴

【位置】 胸骨后，包皮前，两侧带脉下方的胸腹下肿胀处，左右侧各一穴。

【针法】 避开大血管和腹白线，用大宽针在局部散刺1cm深。

【主治】 肚底黄、胸腹部浮肿。

黄水歌诀：
胸骨后至包皮前，两侧带脉下肿胀，避开血管腹白线，大宽散刺肚底黄。

19. 阴俞穴

【位置】 肛门与阴门（♀）或阴囊（♂）中点的中心缝上，一穴。

【针法】 圆利针或火针直刺2~3cm，毫针向上或向下斜刺4~6cm，或艾灸。

【主治】 阴道脱、子宫脱、带下（♀）；垂缕不收（♂）。

阴俞歌诀
肛门阴门（或阴囊）连中点，有一穴道是阴俞，阴道、子宫脱带下，垂缕不收刺治疗。

20. 阴脱穴

【位置】 阴唇两侧，阴唇上下联合中点旁开2cm，左右侧各一穴。

【针法】 毫针向前下方斜刺6~9cm，或电针、水针。

【主治】 阴道脱、子宫脱。

阴脱歌诀：
（上下）阴唇联合中间点，左右各一旁开2，毫针前下6~9，阴道子宫脱出安。

21. 肛脱穴
【位置】 肛门两侧旁开2cm,左右侧各一穴。
【针法】 毫针向前下方刺入4~6cm,或电针、水针。
【主治】 直肠脱。

肛脱歌诀：
肛门旁开3厘米,毫针前下刺肛脱。

22. 莲花穴
【位置】 脱出的直肠黏膜,脱肛时用此穴。
【针法】 巧治。用温水洗净,除去坏死风膜,以2%明矾水和硼酸水冲洗,再涂以植物油,缓缓纳入。
【主治】 脱肛。

莲花歌诀：
直肠脱出为莲花,温水洗净去风膜,百2明矾水冲洗,再涂植油缓纳入。

23. 后海穴
【位置】 尾根下方,肛门上方的凹陷中,一穴。
【针法】 圆利针或火针向前上方刺入6~10cm,毫针12~18cm。
【主治】 结症、肚胀、泄泻、直肠麻痹、不孕症等。

24. 尾本穴
【位置】 尾腹侧正中,距尾根6cm的血管(尾静脉)上,一穴。
【针法】 中宽针向上顺血管刺入1cm,出血。
【主治】 闪伤腰胯、腰胯风湿、肠黄、尿闭。

25. 尾尖穴
【位置】 尾巴尖上,一穴。
【针法】 中宽针直刺1~2cm,或将尾尖十字劈开,出血。
【主治】 冷痛、感冒、眩晕。

(三)前肢穴位

1. 膊尖穴
【位置】 肩胛软骨和肩胛骨前角结合处的凹陷中,左右肢各一穴。
【针法】 圆利针或火针沿肩胛骨内侧向后下方刺入3~6cm,毫针12cm。
【主治】 闪伤肩膊痛、肩胛肿痛、前肢风湿。

2. 膊栏穴
【位置】 肩胛软骨和肩胛骨后角结合处的凹陷中,左右肢各一穴。
【针法】 圆利针或火针沿肩胛骨内侧向后下方刺入3~5cm,毫针刺入10~12cm。
【主治】 闪伤肩膊痛、肩胛肿痛、前肢风湿。

3. 弓子穴
【位置】 肩胛软骨(弓子骨)上缘正中点的直下方约10cm处,左右肢各一穴。

【针法】 用大宽针刺破皮肤，两手提拉切口周围皮肤，让空气进入，或以 16 号注射针头刺入穴位皮下，用注射器注入滤过的空气，然后用手向周围推压，使空气扩散到所需范围。

【主治】 肩胛部神经麻痹、肩胛部肌肉萎缩。

弓子歌诀：

弓子骨上缘中间点，下 10 厘米为弓子，肩胛萎缩肩胛麻，注入空气可治愈。

4. 肩井穴

【位置】 肩端，臂骨大结节外上缘的凹陷中，左右肢各一穴。

【针法】 圆利针或火针向后下方刺入 3~4.5cm，毫针 6~8cm。

【主治】 前肢风湿、前肢麻木、肩关节疼痛等前肢的疾病。

5. 抢风穴

【位置】 肩关节后下方约 15cm 处的凹陷中，左右肢各一穴。

【针法】 圆利针或火针直刺 3~4cm，毫针 8~10cm。

【主治】 一切前肢病症。

6. 肘俞穴

【位置】 尺骨肘突前方，臂骨外上髁上缘与肘突之间的凹陷中，左右肢各一穴。

【针法】 圆利针或火针直刺 3~4cm，毫针 6cm。

【主治】 肘部肿胀、肘部风湿、桡神经麻痹等。

7. 乘重穴

【位置】 前臂上端、桡骨外侧韧带结节近下方指总伸肌与指外侧伸肌起始部的肌沟中，左右肢各一穴。

【针法】 圆利针或火针稍斜向前刺入，毫针 3~5cm。

【主治】 桡神经麻痹、前臂风湿、前臂疼痛。

乘重歌诀：

桡骨近端外韧带，结节下方肌沟中，有一穴道为乘重，桡神经麻前臂疼，圆利、火毫刺入消。

8. 前三里穴

【位置】 前臂上部外侧，乘重穴前下方 6cm（桡骨上、中 1/3 交界处），腕桡侧伸肌与指总伸肌之间的肌沟中，左右肢各一穴。

【针法】 圆利针或火针向后上方刺入 3cm，毫针 4.5cm。

【主治】 前肢风湿、桡神经麻痹、消化不良。

9. 膝眼穴

【位置】 腕关节背侧正中稍偏外的凹陷中，左右肢各一穴。

【针法】 提起患肢，中宽针直刺 1cm，放出水肿液。

【主治】 膝黄（腕关节肿胀）、腕关节扭伤。

膝眼歌诀：

腕关背侧有膝眼，正中偏外的凹陷，腕关节扭和肿胀，中宽直刺放水肿。

10. 膝脉穴

【位置】 腕关节内侧下方约6cm（掌骨上、中1/3交界处），筋前骨后的血管上，左右肢各一穴。

【针法】 小宽针沿血管刺入1cm，出血。

【主治】 膝盖（腕关节）肿胀、攒筋（屈腱）肿胀。

膝脉歌诀：

腕关内侧下6厘，掌骨三分上中交，有一穴位是膝脉，小宽顺管刺出血，腕关节肿、屈腱炎。

11. 缠腕穴（前肢名前缠腕，后肢名后缠腕）

【位置】 球节（系关节）后上缘内、外侧，筋前骨后的血管上，每肢内外侧各一穴。

【针法】 小宽针沿血管刺入1cm，出血。

【主治】 系关节扭伤、挫伤、肿胀、五攒痛、屈腱肿胀。

缠腕歌诀：

球节后上缘内、外，筋前骨后血管上，每肢内外各一穴，缠腕小宽刺出血，治球节肿屈腱炎。

12. 蹄头穴

【位置】 四蹄蹄冠上缘1cm处，前蹄在正中向外旁开2~3cm处，后蹄在正中点处，每蹄一穴。

【针法】 中宽针向蹄内直刺1cm，出血。

【主治】 系关节扭伤、挫伤、蹄肿痛、五攒痛、冷痛、结症。

蹄头歌诀：

蹄头前后肢有异，四蹄冠缘上1厘，前蹄背中旁开2，后蹄就在背正中，五攒、球节、蹄头痛，中宽向蹄刺出血。

（四）后肢穴位

1. 环跳穴

【位置】 股骨大转子直前方约6cm处的凹陷中，左右侧各一穴。

【针法】 圆利针或火针直刺3~4.5cm，毫针6~8cm。

【主治】 雁翅痛、后肢风湿、后肢麻木。

2. 大胯穴

【位置】 股骨大转子前下方约6cm处的凹陷中，左右肢各一穴。

【针法】 圆利针或火针沿股骨前缘向后下方斜刺3~4.5cm，毫针6~8cm。

【主治】 后肢风湿、闪伤腰胯。

大胯歌诀：

股骨大转前下方，6cm处有凹陷，火针圆利刺大胯，后肢风湿腰闪伤。

3. 小胯穴

【位置】 股骨第三转子后下方约 3cm 的凹陷中，左右肢各一穴。
【针法】 圆利针或火针直刺 3~4.5cm，毫针 6~8cm。
【主治】 后肢风湿、闪伤腰胯、后肢麻痹。

小胯歌诀：

股骨三转后下方，有一凹陷是小胯，后肢风麻腰胯闪，圆利火毫直刺安。

4. 邪气穴

【位置】 与肛门平位的股二头肌与半腱肌肌沟中，左右肢各一穴。
【针法】 圆利针或火针直刺 4.5cm，毫针 6~8cm。
【主治】 腰胯闪伤、后肢风湿。

邪气歌诀：

股二头、半腱肌沟中，相交肛门水平线，圆利火毫刺邪气，后肢风湿胯闪麻。

5. 肾堂穴

【位置】 大腿内侧，与膝关节水平线同高处的隐静脉上，左右肢各一穴。
【针法】 将后肢提举保定，以中宽针沿血管刺入 1cm，出血。
【主治】 外肾黄（阴囊、睾丸肿胀）、五攒痛、后肢风湿、闪伤腰胯。

6. 后三里穴

【位置】 小腿外侧，腓骨小头下方的肌沟中，左右肢各一穴。
【针法】 圆利针或火针直刺 2~4cm，毫针 4~6cm。
【主治】 脾胃虚弱（消化不良）、后肢风湿、后肢麻痹。

7. 曲池穴

【位置】 跗关节背侧稍偏向内的血管上，左右肢各一穴。
【针法】 小宽针直刺 1cm，出血。
【主治】 胃热不食、跗关节肿痛。

曲池歌诀：

跗关节背稍偏内，曲池就在静脉上，胃热不食跗关肿，小宽沿管刺出血。

8. 滚蹄穴

【位置】 前后肢系部，掌/跖侧正中凹陷中，出现滚蹄时用此穴。
【针法】 横卧保定，患蹄推磨式固定于木桩上，局部剪毛消毒，大宽针针刃平行于系骨刺入，轻症劈开屈肌腱，重症横转针刃，推动"磨杆"至蹄伸直，被动切断部分屈肌腱。
【主治】 滚蹄（去肌腱挛缩）。

滚蹄歌诀：

正中凹陷掌/跖侧，滚蹄穴道在此点，轻症劈开屈肌腱，重则切断部分腱。

四、牛的常用穴位

(一)头部穴位

1. 山根(人中)穴

【位置】 鼻镜上方正中有毛与无毛交界处为主穴，左右鼻孔鼻翼上方正中各有一副穴。

【针法】 小宽针向后下方斜刺1cm，出血。

【主治】 中暑、感冒、脾胃虚弱、腹痛、风湿、癫痫。

2. 鼻中穴

【位置】 两鼻孔下缘连线中点，一穴。

【针法】 小宽针或三棱针直刺1cm，出血。

【主治】 慢草、热病、唇肿、衄血、黄疸。

3. 顺气穴

【位置】 口内硬腭前端，切齿乳头上的两个鼻腭管开口处，左右侧各一穴。

【针法】 将去皮、节的鲜细柳(榆)枝端部削成钝圆形，徐徐插入20~30cm，减去外露部分，留置2~3h或不取出。

【主治】 肚胀、感冒、睛生翳膜。

顺气歌诀：

顺气鼻腭管开口，插细柳枝治肚胀，睛生翳膜和感冒，插枝也能疾病消。

4. 通关穴

【位置】 舌体腹侧面，舌系带两旁的血管上，左右侧各一穴。

【针法】 将舌拉出，向上翻转，小宽针或三棱针刺入1cm，出血。

【主治】 慢草、木舌、中暑、春秋季开针洗口有防病的作用。

5. 承浆穴

【位置】 下唇下缘正中，有毛与无毛交界处，一穴。

【针法】 中、小宽针向后下方刺入1cm，出血。

【主治】 下颌肿胀、五脏积热、慢草。

6. 锁口穴

【位置】 口角后上方约3cm凹陷处，左右侧各一穴。

【针法】 小宽针或火针向后上方平刺3cm，毫针4~6cm，或透刺开关穴。

【主治】 牙关紧闭、歪嘴风。

7. 开关穴

【位置】 口角向后的延长线与咬肌前缘相交处，左右侧各一穴。

【针法】 中宽针、圆利针或火针向后上方刺入2~3cm，毫针4~6cm，或透刺锁口。

【主治】 破伤风、歪嘴风、腮黄。

8. 鼻俞穴

【位置】 鼻孔上方4.5cm处(鼻颌切迹内)，左右侧各一穴。

【针法】 三棱针或小宽针直刺1.5cm，或透刺到对侧，出血。

【主治】 肺热、感冒、中暑、鼻肿。

9. 三江穴
【位置】 内眼角下方约4.5cm处的血管分叉处，左右侧各一穴。
【针法】 低拴牛头，使血管怒张，用三棱针或小宽针刺入1cm，出血。
【主治】 疝痛、肚胀、肝热传眼。

10. 睛明穴
【位置】 下眼眶上缘，两眼角内，中1/3交界处，左右眼各一穴。
【针法】 左手拇指切穴，上压眼球，毫针向下方刺入3cm；或翻开下眼皮，以三棱针乱刺，出血。
【主治】 肝热传眼、睛生翳膜。

11. 睛俞穴
【位置】 上眼眶下缘正中的凹陷中，左右眼各一穴。
【针法】 下压眼球，毫针沿眶上突下缘向内上方刺入2~3cm；或三棱针在上眼睑黏膜上散刺，出血。
【主治】 肝经风热、肝热传眼。

12. 太阳穴
【位置】 外眼角后方约3cm处，颧弓上缘的凹陷正中，左右侧各一穴。
【针法】 小宽针刺入1~2cm，出血；或避开血管，毫针刺入3~6cm；或施水针。
【主治】 中暑、感冒、角膜炎、角膜翳。

太阳歌诀：
眼角后方凹陷处，太阳穴道在此处，毫针直刺1厘米，眼睛感冒可消除。

13. 通天穴
【位置】 两内眼角连线正中上方6~8cm处，一穴。
【针法】 火针沿皮下向上平刺2~3cm，或火烙；治脑包虫可施开颅术。
【主治】 感冒、脑黄、癫痫、破伤风、脑包虫。

通天歌诀：
两内眼角连线中，中上6~8厘处，脑黄、感冒破伤风，火针沿皮上平刺。

14. 耳尖穴
【位置】 耳背面距尖端1寸左右，耳大静脉的三条分支上，左右耳各三穴。
【针法】 捏紧耳根，使血管怒张，用中宽针或大三棱针刺破血管，出血。
【主治】 中暑、感冒、热性病、腹痛。

15. 耳根穴
【位置】 耳根后方，耳根与环椎翼前缘之间的凹陷，左右侧各一穴。
【针法】 中宽针或火针向内下方刺入1~1.5cm，圆利针或毫针刺入3~6cm。
【主治】 感冒、过劳、腹痛、风湿。

耳根歌诀：
耳根穴在耳根部，耳后正中凹陷处，毫针内下斜刺3，感冒过劳腹痛除。

16. 天门穴
【位置】 两角根后缘连线之中点稍后的凹陷正中，一穴。
【针法】 火针、小宽针或圆利针向后下方斜刺3cm，毫针3~6cm，或火烙。
【主治】 感冒、脑黄、癫痫、破伤风。

天门歌诀：
牛两角根后缘连，连线中点后凹陷，天门就在正中点，针治脑黄、破伤风。

(二)躯干部穴位

1. 颈脉穴
【位置】 颈静脉沟上、中1/3交界处的颈静脉上，左右侧各一穴。
【针法】 高拴牛头，徒手按压或扣颈绳，大宽针刺入1cm，出血。
【主治】 热证、中暑、中毒。

2. 健胃穴
【位置】 颈部上、中1/3交界处的颈静脉沟上缘，左右侧各一穴。
【针法】 毫针向对侧斜下方刺入4.5~6cm，或电针。
【主治】 瘤胃积食、前胃迟缓。

健胃歌诀：
马迷交感牛健胃，积食、迟缓针治消。

3. 丹田穴
【位置】 第一、第二胸椎棘突间的凹陷中，一穴。
【针法】 小宽针、圆利针或火针向前下方刺入3cm，毫针6cm。
【主治】 中暑、过劳、前肢风湿、肩痛。

丹田歌诀：
1、2胸椎棘突间，牛的穴道是丹田，中暑、过劳、肩风痛，针治丹田病痛消。

4. 鬐甲穴
【位置】 第三、四胸椎棘突之间的凹陷中，一穴。
【针法】 小宽针或火针向前下方刺入2~3cm，毫针4~5cm。
【主治】 前肢风湿、肺热咳嗽、脱膊、肩肿。

5. 苏气穴
【位置】 第八、第九胸椎棘突间的凹陷中，一穴。
【针法】 小宽针、圆利针或火针向前下方刺入1.5~2.5cm，毫针3~4.5cm。
【主治】 肺热、咳嗽、气喘。

苏气歌诀：
八九胸椎棘突间，有一凹陷是苏气，咳嗽、气喘有肺热，针治苏气症能消。

6. 天平穴

【位置】 最后胸椎与第一腰椎棘突间的凹陷中，一穴。

【针法】 小宽针、圆利针或火针向前下方刺入2cm，毫针3~4cm。

【主治】 尿闭、肠黄、尿血、便血、阉割后出血。

天平歌诀：

马的断血牛天平，阉后出血，血尿便。

7. 关元俞穴

【位置】 最后肋骨与第一腰椎横突顶端之间的髂肋肌沟中，左右各一穴。

【针法】 小宽针、圆利针或火针向内下方刺入3cm，毫针4.5cm；亦可向脊椎方向刺入6~9cm。

【主治】 慢草、便结、肚胀、积食、腹泻。

8. 肺俞穴

【位置】 倒数第五、六、七、八任一肋间与髋关节水平线的交点处，左右各一穴。

【针法】 小宽针、圆利针或火针向内下方刺入3~4.5cm，毫针6cm。

【主治】 肺热咳嗽、感冒、劳伤、气喘。

9. 六脉穴

【位置】 倒数第一、二、三肋间，髂骨翼上角水平线上的髂肋肌沟中，左右侧各三穴。

【针法】 小宽针、圆利针或火针向内下方刺入3cm，毫针6cm。

【主治】 便秘、积食、肚胀、腹泻、慢草。

六脉歌诀：

六脉共有六个穴，倒数肋间1、2、3，髋翼上角水平线，髂肋肌沟中穴点，左右各三治便秘，肚胀、腹泻和慢草。

10. 脾俞穴

【位置】 倒数第三肋间，髂骨翼上角水平线上的髂肋肌沟中，左右侧各一穴。

【针法】 小宽针、圆利针或火针向内下方刺入3cm，毫针6cm。

【主治】 同六脉穴。

11. 食胀穴

【位置】 左侧倒数第二肋间与髋结节下角水平相交处，一穴。

【针法】 小宽针、圆利针或火针向内下方刺入9cm，达到瘤胃背囊内。

【主治】 宿草不转、肚胀、消化不良。

食胀歌诀：

肋间左侧倒数2，髋结节下角水平交，宿草不转食胀疗。

12. 命门穴

【位置】 第二、三腰椎棘突间的凹陷中，一穴。

【针法】 小宽针、圆利针或火针向前下方刺入 3cm，毫针 3~5cm。
【主治】 腰痛、尿闭、血尿、胎衣不下、慢草。

13. 百会穴
【位置】 腰荐十字部，即最后腰椎与第一荐椎棘突之间的凹陷中，一穴。
【针法】 小宽针、圆利针或火针向前下方刺入 3~4.5cm，毫针刺入 6~9cm。
【主治】 腰胯风湿、闪伤、二便不利、后驱瘫痪。

14. 雁翅穴
【位置】 髋结节最高点前缘到背中线所作垂线的中、外 1/3 交界处，左右各一穴。
【针法】 小宽针、圆利针或火针向前下方刺入 1.5~2.5cm。
【主治】 腰胯风湿、不孕症。

雁翅歌诀：
髋节最高点前缘，到背中线做垂线，垂线三分中、外交，左右各一雁翅有，腰胯风湿、不孕症，针治雁翅最对症。

15. 欣俞穴
【位置】 左侧欣窝部，即肋骨后，腰椎下与髋骨翼前形成的三角区域内，一穴。
【针法】 套管针或大号采血针向内下方刺入 6~9cm，徐徐放出气体。
【主治】 急性瘤胃臌气。

16. 滴明穴
【位置】 脐前约 15cm，腹中线旁开约 12cm 处的血管上，左右侧各一穴。
【针法】 中宽针顺血管刺入 2cm，出血。
【主治】 乳房炎、尿闭。

滴明歌诀：
脐前 15 旁 12，血管上有滴明穴，尿闭还有乳房炎，中宽顺管至出血。

17. 云门穴
【位置】 脐旁开 3cm，左右侧各一穴。
【针法】 治肚底黄，用大宽针在肿胀处散刺；治腹水，先用大宽针破皮，再插宿水管。
【主治】 肚底黄、腹水。

云门歌诀：
脐部旁开 3 厘米，左右各一有云门，腹部腹水、肚底黄，针治云门宿水管。

18. 阳明穴
【位置】 乳头基部外侧，每个乳头各一穴。
【针法】 小宽针向内上方刺入 1~2cm，或激光照射。
【主治】 乳房炎、尿闭。

阳明歌诀：
乳头基部有阳明，基部外侧是穴点，乳房炎症和尿闭，针治阳明症可除。

19. 阴俞穴

【位置】 肛门与阴门（♀）或阴囊（♂）中点的中心缝上，一穴。

【针法】 毫针、圆利针或火针直刺 1~2cm。

【主治】 阴道脱、子宫脱、带下（♀）；垂缕不收（♂）。

20. 阴脱穴

【位置】 阴唇两侧，阴唇上下联合中点旁开 2cm，左右侧各一穴。

【针法】 毫针向前下方刺入 4~8cm，或电针、水针。

【主治】 阴道脱、子宫脱。

21. 肛脱穴

【位置】 肛门两侧旁开 2cm，左右侧各一穴。

【针法】 毫针向前下方刺入 3~5cm，或电针、水针。

【主治】 直肠脱。

22. 后海穴

【位置】 尾根下方，肛门上方的凹陷中，一穴。

【针法】 小宽针、圆利针或火针向前上方刺入 3~4.5cm，毫针 6~10cm。

【主治】 久痢泄泻、胃肠热结、脱肛、不孕症等。

23. 尾根穴

【位置】 荐椎与尾椎棘突间的凹陷中，即上下摇动尾巴，在动与不动交界处，一穴。

【针法】 小宽针、圆利针或火针向前下方刺入 1~2cm，毫针 3cm。

【主治】 便秘、热泻、脱肛、热性病。

24. 尾本穴

【位置】 尾腹侧正中，距尾根 6cm 的血管（尾静脉）上，一穴。

【针法】 中宽针刺入 1cm，出血。

【主治】 腰风湿、尾神经麻痹、便秘。

25. 尾尖穴

【位置】 尾尖末端，一穴。

【针法】 中宽针直刺 1cm 或将尾尖十字劈开，出血。

【主治】 中暑、中毒、感冒、过劳、热性病。

（三）前肢穴位

1. 膊尖穴

【位置】 肩胛软骨和肩胛骨前角结合处的凹陷中，左右肢各一穴。

【针法】 小宽针、圆利针或火针沿肩胛骨内侧向后下方斜刺 3~6cm，毫针 9cm。

【主治】 失膊、前肢风湿。

2. 膊栏穴

【位置】 肩胛软骨和肩胛骨后角结合处的凹陷中，左右肢各一穴。

【针法】 小宽针、圆利针或火针沿肩胛骨内侧向前下方斜刺 3cm，毫针 6~9cm。

【主治】 失膊、前肢风湿。

3. 肩井穴

【位置】 肩关节前上缘，臂骨大结节外上缘的凹陷中，冈上肌与冈下肌的肌间隙内，左右肢各一穴。

【针法】 小宽针、圆利针或火针向内下方斜刺 3~4.5cm，毫针 6~9cm。

【主治】 前肢风湿、前肢麻木、肩关节疼痛等前肢疾病。

4. 抢风穴

【位置】 肩关节后下方约 15cm 处的凹陷中，左右肢各一穴。

【针法】 小宽针、圆利针或火针直刺 3~4.5cm，毫针 6cm。

【主治】 一切前肢病症。

5. 肘俞穴

【位置】 臂骨外上髁上缘与肘突之间的凹陷中，左右肢各一穴。

【针法】 小宽针、圆利针或火针向内下方斜刺 3cm，毫针 4.5cm。

【主治】 肘部肿胀、前肢风湿、肿痛、桡神经麻痹等。

6. 膝眼穴

【位置】 腕关节背外侧下缘的凹陷中，左右肢各一穴。

【针法】 中、小宽针向后上方刺入 1cm，放出黄水。

【主治】 膝黄、腕关节肿胀。

7. 膝脉穴

【位置】 掌骨内侧、副腕骨下方 6cm 处的血管上，左右肢各一穴。

【针法】 中、小宽针沿血管刺入 1cm，出血。

【主治】 腕关节肿胀、攒筋肿胀。

8. 前缠腕穴

【位置】 前肢球节上方两侧，掌内、外侧沟末端内的指内、外侧静脉上，左、右肢内外侧各一穴。

【针法】 中、小宽针沿血管刺入 1.5cm，出血。

【主治】 蹄黄、球关节肿痛、扭伤。

9. 涌泉穴

【位置】 前蹄叉前缘正中稍上方的凹陷中，每肢一穴。

【针法】 中、小宽针直刺 1~1.5cm，出血。

【主治】 蹄肿、扭伤、便结、腹痛、感冒。

10. 前蹄头穴

【位置】 第三、四指的蹄匣上缘正中，有毛与无毛交界处，每蹄内外侧各一穴。

【针法】 中宽针直刺 1cm，出血。

【主治】 蹄黄、扭伤、便结、腹痛、感冒。

(四)后肢穴位

1. 环跳穴

【位置】 髋关节前上缘，股骨大转子前方臀肌下缘的凹陷中，左右侧各一穴。

【针法】 小宽针、圆利针或火针直刺3~4.5cm，毫针6cm。
【主治】 腰胯痛、后肢风湿、麻木。

2. 大转穴
【位置】 髋关节前缘，股骨大转子前下方约6cm处的凹陷中，左右侧各一穴。
【针法】 小宽针、圆利针或火针直刺4~4.5cm，毫针6cm。
【主治】 后肢风湿、麻木、腰胯闪伤。

3. 大胯穴
【位置】 髋关节上缘，股骨大转子正上方9~12cm处的凹陷中，左右侧各一穴。
【针法】 小宽针、圆利针或火针直刺3~4.5cm，毫针6cm。
【主治】 后肢风湿、麻木、闪伤腰胯。

4. 小胯穴
【位置】 髋关节下缘，股骨大转子正下方6cm处的凹陷中，左右侧各一穴。
【针法】 小宽针、圆利针或火针直刺3~4.5cm，毫针6cm。
【主治】 后肢风湿、闪伤腰胯、后肢麻痹。

5. 邪气穴
【位置】 股骨大转子和坐骨结节连线与股二头肌沟相交处，左右侧各一穴。
【针法】 小宽针、圆利针或火针直刺3~4.5cm，毫针6cm。
【主治】 后肢风湿、闪伤、麻痹、腰胯肿痛。

6. 肾堂穴
【位置】 股内侧，大腿皱褶下方约9cm的血管上，左右肢各一穴。
【针法】 提举保定对侧后肢，以中宽针顺血管刺入1cm，出血。
【主治】 五攒痛、后肢风湿。

7. 后三里穴
【位置】 小腿外侧上部，腓骨小头下方的肌沟中，左右肢各一穴。
【针法】 毫针向内下方刺入6~7.5cm。
【主治】 脾胃虚弱(消化不良)、后肢风湿、后肢麻痹。

8. 曲池穴
【位置】 跗关节背侧稍偏外，中横韧带下方，趾长伸肌外侧的血管上，左右肢各一穴。
【针法】 中宽针刺入1cm，出血。
【主治】 跗骨肿痛，后肢风湿。

9. 后缠腕穴
【位置】 后肢球节上方两侧，趾内、外侧沟末端内的血管上，每肢内外侧各一穴。
【针法】 中、小宽针沿血管刺入1.5cm，出血。
【主治】 蹄黄、球关节肿痛、扭伤。

10. 滴水穴
【位置】 后蹄叉前缘正中稍上方的凹陷中，每肢各一穴。
【针法】 中、小宽针沿血管刺入1~1.5cm，出血。

【主治】 蹄肿、扭伤、中暑、感冒。

11. 后蹄头穴
【位置】 第三、四趾的蹄匣上缘正中,有毛和无毛交界处,每蹄内外侧各一穴。
【针法】 中宽针直刺1cm,出血。
【主治】 蹄黄、扭伤、便结、腹痛、中暑、感冒。

第二节 家畜常见病的针灸处方

一、犬的常见针灸处方

(一)日射病和热射病

1. 病因 日射病由夏季强烈日光长时间直接照射引起,热射病由环境温度过高或闷热所致,发病突然。
2. 症状 昏迷、肌肉抽搐,甚至死亡。
3. 治疗 将病犬迅速移到阴凉通风处,冷敷,治疗以血针和白针为主,配合强心补液。
血针:耳尖、尾尖为主穴,山根、胸膛、涌泉、滴水等为配穴。
白针:水沟、大椎为主穴,天门、指间、趾间为配穴。

(二)休克

1. 病因 由多种致病因素,如严重创伤、大失血、中毒、过敏等病因引起。
2. 症状 初期表现为兴奋不安,心跳过速,呼吸加快,体温升高,黏膜发绀,尿量减少;继而精神沉郁,黏膜苍白、口渴、呕吐,对痛觉、听觉、视觉的刺激反应不敏感,甚至完全消失,瞳孔放大,最后昏迷,甚至死亡。
3. 治疗 治疗以白针、血针为主,同时配合药物急救。
白针:水沟为主穴,内关、后三里、指间、趾间为配穴。
血针:山根、耳尖为主穴,尾尖、胸膛为配穴。

(三)肺炎

1. 病因 由寒冷、潮湿、物理、化学等刺激或某些传染病、寄生虫等引起。
2. 症状 以流鼻涕、咳嗽,持续体温升高,听诊出现啰音等为特点。
3. 治疗 治疗以白针、血针为主,配合抗生素和清热化痰药。
白针:肺俞、大椎为主穴,身柱、灵台、水沟为配穴。
血针:耳尖、尾尖为主穴,涌泉、滴水为配穴。
水针:喉俞穴,注射氨苄西林0.15g(用2%的普鲁卡因稀释)。

(四)肚胀

1. 病因 多因一次性采食过多,或食物在胃肠内异常发酵产生过多的气体而引起,有食胀和气胀两种。
2. 症状 二者均以食欲废绝,肚腹胀满,腹围增加为特征。食胀者,腹部触诊肠内容物较多;气胀者,腹部触诊比较柔软,肠道内充满气体,扣之呈鼓音。
3. 治疗 治疗用白针或电针,配合药物消食、消胀。

白针或电针：后海、后三里为主穴，百会、大肠俞、外关、内关为配穴。
艾灸：中脘、天枢、后海、后三里穴。

(五)便秘

1. 病因 由于长期饲喂干饲料而又饮水不足，或饲喂过多粗纤维饲料及骨头等食物，影响胃肠传输功能而发病。

2. 症状 以排便困难，甚至不排便，粪球干硬，腹痛伸尾，精神不安，不时吠叫为特征。

3. 治疗 治疗以电针、白针为主，配合药物泻下通肠。
电针：双侧关元俞穴。
白针：关元俞、大肠俞、脾俞为主穴，后三里、后海、百会、外关为配穴。
血针：三江为主穴，尾尖、耳尖为配穴。

(六)腹泻

1. 病因 多由饲饮不节，外感湿热毒邪，内伤阴冷寒湿，致使脾胃运化功能失常，清浊不分，下注大肠而引起，常见于各种急、慢性肠炎。

2. 症状 以排粪次数增加，粪便稀薄，甚至带有大量脓血为特征。

3. 治疗 治疗以白针为主，配合药物燥湿止泻。
白针：脾俞、后海、后三里为主穴，百会、胃俞、大肠俞、悬枢为配穴。
艾灸：天枢、中脘、脾俞、后三里穴。
水针：关元俞、后三里、后海、百会穴，注射抗生素或止泻药物。
血针：尾尖为主穴，涌泉、滴水为配穴。

(七)风湿症

1. 病因 多见于生活在室外保暖不好的大型犬，因感受风、寒、湿邪所引起。

2. 症状 四肢或全身肌肉僵硬、疼痛，运动障碍，遇热或运动后症状减轻。

3. 治疗 治疗用白针或电针。
白针或电针：颈部风湿，选大椎、身柱、灵台穴；腰背部风湿，选悬枢、命门、百会、肾俞、尾根、后海穴；前肢风湿，选肩井、肩外髃、抢风、肘俞、郄上、前三里、外关、内关、指间穴；后肢风湿，选百会、环跳、膝下、后三里、阳辅、解溪、后跟、趾间穴。

(八)椎间盘突出

1. 病因 由遗传、激素紊乱等原因诱发的椎间盘退行性病变，常发于胸腰部和颈部。

2. 症状 胸腰椎发病者，表现为弓腰，行动迟缓，不愿蹦跳，触诊腹壁或按压背部有疼痛反应；严重者，步态踉跄，两后肢拖拉或后躯麻痹，排粪、排尿困难或失禁。颈椎发病者，表现为颈部疼痛，肌肉紧张，头颈转动不灵，或前肢跛行。

3. 治疗 治疗以白针、电针为主，配合药物局部封闭。
白针、电针：腰胸椎发病，在邻近病变不远的背中线以及两侧的髂肋肌沟中取穴；颈椎发病，取天门、身柱穴。
水针：大椎、悬枢、百会穴，注射当归注射液或维生素 B_1。
激光针：患部照射。

(九)桡神经麻痹

1. 病因 多由外伤、压迫等原因引起,有部分麻痹和完全麻痹两种。

2. 症状 部分麻痹者,站立时无明显异常,但常以指尖负重,运动时腕、指关节伸展困难,以指尖触地。完全麻痹者,站立时患肢长于健肢,肩关节过度伸展,肘关节下沉,以指尖或指背侧着地;运动时患肢不能充分提起,前伸困难,指尖拽地而行;对疼痛刺激反应减弱或消失。

3. 治疗 治疗以白针、电针为主。

白针:抢风、前三里、郄上、外关为主穴,肩井、肩外髃、肘俞、内关、曲池、阳池、指间等为配穴。

电针:以抢风为主穴,阳池、外关、指间为配穴。

水针:抢风、前三里穴,注射维生素 B_1 或当归注射液。

二、马的常见病针灸处方

(一)黑汗风(中暑)

1. 病因 暑月炎天,烈日暴晒,缺乏饮水,热积心胸,气血壅热而致病。

2. 症状 发病急速,气促喘粗,大汗淋漓,神晕头低,站立如痴,行如醉酒。严重者,浑身肉颤,口色鲜红,脉象洪数。

3. 治疗 应立即将马移到阴凉处,冷水浇头,治疗以血针为主,配合中药清热解暑,安神开窍。

血针:颈脉为主穴,放血 1000~2000mL,分水、尾尖、太阳、三江、带脉、通关等为配穴。

(二)肺热咳嗽(肺炎)

1. 病因 由于外感、内伤、热邪犯肺,肺失肃降,热煎津液成痰,痰液滋生,肺热壅盛,均可致咳。

2. 症状 患病动物咳嗽连声,咳声高亢,鼻流黄涕,口渴引饮,大便干燥,小便短赤;口色红燥,苔黄,脉象洪数。

3. 治疗 治疗以血针为主,配合中药清热解毒,宣肺平喘。

血针:轻者以血堂为主穴,玉堂和胸膛为配穴;中者以颈脉为主穴,放血 500~1000mL。

白针:大椎为主穴,肺俞、鼻前为配穴。

(三)肚胀

1. 病因 误食霉败草料或过食大量易于发酵的饲料,停滞胃肠,发酵产气;或饱食急役,草料突然更换等,均可致伤脾胃,腐熟水谷功能降低,运化无力,浊气积于胃肠,致成此病。

2. 症状 腹部胀大,扣之如鼓,时起时卧,肠音微弱,排粪减少或停止,口色赤红或赤紫,脉象细数。

3. 治疗 治疗以火针为主,配合中药破气消胀。

火针:脾俞为主穴,后海、百会、关元俞为配穴。

血针:三江为主穴,蹄头为配穴。

电针：两侧关元俞，弱刺激20min。
白针：肷俞为主穴，脾俞为配穴。
巧治：肷俞穴，急症放气。

(四)冷痛(痉挛疝)

1. 病因 久渴失饮，空肠饮冷水太过；或天气骤寒，夜露风霜；或遭阴雨苦淋，寒湿停于胃肠，致使肚腹疼痛。

2. 症状 发病突然，急起急卧，肠鸣如雷，鼻寒耳冷，前蹄刨地，踢腹蹲腰；口色青黄，脉象迟细。

3. 治疗 以血针为主，配合中药温中散寒，理气止痛。
血针：三江为主穴，分水、耳尖、尾尖、蹄头为配穴。
巧治：姜牙穴。
火针：脾俞为主穴，百会、后海、百会为配穴。
电针：两侧关元俞、脾俞、后海、百会等穴。

(五)结症(便秘疝)

1. 病因 使役不当、饮喂失宜，致使胃肠传导失常，积粪难下；或平素胃肠衰弱；或齿磨不整，咀嚼不全，草料难消化；或天气骤变，扰乱胃肠功能，均可致病。

2. 症状 精神不安，食欲大减或不食，肠音减弱或消失，排粪停止，腹痛起卧，回头顾腹；口干舌燥，苔黄，脉象沉实。

3. 治疗 治疗以电针为主，配合中药泻热攻下，消积通肠，必要时施掏结术。
电针：两侧关元俞，或迷交感，每次30min。
水针：两侧耳穴(耳根后方凹陷处)，各注入生理盐水50~100mL；或迷交感、后海，各注入10%氯化钾溶液10mL。
血针：三江为主穴，蹄头为配穴。
巧治：掏结术。

(六)冷肠泄泻(寒泻)

1. 病因 多因久渴失饮，空肠饮冷水太过；或饲冰冻草料，或久卧湿地，夜露风霜，致使寒湿侵于胃肠，脏冷气虚，水谷不化，清浊不分，混杂而下，乃致其病。

2. 症状 肠鸣如雷，泻粪如浆或粪水齐下，间有腹痛，食少饮多，毛焦肷吊；口色青黄，脉象沉迟。

3. 治疗 治疗以火针为主，配合水针疗法。
火针：脾俞为主穴，百会、大肠俞、后海为配穴。
水针：百会、后三里为主穴，每穴注入10%安钠咖注射液5~10mL，每日1次，连续注射2~3次。火针、水针同时用于不同穴位更好，腹痛者加刺三江、分水穴。

(七)脱肛

1. 病因 多因体质瘦弱，脏冷气虚，或久泻不止，中气下陷，或粪便迟滞，努责过度，致使直肠脱出，外感风寒，难以收缩，遂成此病。

2. 症状 直肠翻出肛门外，形如螺旋，呈圆柱状，初期颜色淡红，久则变暗，水肿，排便困难，弓腰举尾，不时努责，吭气连声，食欲减少，口色青黄，脉象迟细。

3. 治疗 治疗以巧治为主，配合中药补中益气，升阳举陷。

巧治：莲花穴。先用肥皂水灌肠，排出直肠积粪，然后用温开水、0.1%高锰酸钾溶液洗净脱出的直肠，去除坏死的瘀膜，挤出瘀血毒水，涂以明矾末和植物油后，轻轻还纳复位，再配合电针和水针固定。

电针：后海肛脱穴组，首次治疗通电2~4h，以后每次1h，每日1次，7天为一个疗程。

水针：两侧肛脱穴，各注入95%酒精10mL。

(八) 云翳遮睛

1. 病因 外感风热之邪，或肝经积热上充于目，使角膜发生云翳，遮蔽瞳孔。此外，由于外伤或化学物质的刺激，也能引起本病。

2. 症状 结膜肿胀赤红，羞明流泪，眵多难睁，睛生云翳，视力减退，甚至失明。

3. 治疗 治疗以血针、水针为主，配合中药清肝泻火，明目退翳。

血针：太阳为主穴，三江、睛俞（点刺出血）为配穴。

水针：上、下眼睑皮下，注入青霉素40万单位，用1%普鲁卡因2mL稀释，混入自家血20mL，隔日一次。

巧治：用胡黄连水或青霉素生理盐水，经鼻管穴冲洗患眼。

(九) 肚底黄（外伤所致淋巴外渗）

1. 病因 多暑月炎天，劳役过重，血分郁热，气血运行过旺，溢于肌肤成黄；或脾肾虚弱，水液运化障碍，致使水湿停滞肚底而发病；或膘肥肉满，运动不足也可引发本病。

2. 症状 腹下肿起，肿胀逐渐增大，最后布满肚底，形如锅底，按之留痕，无热无痛，刺破流出淡黄或淡红色水液。

3. 治疗 治疗以血针为主，配合中药清热解毒，消肿散瘀。

血针：宽针在肿处散刺，或配蹄头、带脉、姜牙、分水、颈脉穴。

温敷：水5000mL烧开，加小麦面100~150g，食碱少许，煮沸，候温趁热涂刷患处。

(十) 歪嘴风（面神经麻痹）

1. 病因 多因外感风邪或外伤所致。

2. 症状 一侧患病时，患侧耳郭、上眼睑及下唇下垂，上唇歪向健侧，口流涎，舌尖外露，多用门齿采食。两侧患病者，两耳下垂，两眼半闭，鼻孔塌陷，采食、饮水、呼吸均困难。

3. 治疗 治疗以电针为主，配合中药祛风活络。

电针：锁口、开关、抱腮、承浆等穴，每次选取两组（4个）穴道，通电刺激30min。每日1次，5~7次为一个疗程。

白针：开关为主穴，锁口、抱腮为配穴。

火针：开关、抱腮为主穴，锁口、上关、下关、风门为配穴。

水针：开关为主穴，锁口、抱腮为配穴，每穴注入10%葡萄糖注射液10~20mL，或维生素B_1注射液5mL，或硝酸士的宁注射液。

温熨：患侧腮颊部间接烧烙，烙至耳根微汗为度。

埋线：在面神经径路上选一点，剪毛消毒后，用羊肠线穿过神经干打结（不可过紧，以免过度压迫神经）。

(十一)寒伤腰胯

1. 病因 老弱瘦马，使役过度，又遇气候骤变，风吹雨淋，汗出当风，或夜卧寒湿之地，致使肾经受寒，传至腰胯而致病。

2. 症状 毛焦欠吊，耳耷头低，牵行不动，吊腰弓背，起卧困难；行走束步，难移后脚，前行后拽，回转不灵。触诊腰背部，凹腰现象不明显；卧地起立时先起后躯。

3. 治疗 治疗以火针为主，配合中药暖腰肾，祛风湿。

火针：百会为主穴，其他腰胯部穴位为配穴，轮流交替施针。

白针、电针：百会为主穴，其他腰胯部穴位为配穴。

血针：尾本，肾堂。

温熨：醋酒灸或酒糟灸腰胯部。

(十二)四肢风湿

1. 病因 多因劳役过重，畜体卫气不固，再逢气候突变、夜露风霜、阴雨淋湿、久卧湿地、穿堂贼风、乘热渡河、带汗揭鞍等时，风寒湿邪乘虚侵犯肌肤，流窜经络，侵害肌肉、关节筋骨，引起经络阻塞，气血凝滞，遂成此病。

2. 症状 患病动物步态强拘，束步难行，行动缓慢，气候变暖或运动一段时间后，症状减轻。

3. 治疗 治疗用血针、火针、电针等，配合中药祛风散寒，除湿通络。

血针：前肢，胸膛穴；后肢，肾堂穴。

火针：前肢，抢风为主穴，其他肩臂部穴道为配穴；后肢，巴山为主穴，其他臀部、股部穴位为配穴。

水针：患部穴位或肌肉起止点注入复方氨基比林注射液或安乃近注射液 10~20mL。

(十三)五攒痛

1. 病因 料伤型五攒痛多因过食浓厚饲料，运动不足；或者胃肠阻滞，饮水不足，致使谷料毒气凝于胃肠，吸入血脉，循行于四肢。走伤型五攒痛多因膘满肉重，饱后重役，奔走太急，致使气血凝滞于胸膈和四肢，流注于蹄。

2. 症状 患病动物精神倦怠，眼闭头低，四肢收于腹下，卧多行少，体温升高，食欲大减，粪稀酸臭，呼吸急促，口色鲜红，脉象洪大(料伤型)。多突然发生高度支跛，患肢不能负重，两肢或四肢同时发病，肌肉震颤，站立不稳，蹄温升高，指(趾)动脉搏动亢进。

3. 治疗 治疗以血针为主，配合中药活血理气，消食化积(料伤型)，清热利湿(走伤型)。

血针：蹄头为主穴，料伤型配玉堂、通关穴；前肢病重配胸膛，后肢病重配肾堂。

(十四)滚蹄(屈腱挛缩)

1. 病因 由于长途运输，久役伤筋；或道路不平，负重急走，滑闪踏空，损伤筋腱，致使屈腱挛缩。另外，装蹄失宜，蹄踵过削，患畜为了避免屈腱过度伸张而蹄踵下沉不充分，蹄尖着地，蹄壁前倾，日久形成滚蹄。

2. 症状 患肢屈腱紧张，系部直立。蹄壁前倾，蹄尖着地并严重磨损，严重者蹄向后翻，蹄壁着地。

3. 治疗 治疗以巧治为主，结合修蹄并装矫形蹄铁。

巧治：滚蹄穴。侧卧保定，患肢"推磨式保定法"固定，局部剪毛消毒，中宽针针锋与屈肌腱平行刺入穴位1cm。病轻者顺腱纤维方向摆动针锋，切开病腱；病重者扭转针锋，左右摆动，切断部分筋腱，同时用力推动木棍，使患蹄恢复正常位置。出针后，再用力推动几下木棍，针孔消毒。

三、牛的常见病针灸处方

（一）肺热咳嗽

1. 病因 秋冬季节，因风寒感冒，未及时医治，寒邪入里化热；或暑月炎天，劳役过度，邪热内侵而犯肺，使肺气郁闭。

2. 症状 患病动物精神沉郁，食欲不振，咳嗽气喘，出气较热，鼻镜干燥，小便短赤，大便干燥，口色较红，脉象洪数。

3. 治疗 治疗以血针为主，配合中药清肺止咳。

血针：鼻俞为主穴，颈脉、耳尖、通关为配穴。

水针：丹田为主穴，苏气、肺俞为配穴，每穴注射青霉素80万单位或柴胡注射液5mL，每日1次，连用3~4次。

白针：肺俞为主穴，百会、苏气为配穴。

拔火罐：肺俞穴，白针后施术。

（二）脾虚慢草（脾胃虚弱）

1. 病因 长时间饲喂质坚难以消化的草料；或饲喂不节，时饥时饱；或采食过量，以及运动不足等，致使胃肠负担过重，脾胃受损，日久则腐熟运化功能降低，导致本病的发生。

2. 症状 本病多见于老龄、体弱的舍饲牛。患牛精神沉郁，被毛松乱，慢草或不食，反刍减少或停止，瘤胃蠕动无力，反复胀气，粪粗糙，混有未消化的草料，腹泻与便秘交替发生，毛焦欣吊，口色淡白，脉象无力。

3. 治疗 治疗以白针、电针为主，配合中药补气健脾。

白针：脾俞为主穴，六脉、关元俞、食胀、后三里为配穴。

电针：百会为主穴，关元俞、脾俞为配穴；或两侧关元俞穴。每次二穴，通电30min，每日一次。

水针：健胃为主穴，脾俞、后三里为配穴，每穴注入10%葡萄糖注射液10mL，或0.2%硝酸士的宁注射液10mL，或新斯的明注射液8mg。

血针：通关为主穴，山根、蹄头为配穴。

（三）肚胀（瘤胃臌气）

1. 病因 多因过食易于发酵产气的饲料，或饱腹重役，草料不得运化而发酵产气；或脾胃素弱，使役过重，无力腐熟运化，草料积滞，发酵产气；或脾胃素虚，饮以大量冷水，水湿不得运化，积滞于胃而生泡沫，均可导致肚胀。

2. 症状 一般发病急促，反刍停止，肚腹胀满，呼吸急促；严重者四肢张开，摇尾踢腹，张口流涎，伸舌吼叫，肛门外突，口色青紫，脉数而有力。

3. 治疗 治疗以巧治为主，配合中药行气消胀。

巧治：肷俞穴，套管针穿刺放气，顺气穴用新嫩树枝缓缓插入。

电针：关元俞为主穴，食胀、后海为配穴；或两侧反刍穴(倒数第一肋间)。

白针：脾俞、关元俞为主穴，百会、后海、苏气为配穴。

(四)宿草不转(瘤胃积食)

1. 病因 久食粗硬草料，久饥食过饱，食后大量饮水，饱后立即使役，或突换适口草料，食之过饱，不能运转，宿草难消，停滞于胃，导致本病。

2. 症状 一般采食后不久即发生，病牛精神不振，食欲、反刍停止，嗳气酸臭，鼻镜无汗，弓背低头，回头顾腹，左肷胀满，按之坚硬；病重者呻吟，时做排便姿势。口色红燥或赤紫，脉象沉涩。

3. 治疗 治疗以电针为主，配合中药消积导滞。

电针：关元俞为主穴，食胀为配穴。

水针：健胃为主穴，关元俞为配穴，注入25%葡萄糖注射液20mL，或新斯的明注射液8mg。

白针、火针：脾俞为主穴，关元俞、食胀、百会、后海为配穴。

血针：通关为主穴，蹄头、滴明、耳尖、尾尖、山根为配穴。

巧治：肷俞穴，伴发瘤胃臌气时，用套管针穿刺放气。

(五)便秘

1. 病因 多因长期饲喂难以消化的粗硬饲料；或天气炎热，劳役过度，久渴失饮；或气血亏损，津液干枯，不能滋润大肠，肠失传导，粪便干涩，停滞肠中，导致本病。

2. 症状 弓腰努责，排便困难，粪干硬，色深，肚腹稍满，肠音减弱或消失，尿少而黄，鼻镜干燥，反刍停止，甚或后肢踢腹，回头顾腹，口干色红，脉象沉数。

3. 治疗 治疗以白针、电针为主，配合中药泻下通便。

白针：脾俞、后海为主穴，后三里、尾根为配穴。

电针：关元俞、脾俞穴，后两侧关元俞穴。

水针：关元俞为主穴，后三里为配穴，注射10%葡萄糖注射液20mL，或新斯的明注射液8mg。

血针：蹄头、三江为主穴，通关、耳尖、尾尖、尾本、山根为配穴。

巧治：谷道入手，隔肠轻按捏粪结处，使其变形软化后逐渐排出。如粪结在直肠，缓缓掏出。

(六)泄泻

1. 病因 病因复杂，感受寒湿，宿食停滞，脾胃虚弱，热积胃肠等。

2. 症状

寒湿泄泻：患牛精神不振，耳鼻俱凉，肠鸣如雷，粪稀尿少，食欲不振，口色青白或青黄，口津滑利，脉象沉迟。

伤食泄泻：患牛腹部胀满，粪便稀软，酸臭难闻，食欲、反刍减少或废绝，间有轻微腹痛，泻后疼痛减弱。口内酸臭，口色红燥，苔厚腻，脉象有力。

脾虚泄泻：患牛精神不振，毛焦体瘦，卧多立少，饮食减少，粪便粗糙，完谷不化，口色淡白，脉细无力。

热泻：患牛精神沉郁，反刍、食欲减少或废绝，口渴喜饮，粪稀黏滞，气味恶臭，小便短赤，有时腹痛，口内燥热，色红黄，脉象洪数。

3. 治疗 治疗用白针、水针，配合中药健脾止泻。

白针：后海为主穴，脾俞、关元俞、后三里为配穴。

水针：后海穴，注入10%葡萄糖注射液20mL。

血针：带脉为主穴，蹄头、三江、通关为配穴。

火针：脾俞为主穴，百会、肾俞为配穴。

激光针：照射后海、脾俞、六脉穴。

（七）不孕症

1. 病因 病因复杂，临床常见的机能性不孕有衰弱不孕、肥胖不孕、衰老不孕和疾病性不孕。

2. 症状

衰弱不孕：病牛精神倦怠，形体消瘦，毛焦肷吊，卧多立少。发情不明显，或不发情。直肠检查卵巢萎缩，或有持久黄体，或卵泡囊肿。

肥胖不孕：病牛肉满膘肥，动则气喘，久不发情或屡配不孕。直肠检查卵巢大小正常或略小，表面有硬实的结节，卵泡不显，子宫缩小、松弛。

衰老不孕：病牛年龄过大，生殖机能衰退，性欲减退，久不发情或屡配不孕。直肠检查卵巢缩小，卵泡不显，子宫松弛下垂。

疾病性不孕：病牛有助产和其他产科处理不当的病史，以及有明显生殖器官炎症，或慢性传染病，慢性全身性消耗性疾病。直肠检查慢性子宫内膜炎、子宫颈炎、输卵管炎等引起的卵巢、子宫、输卵管等病变。

3. 治疗 治疗以电针为主，配合中药催情促孕。

电针：百会为主穴，后海、雁翅、关元俞为配穴，或两侧雁翅穴。每次通电30min，每日1次，7次为一疗程。

激光针：阴蒂为主穴，后海为配穴，氦-氖激光照射，每次30min，每日1次，7次为一疗程。

白针：后海为主穴，百会、雁翅为配穴。

TDP：阴门区照射，每次60min，每日1~2次，7次为一疗程。

水针：百会为主穴，雁翅为配穴，注射前列腺素30mg。

（八）阴道脱和子宫脱

1. 病因 本病多因饲养管理不良，体质虚弱，中气下陷，不能固摄，或难产、胎衣不下等，强力努责所致。

2. 症状 阴道努责或子宫脱出阴门之外，患牛举尾拱腰，频频努责，小便频数。阴道半脱者多发生于产前，只见患牛下卧时露出半球形脱出物，起立后常可自行缩回；如为全脱，则呈圆形，可见关闭的子宫颈。子宫脱多见于产犊之后，部分脱出者，阴道内有一大小不等的球形物，或部分脱出阴门之外；完全脱出者，多与阴道一起脱于阴门之外，子宫外面布满海绵状子叶。初脱出的阴道或子宫，色红有血，继而充血、水肿、色暗红，干燥而硬，甚至有坏死，污染严重，阴门肿胀。

3. 治疗 治疗以巧治整复固定为主，配合中药补中益气。

巧治：患处前低、后高保定，用消毒液清洗阴门周围及脱出物，除去污物及坏死组织，水肿者用小三棱针散刺放出血水；然后涂抹明矾细末，缓缓纳入骨盆腔，舒展子宫皱襞，配合以下针法固定。

水针：两侧阴脱穴，各注射95%酒精10mL。

电针：阴脱、后海穴，每日一次，每次2~4h。

白针：百会为主穴，命门、尾根为配穴。

(九)风湿症(痹痛)

1. 病因 本症发生与气候条件、饲养管理、牛的体质等因素有关，如天气寒冷、久雨不晴、棚圈湿潮、夜露风霜，或使役后汗出当风等，均可使牛抵抗力降低，卫阳不固，腠理不密，风寒湿邪乘虚而入，流注经络，使气血凝滞，导致本病。

2. 症状 患牛精神不振，反刍减少，四肢僵硬，卧多立少，遇寒加重，遇热痛减。四肢发病者，常有明显的游走性。

3. 治疗 治疗以火针为主，配合中药祛风湿。

火针、电针：腰部风湿，百会为主穴，肾俞为配穴；前肢风湿，抢风为主穴，其他肩臂部穴位为配穴；后肢风湿，气门为主穴，大胯、邪气、仰瓦为配穴。

血针：缠腕、蹄头、涌泉、滴水穴，重者配肾堂、尾本穴。

水针：患部穴位，每穴注射10%葡萄糖注射液两份与5%碳酸氢钠一份的混合液20mL。

灸熨：患区醋酒灸或醋麸灸，软烧，艾灸。

激光：患区照射每次40~60min。

(十)破伤风(锁口风)

1. 病因 多因皮肉损伤，创口不洁，风毒之邪(破伤风杆菌)侵入肌腠，流窜经络，内犯脏腑，导致本病。

2. 症状 患牛首先表现四肢活动不灵，立多卧少，重则伸头直颈，耳紧尾直，腰背四肢僵直，转动后退困难，闪骨外露，口紧涎多。伴有瘤胃臌气，反刍停止，甚至倒地不能起立。

3. 治疗 治疗以火针为主，配合中药祛风湿。

火针、电针：腰部风湿，百会为主穴，肾俞为配穴；前肢风湿，抢风为主穴，其他肩臂部穴位为配穴；后肢风湿，气门为主穴，大胯、邪气、仰瓦为配穴。

血针：缠腕、蹄头、涌泉、滴水穴，重者配肾堂、尾本穴。

水针：百会穴，注射破伤风类毒素100万单位。

火针：百会为主穴，锁口、开关为配穴。

血针：初期应用。颈脉为主穴，山根、蹄头、耳尖为配穴。

醋麸灸：腰背部。

(十一)中暑

1. 病因 由于气候炎热，烈日暴晒，加之劳役过度；或炎热季节，潮湿闷热，牛栏窄小，以致热积胸中，心肺壅极，气滞血凝，导致本病。

2. 症状 突然发病，精神沉郁，卧多立少，呼吸急促，口、耳、角及体表皆热，鼻镜干燥，口流黏涎。重者形如酒醉，浑身出汗，肉颤头摇，四肢发凉，舌色青紫，甚至倒地不起，四肢抽搐，神志昏迷。

3. 治疗 将病牛迅速移到阴凉通风处，用冷水浇头，治疗以血针为主，配合中药清热解暑。

白针：百会为主穴，丹田、尾根为配穴。

水针：丹田、百会穴，注射复方氯丙嗪注射液或安钠咖注射液 10mL。

第三节 针刺麻醉

针刺麻醉，简称针麻，是对动物体的某些穴位施以一定的物理刺激，使动物的痛觉明显减弱或消失，从而使其在清醒的状态下接受外科手术的一种麻醉技术。针麻的方法很多，可适用于多种家畜甚至野生动物的多种外科手术，但其仍存在一些不足，如概念欠准确、镇痛个体差异性大等，仍需今后进行大量的推敲和研究。

一、常用的针刺麻醉穴位

1. 三阳络穴组 由三阳络和抢风穴组成，多用于马属动物。

三阳络穴：在前肢桡骨外侧韧带结节下方约 6cm 处的肌沟中。进针角度为 15°~20°角，沿桡骨后缘斜向下方刺入 10~13cm，使针尖抵达皮下，以不穿透为宜。

2. 百会尾干穴组 多用于牛、羊，也可用于马属动物。

3. 百会三台穴组 用于马、牛的多种手术。

4. 百会腰旁穴组 用于马、牛的多种手术。腰旁穴共有三个。第一腰椎末端与最后肋骨的中点为腰旁一穴，第二、三腰椎横突末端之间为腰旁二穴，第三、四腰椎横突末端之间为腰旁三穴。采用透穴针刺法，由第四腰椎横突末端进针，穿过皮肤，针尖经其他腰椎横突末端，抵达最后肋骨为止。

5. 岩池颌溪穴组 用于马、牛全身手术。

岩池穴：位于耳壳后缘，岩骨乳突前下方凹陷处的后方约 1.5cm 处。针法是向对侧口角方向进针 6~8cm。

颌溪穴：位于下颌关节突下缘凹陷处的后方约 1.5cm 处。针法是向后下方刺入 4.5~6cm。

6. 安神穴组 用于猪的外科麻醉。

安神穴：位于耳根基部与颈部交界处，寰椎翼上方 1~2cm 处。针法是向前内下方，对准同侧最后一对臼齿进针 5~10cm。

二、术前准备

为了针麻手术的顺利进行，必须做好针麻的前期准备工作。准备好针麻及手术用器械，如毫针、电针麻醉机等；并根据病畜的病史和病情，确定手术方案和相应的护理方案，充分估计可能出现的情况，备好抢救的药物，以确保针麻手术的顺利进行。

三、针麻的方法

针麻的方法较多，有不同的分类方法。按针刺穴位所在部位，可分为体针麻醉、耳针麻醉以及鼻针麻醉。按刺激方法，可分为手捻针麻醉、穴位注射麻醉、电针麻醉、微波麻醉和激光穴位照射麻醉。目前以电针麻醉应用较多。

(一) 捻针麻醉

通过捻针刺激穴位达到镇痛效果的针麻方式，可分为手捻针和电捻针麻醉。人工捻针麻醉要求术者具有熟练的技能和一定的指力、腕力，电捻针是使用电子捻针机代替人工捻针。根据手术需要选取穴位，进针后，采用捻转或提插等方法，给予一定的刺激。在诱导期一般要求较大的刺激强度，捻转频率为 100~120 次/min 或 120~150 次/min。捻转针体的幅度在 120°~360°，提针幅度为 15mm。一般经过 15~20min 的诱导后，即进入麻醉期。在手术过程中可持续捻针，也可间断，视具体情况而定。捻针麻醉的恢复期一般在 3~5min 内。

(二) 电针麻醉

在动物体穴位上刺入针体，得到针感后，再通以电流诱导，使患病动物获得持久而适量的刺激，从而达到麻醉效果的一种方法。

电针麻醉前，须根据手术部位、患病动物状态以及选配穴原则，适当地选配穴位。一般一组两穴，即主穴与配穴。若取两个以上的穴位，则用一组多头或多组输出的电针麻醉机。进针后，将针柄与机器的两条输出导线相连，接通电源。调节输出频率和电流、电压的强度。刺激量因不同动物的品种、年龄、神经类型和体质等有所差异。

1. 由弱到强的刺激 接通电针麻醉机输出导线，打开电源开关，接着由弱到强，逐渐加大输出频率和强度，直至动物能够耐受的最大刺激量。动物没有全身强直、呻吟、骚动不安、呻吟或嚎叫等，能够安静地站立或躺卧，呼吸、心跳和体温在正常范围内。

2. 由强到弱的刺激 在通电前，将输出频率调至 200~300 次/min，甚至更高，电压调至稍超出最大耐受量，然后通电，使患病动物后肢强直、前肢弯曲而自然倒地，随后将输出强度和频率稍微降低一些，至患病动物能够耐受的程度。此法对猪、牛、羊效果较好，既可用作保定，又可用于麻醉。

3. 频率强度交叉调节 由于各种动物对强度和频率的敏感性不同，可采用频率强度交叉调节法。大家畜对频率较敏感，可先将强度调至一定的值，然后调频率，以肌肉不颤动为准，最后再调强度，使之达到合适的耐受量。

(三) 穴位注射麻醉

在穴位内注射药液以达到镇痛效果的针麻方法，又称水针麻醉。首先根据手术需要选取适当穴位，以普通注射用或封闭用注射针头刺入穴位，行针出现针感后将药液注入穴位内。经一定时间诱导，术部痛觉减退，即可施术。

(四) 耳针麻醉

按照不同手术要求，在耳郭选取特定穴位进行一定的刺激，达到镇痛效果的针麻方法。耳针麻醉的基本穴位以神门和交感为主，然而手术均须切开皮肤，根据"肺主一身之皮毛"之说，首先配以肺穴，然后配取与手术部位及其脏腑相关的耳针麻醉穴位。耳针麻醉刺激的方法可采用捻针、电针和水针等法。

(五)激光穴位照射麻醉

采用激光光束照射患病动物的某些特定穴位或部位,以达到镇痛效果的针麻方法。麻醉前准备与其他针麻方法相同,手术过程中,一般可停止照射,利用其后效应,也可连续照射,以维持更长的麻醉时间,保证手术的需要。

四、针麻效果的判定

根据1973年中国家畜针刺麻醉技术座谈会制定的《家畜针刺麻醉暂行标准》,将针麻效果分为优、良、尚可和失败四级。

1. 优 在切开皮肤、分离组织和内脏,或牵引、整复和缝合患部等各项操作中,动物安静无疼痛反应,或有轻微骚动,但能较顺利进行手术。

2. 良 在上述手术操作的个别缓解,局部出现颤动或躲闪,内脏及患部牵引整复时,出现短时间的不安或轻微骚动,但能较顺利地进行手术。

3. 尚可 各项手术操作中,局部出现较明显的颤动或躲闪反应,出现多次间歇性骚动,但手术尚能完成。

4. 失败 各项手术操作中,动物强烈挣扎,骚动不安,手术难以进行。

五、影响针麻效果的因素

(一)针麻方法

精选最佳穴位是提高针麻效果的重要途径之一。穴位"少而精",不但不会降低针麻效果,反而可以排除干扰和简化操作程序。刺激量应控制在有效适宜范围内,尤其是电针麻醉和水针麻醉,用量过大容易偏离针麻的方向。对于针麻的诱导时间和针麻的有效适宜刺激量参数也做了不少研究,取得了一些可供参考的数据。

(二)畜种及各种差异

一般而言,不同畜种中,牛、羊和猪易于获得理想的镇痛效果,马属动物次之。黄牛与水牛相比,黄牛针麻效果更好。在同畜中不同神经类型的个体之间,以平衡型效果最好;兴奋型虽然对针刺很敏感,容易获得好的针麻效应,但在针麻过程中容易受到干扰因素的破坏而导致针麻效应衰减;抑制型的动物因对针感迟钝,虽然术前表现安静,但不容易取得良好的针麻效应。其他如家畜体质、营养、性别、年龄、体重以及施术的体位姿势等,都对针麻效果有一定影响。体质健壮、营养良好、体重大的家畜和施术需长时间倒卧者,对针麻的要求较高。

(三)操作及手术性质

针麻手术是在动物完全清醒的状态下进行的,因此操作的熟练程度与针麻效果有直接关系。如果手术操作熟练,能够做到稳、准、轻、快,针麻效果就好;反之,则针麻效果不理想。手术性质对针麻效果也有一定影响。病理手术比生理手术更易出现镇痛不全的现象。

(四)周围环境

针麻手术时,动物的视、听、触、温等感觉和部分肌肉反射保持正常,周围的各种不良刺激,诸如强光、声响、触刺等,都会引起患病动物的不安和骚动,影响痛阈值的提高,甚至导致针麻失败。

第五篇 病证防治

第二十五章

总 论

一、温热病病证防治

温热病是外感热病中的一大类别,是感受四时不同温热邪气所引起的急性热病的总称。温与热的性质相同,仅在程度上有所差异,热轻者为温,温重者为热,故将温病与热病统称为温热病。

(一)温热病的辨证

温热病的辨证也要以阴阳、八证为纲,脏腑辨证为基础。但由于温热病与其他病证有所不同,具有其独特的变化规律,又逐渐形成了卫气营血辨证、三焦辨证等主要用于温热病的辨证方法。尽管六经辨证中的三阳证基本上以外感发热疾病为主,但可用于温热病的辨证。但六经辨证没有详辨温热病是在气分还是血分,尤其是对温热病伤阴化燥的特点认识不够,因而在治疗上清热凉血、滋阴降火等方面的方药显得匮乏。后世医家在临床实践中逐渐加深了对温热病发生、发展和传变的规律的认识,如吴鞠通在《温病条辨》论述三焦辨证中"凡病温者,始于上焦,在手太阴(肺);肺病逆传,则为心包。上焦病不治,则传中焦胃与脾,中焦病不治,即传下焦肝与肾。始上焦,终下焦。"这就是对温热病传变规律的概括。

(二)温热病病证防治要点

温热病的治疗应特别注意"刻刻顾护津液"这一基本原则。在用药上应以清轻凉润、甘寒、咸寒为主。根据病证的表里虚实,分别采用解表、清热、凉血、滋阴等法,或表里同治,或攻补兼施。

一般说来,温热病初起多为表证,此时须辛凉宣透,清热解表。温热处于表里之间者,称为半表半里证,治宜和解。因其有偏热和偏湿之分,故治疗时,偏热者宜和解清热,偏湿者宜和解化湿,切不可妄投大量寒凉之剂。里热证在温热病中最为多见,这时一方面要审辨热在气分、营分还是在血分,以分别采用清气分热、透热转气和凉血散瘀的治法;另一方面还需详辨热邪所在脏腑再进行治疗。如肺胃邪热,治宜清热润燥;胃肠燥热,邪热灼津,治宜苦寒攻下;热入营血,治宜清营凉血;热动肝风,治宜清热凉血、熄风止痉。

二、脏腑病病证防治

凡是病理变化主要在脏腑的疾病,均称为脏腑病。脏腑病以脏腑辨证为核心。

(一)心病病证防治要点

心的主要生理功能是藏神和主血脉。因此,心的病理变化主要反映在精神变化及血脉运行异常两个方面。心病的证治要点主要有心喜动主明、病多实热、药宜苦寒等方面。

1. 心喜动主明 由于心的主要功能是藏神和主血脉两方面，故可将心分为血肉之心和神明之心。喜动，指血肉之心在心气的鼓动下搏动不止。心气之动，生死攸关。主明，指神明之心虚灵不昧。心喜动主明，心家有病，往往会表现出心脏搏动异常和神志紊乱两方面的病变。神志紊乱和色脉异常是心病的重要症状。《元亨疗马集》中"邪入阳，则兽生狂；邪入阴，则兽生痹。"狂和痹都是精神失常或大脑活动紊乱的表现。

2. 心病多实热 心属火，故心病以实热病证多见，如心火舌疮、心热神昏、心热下移小肠、痰迷心窍等。心病也有虚证和寒症，如老弱体虚动物，或重病久病之后，或过度劳役，或某些特殊的感染性疾病或药源性中毒性疾病均可造成心气虚、心阳虚或心血虚。

3. 用药宜苦寒 由于心病以实热证居多，故治疗常用苦寒药以清心火、解热毒，如栀子、黄连、泻心汤、洗心散等。故《司牧安骥集》中有"心家纳苦"之说。

(二)肺病病证防治要点

肺的主要生理功能为主气、司呼吸，主宣发和肃降。肺的功能失常往往影响气机的出入升降，表现为咳嗽、气喘、气短等为主要症状的病证。肺病的证治要点有肺性宣降、病多燥热、用药宜轻清等方面。

1. 肺性宣降 宣指宣发，肺气不宣，则呼吸不畅而成咳喘。降指清肃、下降，肺失肃降，肺气上逆，亦成咳喘，或致水道不利。因此，临证中常采用理气宣肺、止咳化痰平喘的方法治疗肺病，以保持肺的宣降正常。

2. 肺病多燥热 肺司呼吸，外合皮毛，与外界大气直接相通，外感病邪或疫毒之气，不论寒热，常先犯肺；又"肺朝百脉"以贯通它脏，它脏有病也常累及肺脏，故肺易病而称"娇脏"，尤其不耐火热燥刑。肺之病不论外感内伤，若言实，则多属燥热过盛；若论虚，则多为阴津耗伤。

3. 方药宜轻清 治疗肺病的方药，多宜采用轻清之品。轻，指宣散轻扬的方药；清，指滋润清肃的方药。肺位于上焦，外合皮毛，故治宜宣散轻扬以直达病所；肺病多燥热，故治宜清肃滋润以解其燥热。此外，肺与大肠相表里，对于肺的实证、热证，还可以兼通大肠而使肺热下泄。若属虚劳内伤或久病咳喘，虽为肺病之证，但因其多受累于它脏之病，治法方药，需兼顾它脏，权衡标本虚实，不可拘泥于轻清之法。

(三)脾和胃病病证防治要点

脾主运化，胃主受纳；脾主升清，胃主降浊；二者相互配合，共同完成水谷精微的消化、吸收和输布。其病多为饥饱劳役所伤，以致受纳、腐熟、输布、传导等功能失调，出现肚腹胀满、食少便溏、倦怠乏力等症状。此外，大、小肠与胃相连，在结构和功能上彼此承接，在生理上同属一个体系，在病理上也常相互影响，故辨证论治时往往与脾合并在一起加以认识，统称为脾胃。脾和胃肠病的证治要点主要有以下几个方面：

1. 脾胃为后天之本 脾胃同为机体气血生化之源，五脏六腑、四肢百骸皆赖以营养，故有"后天之本"之谓。临证中，脾胃有病，往往影响它脏；它脏有病，也常常影响到脾的运化功能。因此，治疗时需时刻顾及脾胃功能，正如俗语所说"治病先治吃"。所谓"治病先治吃"指的并不是治疗什么病都要用健脾开胃增进食欲，而是说要随时顾护脾胃的运化功能，增强动物体的抵抗力以加速疾病的恢复。如果脾胃衰败，不能进饮食，动物的气血生化乏源，再好的药物也无济于事。

2. 虚实各有所主 在临床上，常见两种脾胃的病理变化，一种是中焦虚寒，另一种是胃肠实热。虚汗责于脾病，治宜温补，方如理中汤等；实热责于胃病，治宜清泻，方如大承气汤等。胃属阳明，脾属太阴，故脾胃病的虚实素有"实则阳明，虚则太阴"之说。由饮食、劳役所致的脾胃疾病，应详辨虚实。一般说来，劳役伤脾，多为虚证，治宜补益；饮食伤胃，多为实证，治宜攻伐。

脾胃病证的虚实虽有不同，但二者之间往往可以相互转变。如胃实而攻伐太过，脾阳受伤，可转为虚寒之证；而脾虚渐复之时，饲喂不慎，又能转为胃实。这种情况在各种动物的临床实践中屡见不鲜，应注意尽量避免。

3. 脾宜燥，胃宜润 脾的生理特点为恶湿喜燥，故脾病多湿，治宜燥湿运脾。脾虚则湿聚，脾健则湿自去。胃的生理特点是恶燥喜润，故胃病多燥热，治宜清润疏理。胃肠又为草谷之腑，主受纳和传导，以通为用，故治胃肠病宜施以通泻的方药。

4. 治中焦如衡，非平不安 脾胃是机体气机升降运动的枢纽，脾升则健，胃降则和，脾胃的很多病理变化都与升降失常有关。故治疗脾胃病时，需特别注意调整脾胃的升降运动以使其平衡协调，治疗中要适当升提脾之清气，降泻胃之浊气，使脾胃的升降运动得以平衡协调。就治法而言，升清可用补中益气汤、调中益气汤、升阳益胃汤之类，降浊可用三承气汤之类。

总之，脾病多虚、多湿、多降，治法宜补、宜燥、宜升；胃肠病多实、多燥、多升，治法宜泻、宜润、宜降。脾病与胃病往往彼此影响，同时存在，或相互转化，故治疗时常须兼顾。

（四）肝胆病病证防治要点

肝主藏血，目得血而能视，筋脉关节赖肝血濡养而能屈伸；肝性刚强，体阴而用阳，喜条达而恶抑郁。故肝病多表现为血不归藏、疏泄失职、筋脉不利等，且多为实证、热证。

1. 肝喜条达 肝气生发，性喜条达，但又不可生发太过。"木曰曲直"指的是肝既舒展又柔和的功能特性。若肝气不舒则郁，肝气太过则亢。因此，多郁易亢是肝病的病理特点。虽然情志抑郁方面的肝病（如肝气郁滞）在生产动物中比较少见，但犬、猫等宠物常因失仔、打斗、环境变化等原因而出现肝郁之证，临床上主要表现为肝脾不和的脾胃功能失调、呕吐，肝气郁结的乳核、乳胀等，临证中应予以注意。

2. 体阴用阳 肝为藏血之脏，故肝体为阴。肝主疏泄，为风木之脏，内寄相火，易动风化火；肝主筋，肝病则筋失濡养而抽搐痉挛。肝的这些生理功能和病理变化都偏向于动，偏于热，故其用为阳。由于肝体阴而用阳，故治疗时常采用两方面治法，一是滋涵以养肝血之阴，一是疏泄镇潜以平肝气之亢。

3. 肝肾同治 肝肾同位于下焦，都具有相火，而相火寓于肾水，都要依赖精血的滋养，这就是肝肾同源。若肾水不足，则阴虚不能敛阳，容易导致肝阳上亢，治宜滋阴潜阳。滋肾阴和潜肝阳相互配合，称为肝肾同治。相火旺和肾水亏是同一病理过程的两个方面，治疗时，既可用泻相火的方法保护肾水免遭耗竭，也可用滋肾水的方法制约相火不使上炎。

（五）肾病病证治要点

肾主藏精，主骨，生髓，藏真阴而寓元阳，是生殖发育之源，为"先天之本"；肾又主水，与膀胱相表里。故肾病多表现为元阴、元阳亏损，生殖发育机能衰退和水液代谢障碍等，常见阳痿、滑精、不孕、水肿、骨痿等症状。临证中除膀胱湿热等属于实证外，以虚证为多。

1. 肾性潜藏，其证多虚 肾主藏精，肾精自当填养而不可耗泻。肾精充足，则根本固密，五脏荣华，体壮神强；肾精亏损，则根本不固，五脏衰败，体瘦形羸。因此，肾病多为虚证。一般说来，肾无表证、实证，肾之热，属于阴虚之变；肾之寒，属于阳虚之变。

2. 五脏之伤，穷必及肾 肾是脏腑的根基，生命的根本，五脏阴阳调节的中心。在病理上，五脏损伤，终将影响到肾。反之，肾虚又可使五脏阴阳失调，造成全身机能减退。因此，在久病正虚的情况下，通过治肾而兼理它脏，对治疗久病不愈有一定的指导作用。

3. 治宜培补，不可伐泻 肾藏精，证多虚，故治宜培补，不可伐泻。肾阴虚者，忌辛燥，忌苦寒，治宜甘润壮水，以补阴配阳，使虚火降而阳归于阴，此谓"壮水之主，以制阳光"。肾阳虚者，忌凉润，忌辛散，治宜甘温益气，以补阳配阴，使沉阴散而阴从于阳，此谓"益火之源，以消阴翳。"阴阳互根，治疗肾阴虚和肾阳虚时，往往采用补阴配阳和补阳配阴的治法。

4. 肾位于腰，主腰痛 肾位于腰，腰为肾府，腰胯疼痛和肾的关系最为密切。腰痛在临证上可见于肾脏疾病、风湿病、腰胯部组织损伤等多种疾病。不论何种腰痛，一般均以肾虚为本，感受外邪或跌扑闪挫等为标。因此，不仅虚证腰痛要以补肾为主，而且对寒湿、湿热及瘀血腰痛，也常用补肾之药，以达到扶正祛邪的目的。

三、外科与伤科病证防治

（一）外科病病证防治要点

发生于动物体外表的病证叫外科病，主要包括疮、黄、疔、毒等。虽然外科病多发生于动物体的外部，但与内在的脏腑、气血有着密切的关系。脏腑功能失调，气血壅滞，病邪乘机侵袭，可以引起局部病变；局部病变，亦能引起脏腑气血失常而反映于全身。因此，对外科病的认识，必须以整体考虑。

外科病的病因主要有三类：一是外感六淫邪毒，六淫诸邪均可致病而发为疮疡，尤以"热毒""火毒"最为常见；二是感受特殊毒素，如虫毒、蛇毒、疯犬毒，以及因禀赋不同而对某些物质过敏等；三是各种损伤，如跌打损伤、烫火伤、硫酸、火碱、石灰等物质的烧灼腐蚀等。

此外，疮疡发生于动物体上部（如头、颈、背部）者，多由风湿、风热所致，因风性轻扬之故；而发生于动物体下部（如腹下、四肢下部、二阴）者，多由于湿热所致，因湿性趋下之故。但在诊断时，尚需结合局部情况和全身证候探寻病机，不可拘泥于部位。

外科病的辨证包括全身与局部。全身辨证与内科病相同。在局部辨证方面，主要应辨别是阴证还是阳证，属于阴证的疾病多为慢性疾病，发病慢、病程长、难消、难溃、难敛，预后不良；属于阳证的疾病多为急性感染，发病急、病程短、易消、易溃、易敛，预后良好。

外科病的治法有内治和外治两种。

内治主要有消、托、补三个大法。消法用于肿疡初起，使其消散，以免酿脓破溃，故有"以消为贵"之说。临床应用时，须根据辨证结果及证候特点确定方药，如热者清热、寒者温经散寒、气滞者行气、血瘀者活血化瘀等。托法多用于疮疡中期，用透脓和托补的药物，使疮疡毒邪移深就浅，早日成脓，并使扩散的证候趋于局限化，使邪盛者不致脓毒旁窜深溃，正虚者不致邪毒内陷，达到脓出毒泄、肿痛消退的目的。《外科精义》中"凡为疡医，不可一日无托里之法。"托法的具体运用，分透脓和托补两法。补法适用于疮疡后期，毒气已去，元气虚弱，脓水清稀，疮口难敛者，用补益的药物益损补虚，扶正气祛余邪，促进生机收口，具体治法有补气血、健脾胃、益肝肾等。用毒邪未减之时，切勿用补法，以免恋邪为患。

外治法在外科病的治疗中具有非常重要的作用，不但可以配合内治法提高疗效，而且疮疡轻浅之证，有时专用外治即可起效。外治用药包括掺药、膏药、油膏、箍围药等。掺药就是将按处方配制成的药物粉末，掺布于膏药、油膏上，或直接掺布于创面，或黏附于纸条、纱布上插填入创口内，以达到定痛止血、消肿散毒、提脓去腐、生机收口等目的，常用的有桃花散、生机散等。膏药是将药物浸于油中煎熬，利用铅丹在高热下发生的物理变化再经凝结而成，摊在布或纸上贴于患处，有消肿止痛、提脓去腐、生机收口之功效，多与掺药同时使用以提高疗效。油膏是将药物与油类煎熬，或与油脂混调而成，性质柔软、润滑，现多用来代替膏药，最适用于疮疡面积比较大或皮肤癣疹之类的病证，如生机玉红膏、灭疥膏等。箍围药即敷贴药，将药物粉末用醋、鸡蛋清或水等调敷患处，以达到箍集围聚，收束疮毒的作用，使疮疡消散，或早日成脓破溃，如金黄散、雄黄散等。手术疗法包括开刀、烧烙、点刺、挂线、结扎等法。开刀多用于脓肿的切开排脓，烧烙多用于止血或烫治病根，点刺多用于泄疮肿之热毒，挂线多用于挂断漏管，结扎多用于缠去赘瘤。

（二）伤科病证防治要点

伤科即损伤专科，主要指外力作用所致的骨、关节以及皮肉、筋腱的损伤，也包括同类原因引起的体内脏器损伤。

伤科病证的主要表现是筋骨皮肉或脏器受伤，气血因而瘀滞，局部肿胀疼痛。伤科病证的辨证论治着重于气血，还应该注意已破、未破之分，亡血、瘀血之别，以及损伤部位的不同，据此而随证论治。有瘀血者，宜攻利之；亡血者，宜补而行之。更要观察伤的上下轻重浅深差异，经络气血多少，先去瘀血，和荣止痛，然后调养气血。

伤科病证的治疗，统称为"理伤续断"，包括理伤正骨的手法和运用治伤续断的方药两个方面。理伤正骨手法就是治疗骨折、脱臼和扭挫伤时所使用的各种复位手法和固定术。

药物的治疗分为内治和外治两种。内治以活血祛瘀为主，较为通用的方剂如定痛散、桃花四物汤、复元活血汤。同时，由于气行则血行，气滞则血瘀，故在运用活血化瘀法时，在行血药中配伍理气之药，以更好地达到滞气行、瘀血化的目的。内治法除活血化瘀外，还需在临证中根据不同情况而采用其他方法。如出血过多而血虚者，应补养气血；瘀血化热者，宜清热散瘀等。外治指的是局部用药。若伤损处皮肉未破，可用膏药贴敷，煎药熏洗等法，以活血化瘀、消肿止痛；如皮肉已破，则多用掺药法将药直接敷布于伤口，以止血、定痛、生肌、收口，方剂如桃花散、生机散。

四、胎产病病证防治

母畜的发情、带、胎、产、哺乳，都是脏腑经络气血生化作用的表现。孕育胎儿的器官是胞宫，气血是胎产、哺乳的物质基础，脏腑是生化气血的源泉，经络是运行气血的通路。

就脏腑而言，肾藏精，主生育，与胎产关系最为密切。胎儿的孕育和乳汁的生化都依赖于血，而心主血，肝藏血，脾统血，故此三脏亦与胎产相关。经络是运行气血的通路，又以冲、任二脉至关重要。冲脉为全身气血运行的要冲；任脉主统各阴经，为"阴脉之海"，具有任养胞胎的作用，故云"任主胞胎"。冲、任二脉又同起于胞中，因此和胎产关系密切。

基于以上生理特点，胎产病的病理主要包括三个方面，即气血失调，脏腑功能失常，冲、任二脉受损。

气血失调 因母畜在胎、产、哺乳过程中，均以气血为用，易耗血，故机体常处于血不足、气偏盛的状态。

脏腑机能失调 主要指肝、脾、肾三脏的机能失常。肝藏血，母畜以血为本，若肝脏贮藏和调节血量的功能失常，可导致胎产过程障碍。肾藏精，胞脉系于肾，肾虚则精亏，冲任受损，故不孕，或胎元不固，或乳汁减少。脾主运化，为气血源泉，其运化失职，则气血虚或水湿停，故虚而不孕，或流产，或缺乳，或出现带下等证。

冲、任二脉受损 多由邪毒外侵，劳役过度，或饲养管理不当所致。至于其损伤，则表现为多种病证。同时，气血失调或脏腑功能失调，也常常影响冲、任二脉而引发疾病。

胎产病的治疗，尤其是对胎期和产后病证的治疗，应以调气血、健脾胃、养肝肾为基本原则。妊娠期间的病证，以养血固胎为主，调理脾胃为辅，凡大汗、峻下、滑利，以及行血、破气、耗气、散气、有毒性的药物，均应慎用或忌用。如果发生了疾患，一般应在养血安胎的基础上随证论治。另外，妊娠期间，胎气偏旺，用药宜稍偏凉，最忌辛热燥烈，故有"胎前宜凉"之说。

产后病证有多瘀、多虚以及虚实夹杂的特点，稍用温补并注意活血祛瘀是比较恰当的，即使在毒邪充盛之下，也应该不能轻易用霸药猛攻，而宜攻补并行。治产后疾病，用药宜温通而忌寒凝，故有"产后宜温"之说。

另外，胎产疾病还需注意幼畜为"稚阴稚阳"之体，气形不密、卫外不固。一方面易受外感，易发时病；另一方面，脾胃功能不完善，极易因饮食不节、饮喂不洁导致内伤，发生消化不良、腹泻、肚胀之证，临床中应注意。

第二十六章 常见病证

一、发热

发热是临床常见的症状之一，见于多种疾病过程中。中兽医所谓发热，不但指体温高于正常，而且包括口色红、脉数、尿短赤等热象。

临床上，根据病因和临床症状表现的不同，可将发热分为外感发热和内伤发热两大类。一般来说，外感发热发病急、病程短、热势盛、体温高，多属实证，外邪不退，热势不减，有的还伴有恶寒表现；而内伤发热发病缓慢、病程较长、热势不盛、体温稍高，或时作时止，或发有定时，多属虚证，常无恶寒表现。

(一)外感发热

感受外界邪气，如风寒、风热、暑热等引起。多因气候骤变，劳役出汗，使畜体腠理疏泄，外邪乘虚侵入所致。外感发热主要有如下证型。

1. 表证发热

(1) **外感风寒**：多由风寒之邪侵袭肌表，卫气被郁所致，见于外感病的初起阶段。

【主证】 发热恶寒，且恶寒重，发热轻，无汗，皮紧毛乍，鼻流清涕，口色青白，舌苔薄白，脉浮紧，有时咳嗽，咳声洪亮。

【治则】 辛温解表，疏风散寒。

【方例】 风寒表实证(太阳伤寒证)用麻黄汤加减；风寒表虚证用桂枝汤加减。

【针治】 针鼻前、大椎、肺俞等穴。

(2) **外感风热**：因感受风热邪气而发病，多见于风热感冒或温热病的初期。

【主证】 发热重，微恶寒，耳鼻俱温，体温升高，或微汗，鼻流黄色或白色黏稠脓涕，咳嗽，咳声不爽，口干渴，舌稍红，苔薄白或薄黄，脉浮数；牛鼻镜干燥，反刍减少。

【治则】 辛凉解表，宣肺清热。

【方例】 用银翘散加减。

【针治】 针鼻前、大椎、鼻俞、耳尖、太阳、尾尖等穴。

(3) **外感暑湿**：在夏暑季节，天气炎热，且雨水较多，气候潮湿，热蒸湿动，动物易感暑湿而发病。

【主证】 发热不甚或高热，汗出而身热不解，食欲不振，口渴，肢体倦怠，沉重，运步不灵，尿黄赤，便溏，舌红，苔黄腻，脉濡数。

【治则】 清暑化湿。

【方例】 新加香薷饮加减。

【针治】 同外寒风热。

2. 半表半里发热 因风寒之邪侵犯机体，邪不太盛不能直入于里，正气不强不能祛邪外出，正邪交争，病在少阳半表半里之间。

【主证】 微热不退，寒热往来，发热和恶寒交替出现，脉弦。恶寒时，精神沉郁，皮温降低，耳鼻发凉，腰拱毛乍，寒颤；发热时，精神稍有好转，寒颤现象消失，皮温高，耳鼻转热。

【治则】 和解少阳。

【方例】 小柴胡汤加减。

3. 里正发热

(1) **热在气分**：多因外感火热之邪直入气分，或其他邪气入里化热，停留于气分所致。

【主证】 高热不退，但热不寒，出汗，口渴喜饮，头低耳耷，食欲废绝，呼吸喘促，粪便干燥，尿短赤，口色赤红，舌苔黄燥，脉洪数。

【治则】 清热生津。

【方例】 邪热入肺，麻杏甘石汤；热入阳明，白虎汤。

【针治】 针耳尖、尾尖、太阳、鼻俞、鼻前、山根、通关等穴。

(2) **热结胃肠**：多由热在气分发展而来。因里热炽盛，热与肠中糟粕相结而致粪便干燥难下。

【主证】 高热，肠燥便干，粪球干小难下，甚至粪结不通或稀粪旁流，腹痛，尿短赤，口津干燥，口色深红，舌苔黄厚而燥，脉沉实有力。

【治则】 滋阴增液，清热泻下。

【方例】 大承气汤或增液承气汤加减。

【针治】 针蹄头、耳尖、尾尖、太阳、分水、山根、脾俞、关元俞等穴。

(3) **营分热**：因外感邪热直入营分，或由卫分热或气分热传入营分所致。

【主证】 高热不退，夜甚，躁动不安，或神志昏迷，呼吸喘促，有时身上有出血点或出血斑，舌质红绛而干，脉细数。

【治则】 清营解毒，透热养阴。

【方例】 热伤营阴用清营汤；热入心包用清宫汤。

【针治】 同气分热。

(4) **血分热**：多由气分热直接传入血分，或营分热传入血分所致。

【主证】 高热，神昏，黏膜和皮肤发斑，尿血，便血，口色红绛，脉洪数或细数。严重者，抽搐。

【治则】 清热凉血，熄风安神。

【方例】 血热妄行：犀角地黄汤；气血两燔：清瘟败毒饮加减；热动肝风：羚羊钩藤汤；血热伤阴：青蒿鳖甲汤加减；大肠湿热：郁金散；膀胱湿热：八正散；肝胆湿热：茵陈蒿汤或龙胆泻肝汤。

【针治】 同气分热。

(二) **内伤发热**

内伤发热多由体质素虚，阴血不足，或血瘀化热等原因所致。

1. 阴虚发热 多因体质素虚，阴血不足；或热病经久不愈，或失血过多，或汗、吐、下太过，导致机体阴血亏虚，热从内生。

【主证】 低热不退，午后更甚，耳鼻微热，身热；患畜烦躁不安，皮肤弹性降低，唇干口燥，粪球干小，尿少色黄；口色红或淡红，少苔或无苔，脉细数。严重者，盗汗。

【治则】 滋阴清热。

【方例】 青蒿鳖甲汤加减。

2. 气虚发热 多由劳役过度，饲养不当，饥饱不均，造成脾胃气虚所引起。

【主证】 多在劳役后发热，耳鼻稍热，神疲乏力；易出汗，食欲减少，有时泄泻；舌质淡红，脉细弱。

【治则】 健脾益气，甘温除热。

【方例】 补中益气汤加减。

3. 血瘀发热 多由跌打损伤，瘀血积聚，或产后血瘀等引起。

【主证】 常因外伤引起瘀血肿胀，局部疼痛，体表发热，有时体温升高；因产后瘀血未尽者，除发热之外，常有腹痛及恶露不尽等表现；口色红而带紫，脉弦数。

【治则】 活血化瘀。

【方例】 桃花四物汤加减。若为产后瘀血者，选用生化汤加减更为适宜。

二、咳嗽

咳嗽是肺经疾病的主要症状之一，多发于春、秋两季。外感、内伤的多种因素都可使肺气壅塞，宣降失常而发生咳嗽。临床上常见的证型如下。

（一）外感咳嗽

1. 风寒咳嗽 因风寒之邪侵袭肌表，卫阳被束，肺气郁闭，宣降失常，故而咳嗽。

【主证】 发热恶寒，无汗，被毛逆立，甚至颤抖，鼻流清涕，咳声洪亮，喷嚏，口色青白，舌苔薄白，脉象浮紧。

【治则】 疏风散寒，宣肺止咳。

【方例】 荆防败毒散或止咳散加减。

【针治】 针治风池、肺俞、苏气、山根、耳尖、尾尖、大椎等穴。

2. 风热咳嗽 因感受风热邪气，肺失清肃，宣降失常，故而咳嗽。

【主证】 发热重，恶寒轻，咳嗽不爽，鼻流黏涕。

【治则】 疏风清热，化痰止咳。

【方例】 银翘散或桑菊饮加减。

【针治】 针治玉堂、通关、苏气、山根、尾尖、大椎、耳尖等穴。

3. 肺热咳嗽 多因外感火热之邪，或风寒之邪，郁而化热，肺气宣降失常所致。

【主证】 精神倦怠，饮食欲减少，口渴喜饮，大便干燥，小便短赤，咳声洪亮，气促喘粗，呼吸气热，鼻流黏涕或脓涕，口渴贪饮，口色赤红，舌苔黄燥，脉象洪数。

【治则】 清肺降火，化痰止咳。

【方例】 清肺散加减或麻杏甘石汤加减或苇茎汤加减。

【针治】 针治胸膛、颈脉、苏气、百会等穴。

(二) 内伤咳嗽

1. 气虚咳嗽 多因久病体虚，或劳役过重，耗伤肺气，致使肺宣肃无力而发咳嗽。

【主证】 食欲减退，精神倦怠，毛焦欣吊，日渐消瘦；久咳不已，咳声低微，动则咳甚并有汗出，鼻流黏涕；口色淡白，舌质绵软，脉象迟细。

【治则】 益气补肺，化痰止咳。

【方例】 四君子汤合止咳散加减。

【针治】 针治肺俞、脾俞、百会等穴。

2. 阴虚咳嗽 多因久病体弱，或邪热久恋于肺，损伤肺阴所致。

【主证】 频频干咳，昼轻夜重，痰少津干，低烧不退，或午后发热，盗汗，舌红少苔，脉细数。

【治则】 滋阴生津，润肺止咳。

【方例】 清燥救肺汤或百合固金汤加减。

【针治】 针治肺俞、脾俞、百会等穴。

三、喘证

喘证是气机升降失常，出现以呼吸喘促、鼻咋喘粗，甚或胁肋扇动为主要特征的病证。各种动物均可发生。根据病因及症状的不同，喘证可分为实喘和虚喘两种。一般来说，实喘发病急、病程短，喘而有力；虚喘发病较缓，病程长，喘而无力。

(一) 实喘

1. 热喘 因暑月炎天，劳役过重，风热之邪由口鼻入肺，或风寒之邪郁而化热，热壅于肺，肺失清肃，肺气上逆而喘。

【主证】 发病急，气促喘粗，鼻翼煽动，甚或胁肋煽动，呼出气热，间有咳嗽，或流黄黏鼻涕，身热，汗出，精神沉郁，耳耷头低，食欲减少或废绝，口渴喜饮，大便干燥，小便短赤，口色赤红，舌苔黄燥，脉象洪数。

【治则】 宣泄肺热，止咳平喘。

【方例】 麻杏甘石汤加减。

【针治】 针鼻俞、玉堂等穴。

2. 寒喘 因外感风寒，腠理郁闭，肺气壅塞，宣降失常，上逆为喘。

【主证】 喘息气粗，伴有咳嗽，畏寒怕冷，被毛逆立，耳鼻俱凉，甚或发抖，鼻流清涕，口腔湿润，口色淡白，舌苔薄白，脉象浮紧。

【治则】 疏风散寒，宣肺平喘。

【方例】 三拗汤加前胡、橘红等。

【针治】 针肺俞穴。

(二) 虚喘

1. 肺虚喘 因肺阴虚则津液亏耗，肺失清肃；肺气虚则宣肃无力，二者均可致肺气上逆而喘。

【主证】 病势缓慢，病程较长，多有久咳病史；被毛焦躁，形寒肢冷，易自汗，易疲劳，动则喘重；咳声低微，痰涎清涕；口色淡，苔白滑，脉无力。

【治则】 补益肺气，降逆平喘。
【方例】 补肺汤加减。
【针治】 针肺俞穴。

2. 肾虚喘 因久病及肾，肾气亏损，下元不固，不能纳气，肺气上逆而作喘。

【主证】 精神倦怠，四肢乏力，食少毛焦，易出汗；久喘不已，喘息无力，呼多吸少，呈二段式呼气，肷肋煽动，息劳沟*明显，甚或张口呼吸，全身震动，肛门随呼吸而伸缩；或有痰鸣，出气如拉锯，静则喘轻，动则喘重；咳嗽连声，声音低微，日轻夜重；口色淡白，脉象沉细无力。

【治则】 补肾纳气，定喘止咳。
【方例】 蛤蚧散加减。
【针治】 针肺俞、百会等穴。

四、腹胀

腹胀是肚腹膨大胀满的一种病证。根据腹胀性质分为气胀、食胀、水胀之分；根据腹胀所属脏腑分为肠胀和胃胀之分。马属动物的腹胀多为肠胀，虽有胃胀，但不表现为明显的肚腹胀满；牛、羊的腹胀多为胃胀，且以瘤胃膨胀为主；猪、犬、猫等主要是肠胀。所谓水胀，主要指腹水。

(一)气胀

气胀是牛、羊瘤胃，或马大肠内充满气体，致使肚腹胀满，出现腹痛起卧等症状的病证。临床上分为以下四种证型：

1. 气滞郁结气胀 多因采食大量易于发酵的饲料，诸如幼嫩青草、酒糟、玉米和豆类等，在短时间内产生大量气体，致使胃肠功能失职，难以运化排出，积聚其内而成病；又草饱乘骑，过度劳累，乘饥饮喂；或气温骤降，寒邪直中脾胃；或牛误食有毒植物也可损伤脾胃而发病。

【主证】 牛、羊发病急速，常在采食中或采食后突然发病。左腹部急剧胀满，严重者可突出背脊，腹痛不安，不时起卧，后肢踢腹，叩击左腹作鼓响，按之腹壁紧张；食欲、反刍、嗳气停止；严重时，呼吸困难，张口伸舌，呻吟吼叫，四肢张开，站立不稳。马、骡常于饲喂后发病，初多阵痛，继而转为持续而剧烈的腹痛，起卧不安或全身出汗；肚腹胀大，右肷明显，叩如鼓响；初期肠音响亮，金属音，后渐弱或消失，排粪稀少不爽，后渐止，呼吸迫促。初期口色青黄或赤红而润，后期青紫干燥；脉数或虚数。

【治则】 牛、羊宜行气消胀，化食导滞；马、骡宜行气消胀，宽肠通便。
【方例】 消胀汤加减。
【针治】 肷俞穴放气，或针脾俞、关元俞等穴。

2. 脾胃虚弱气胀 多因畜体素虚，或长期饮喂失宜，饥饱不匀，营养缺乏，劳役过度，损伤脾胃，致脾胃不能运化水谷以升清，胃弱无力腐熟以降浊而发病。

【主证】 发病缓慢，病程较长，反复发作，腹胀较轻，多于食后臌气；体倦乏力，身瘦

---

* 高度呼吸困难时，可沿肋骨弓出现较深的凹陷沟，称为息劳沟。

毛焦；食欲减少，或时好时坏；粪便多溏或偶干。牛则兼见反刍缓慢，次数减少，左肷时胀时消，按之上虚下实。口色淡白，脉象虚细。

【治则】 补益脾胃，升清降浊。

【方例】 四君子汤或参苓白术散合平胃散加减。

【针治】 针脾俞、六脉、后三里等穴。

3. **水湿困脾气胀** 多因饲养管理不当，喂以大量青绿多汁或其他易发酵产气的草料，或空肠过饮冷水，饲以冰冻草料，或被阴雨苦淋，久卧湿地等，致使脾胃受损，寒湿内侵，脾为湿困，运化失常，清阳不升，浊阴不降，清浊相混，聚于胃肠而发病。

【主证】 牛、羊食欲和反刍减退或废绝，肷部胀满，按压稍软，胃内容物呈粥状；瘤胃穿刺，水草与气体同出，形成泡沫，沫多气少，放气时常因针孔被阻塞而屡屡中断；口色青黄而暗，脉象沉迟。马、骡粪便稀软，肚腹虚胀，日久不消，草料迟细，口黏不渴，精神倦怠，牵行懒动，口色淡黄或黄白相间，舌苔白腻，脉象虚濡。

【治则】 牛、羊宜逐水通肠，消积理气；马、骡宜健脾燥湿，理气化浊。

【方例】 牛、羊用越鞠丸加减；马、骡用胃苓汤加减。

【针治】 针脾俞、胃俞、关元俞、后三里等穴。

4. **湿热蕴结气胀** 多因天气炎热，久渴失饮，饮水污浊；或劳役过重，乘热饮冷；或水湿困脾失治，郁久化热，湿热相搏，阻遏气机，致使脾胃运化失职而发病。

【主证】 腹胀，食欲大减或废绝；粪软而臭，排出不爽，肠音微弱；呼吸喘促，或体温升高；口色红黄，舌黄而腻，脉象濡数。

【治则】 清热燥湿，理气化浊。

【方例】 胃苓汤加减。

【针治】 针带脉、脾俞、关元俞等穴。

(二)食胀

食胀是采食草料过多，停积胃肠，滞而不化，发酵膨胀，致使肚腹胀满的病证。多由饥饿后饲喂过多，贪食过饱，以致胃内食物积聚而致。

【主证】 食欲减退或废绝，时有呕吐，呕吐物酸臭；腹围膨大，触压腹部坚实有痛感；重者腹痛不安，前蹄刨地，痛苦呻吟，口臭舌红，苔黄；脉象弦滑。

【治则】 消食导滞，泻下通便。

【方例】 曲蘖散、保和丸或大承气汤加减。

【针治】 针脾俞、六脉、后三里等穴。

(三)水胀

水胀是脾胃等脏腑功能失调，水湿代谢障碍，停聚胃肠而呈现肚腹胀满的病证。多由外感湿热，蕴结胃肠，或饲养管理不当，如劳役过度，暴饮冷浊，长期饲以冰冷草料，久卧湿地，阴雨苦淋等，致使脾失健运，水湿内停，湿留中焦，郁久化热所致。

【主证】 精神倦怠，头低耳耷，水草迟细，日渐消瘦，腹部因逐渐膨大而下垂，触诊时有拍水音，口色青黄，脉象迟涩。

【治则】 健脾暖胃，温肾利水。

【方例】 大戟散加减。

【针治】 针脾俞、关元俞、带脉、后三里等穴。

五、腹痛

腹痛是多种原因导致胃肠、膀胱及胞宫等腑的气血瘀滞不通，发生起卧不安，滚转不宁，腹中作痛的病证。各种动物均可发生，尤以马、骡更为多见。根据腹痛的不同病因和主证，临床上常将其分为以下证型：

(一)阴寒痛(冷痛)

冷痛是外感寒邪，传于胃肠；或过饮冷水，采食冰冻草料，阴冷直中胃肠，致使寒凝气滞，气血瘀阻，不通则痛，故腹中作痛。

【主证】 鼻寒耳冷，口唇发凉，甚或肌肉寒颤；阵发性腹痛，起卧不安，或刨地蹴腹，回头观腹，或卧地滚转；肠鸣如雷，连绵不断，粪便稀软带水。少数病例，在腹痛间歇期肠音减弱。饮食欲废绝，口内湿滑，或流清涎，口温较低，口色青白，脉象沉迟。

【治则】 温中散寒，和血顺气。

【方例】 桂心散加减。

【针治】 针姜牙、分水、三江等穴。

(二)湿热痛

湿热痛是暑月炎天，劳役过重，役后乘热急喂草料，或草料霉烂，谷气料毒凝于肠中，郁而化热，损伤肠络，使肠中气血瘀滞而作痛。

【主证】 体温升高，耳鼻、四肢发热，精神不振，食欲减退，口渴喜饮；粪便稀溏，或荡泻无度，泻粪黏腻恶臭，混有黏液或带有脓血，尿短赤；腹痛不安，回头顾腹，或时起时卧；口色红黄，舌苔黄腻，脉洪数。

【治则】 清热燥湿，行郁导滞。

【方例】 郁金散加减。

【针治】 针治交巢(后海)、后三里、尾根、大椎、带脉及尾本等穴。

(三)血瘀痛

各种动物均可因产前营养不良，素体虚弱，而产时又失血过多，气血虚弱，运行不畅，致使产后宫内瘀血排泄不尽，或部分胎衣滞留其间而引起腹痛；或因产后护理不当，风寒乘虚侵袭；或产后过饮冷水，过食冰冻饲料，致使血被寒凝，而致产后腹痛。马、骡还可因前肠系膜根处动脉瘤导致气血瘀滞，发生腹痛。

【主证】 产后腹痛者，肚腹疼痛，蹲腰踏地，回头顾腹，不时起卧，食欲减退；有时从阴道流出带紫黑色血块的恶露；口色发青，脉象沉紧或沉涩。若兼气血虚，又见神疲力乏，舌质淡红，脉虚细无力。血瘀性腹痛者，常见于使役中突然发生，患畜起卧不安，前蹄刨地，或仰卧朝天；时痛时停，在间歇期一如常态；问诊常有习惯性腹痛史，肠中无粪结，但在前肠系膜根处可触及拇指头甚或鸡蛋大肿瘤，触诊可感知血流不畅之沙沙音。

【治则】 产后腹痛宜补血活血，化瘀止痛；血瘀性腹痛，宜活血祛瘀，行气止痛。

【方例】 若为瘀血寒凝者，选用生化汤加减；若因气血虚弱者，可用当归建中汤；对血瘀性腹痛可选用血府逐瘀汤。

(四)食滞痛

食滞痛是乘机饲喂太急，采食过多；或骤然更换草料，或采食发酵或霉败饲料，均可使饲料停滞胃腑，不能化导，阻碍气机，引起腹痛。此外，长期采食含泥沙过多的饲料及饮水，沙石沉积于肠胃，阻塞气机，也可引起腹痛。有虫扰肠中或窜于胆道，也可使气血逆乱，引起腹痛。触诊检查可摸到显著后移的脾脏和扩大的胃后壁，胃内食物充盈、稍硬，压之留痕。插入胃管则有少量酸臭味气体或食物外溢，胃排空障碍。

【主证】 多于食后1～2h突然发病，腹痛剧烈，不时起卧，前肢刨地，顾腹打尾，卧地滚转；腹围不大而气促喘粗，有时两鼻孔流出水样或稀粥样食物；常发嗳气，带有酸臭味；初期尚排粪，但数量少而次数多，后期则排粪停止；口色赤红，脉象沉数，口腔干燥，舌苔黄厚，口内酸臭。

【治则】 消积导滞，宽中理气。

【方例】 可选用醋香附汤、曲蘖散。

【针治】 针三江、姜牙、分水、蹄头等穴。

(五)粪结痛

粪结痛是长期饲喂粗硬不易消化的劣质饲料，或空腹骤饮急喂，采食过多；或饲喂后立即使役，草料得不到及时消化；或突然更换草料或改变饲养方式；加之动物脾胃素虚，运化功能减退，或老龄家畜牙齿磨灭不整，咀嚼不全；更加天气骤变，扰乱胃肠功能，致使草料停滞胃肠，聚粪成结，阻碍胃肠气机而引发腹痛。

【主证】 食欲大减或废绝，精神不安，腹痛起卧，回头顾腹，后肢蹴腹；排粪减少或粪便不通，粪球干小，肠音不整，继则肠音沉衰或废绝；口内干燥，舌苔黄厚，脉象沉实。可能出现小肠便秘、小结肠或骨盆曲便秘、大结肠或盲肠便秘、直肠便秘，结粪的部位不同导致具体的临床症状也有差异。

【治则】 破结通下。根据粪结部位和病情轻重可采取锤结、按压、药物及针刺等疗法。

【方例】 根据病情可选用槟榔散或当归肉苁蓉汤。

【针治】 针三江、姜牙、分水、蹄头、后海等穴，或电针双侧关元俞。

(六)肝旺痛泻

肝旺痛泻多因情志不畅或其他应激因素，使肝气郁滞，失于疏泄，导致肝脾不和而引发本病。

【主证】 食欲减退或废绝，间歇性腹痛，肠音旺盛，频排稀软粪便；神疲乏力，口腔干燥，耳鼻温热或寒热往来；口色红黄，苔薄黄，脉弦。

【主治】 疏肝健脾。

【方例】 以痛泻为主，选用痛泻要方；以神少乏力、口干食少为主，选用逍遥散。

六、泄泻

泄泻是指排粪次数增多、粪便稀薄，甚至泻粪如水样的一类病证。见于胃肠炎、消化不良等多种疾病过程中。泄泻的主要病变部位在脾、胃及大小肠，但在其他脏腑疾患（如肾阳不足）等，也能导致脾胃功能失常而发生泄泻。临床上，常根据泄泻的原因及主证，将其分为以下证型：

(一)寒泻(冷肠泄泻)

寒泻是外感寒湿,传于脾胃,或内伤阴冷,直中胃肠,致使运化无力,寒湿下注,清浊不分而成泄泻。常见于马、骡和猪,多发于寒冷季节。

【主证】 发病较急,泻粪稀薄如水,甚至呈喷射状排出,遇寒泻剧,遇暖泻缓,肠鸣如雷,食欲减少或不食,精神倦怠,头低耳聋,耳寒鼻冷,间有寒颤,尿清长,口色青白或青黄,苔薄白,口津滑利,脉象沉迟。严重者,肛门失禁。

【治则】 温中散寒,利水止泻。

【方例】 猪苓散加减。

【针治】 针交巢(后海)、后三里、百会等穴。

(二)热泻

热泻是暑月炎天,劳役过重,乘饥而喂热料,或草料霉败,谷气料毒积于肠中,郁而化热,损伤脾胃,津液不能化生,则水反为湿,湿热下注,而成泄泻。

【主证】 发热,精神沉郁,食欲减退或废绝,口渴多饮,有时轻微腹痛,蜷腰卧地,泻粪稀薄,黏腻腥臭,尿赤短,口色赤红,舌苔黄腻,口臭,脉象沉数。

【治则】 清热燥湿,利水止泻。

【方例】 郁金散加减。

【针治】 针带脉、尾本、后三里、大肠俞等穴。

(三)伤食泻

伤食泻是采食过量食物,致宿食停滞,脾胃受损,运化失常,水反为湿,谷反为滞,水谷合污下注,遂成泄泻。各种动物均可发生,而以猪、犬、猫最为常见。

【主证】 食欲废绝,牛、羊反刍停止;肚腹胀满,隐隐作痛,粪稀黏稠,粪中夹有未消化的食物,气味酸臭或恶臭,嗳气吐酸,或尿粪同泻,常伴有呕吐,泄吐之后痛减;口色红,苔厚腻,脉滑数。

【治则】 消积导滞,调和脾胃。

【方例】 保和丸加减。

【针治】 针蹄头、脾俞、后三里、关元俞等穴。

(四)虚泻

虚泻多发于老龄动物,一般病程较长,患畜体瘦形羸。根据病情的轻重和病因的不同,又分为脾虚泄泻和肾虚泄泻两个证型。

1. 脾虚泻 因长期使役过度,饮喂失调,或草料质劣,致使脾胃虚弱,胃弱不能腐熟消导,脾虚不能运化水谷精微,以致中气下陷,清浊不分,故而泄泻。

【主证】 形体羸瘦,毛焦欣吊,精神倦怠,四肢无力;病初食欲大减,饮水增多,鼻寒耳冷,腹内肠鸣,不时作泻,粪中带水,粪渣粗大,或完谷不化;严重者,肛弛粪淌;舌色淡白,舌面无苔,脉象迟缓;后期,水湿下注,四肢浮肿。

【治则】 补脾益气,利水止泻。

【方例】 参苓白术散或补中益气汤加减。

【针治】 针百会、脾俞、后三里、后海、关元俞等穴。

2. 肾虚泻 因肾阳虚衰,命门火不足,不能温煦脾阳,致使脾失运化,水谷下注而成泄泻。

【主证】 精神沉郁，头低耳聋，毛焦肷吊，腰胯无力，卧多立少，四肢厥逆，久泻不愈，夜间和天寒时泻重；严重者，肛门失禁，粪水外溢，腹下或后肢浮肿；口色如绵，脉沉细无力。
【治则】 温肾健脾，涩肠止泻。
【方例】 四神丸合四君子汤加减。
【针治】 针后海、后三里、尾根、百会、脾俞等穴。

七、痢疾

痢疾是排便次数增加，但每次量少，粪便稀软，呈胶冻状，或赤或白，或赤白相杂，并伴有弓腰努责、里急后重和腹痛等症状的一类病证，多发生于夏秋季节。痢疾与泄泻均属于腹泻，但泄泻主要由湿盛所致，以粪便稀软为主要症状，病情较轻；而痢疾主要由气郁脂伤所致，以粪便带有脓血、排便时里急后重为主要症状，病情较重。痢疾的类型很多，常见以下证型：

（一）湿热痢

湿热痢多由外感暑湿之邪，或食入霉烂草料，湿热郁结肠内，胃肠气血阻滞，肠道黏膜及肠壁脉络受损，化为脓血而致。

【主证】 精神萎靡，蜷腰卧地，食欲减少或废绝，反刍减少或停止，鼻镜干燥；弓腰努责，泻粪不爽，里急后重，下痢稀糊，赤白相杂，或呈白色胶冻状；口色赤红，舌苔黄腻，脉数。
【治则】 清热化湿，行气和血。
【方例】 通肠芍药汤（牛）加减或白头翁汤（马、犬、猫、猪）加减。
【针治】 针带脉、后三里、后海等穴。

（二）虚寒痢

虚寒痢因久病体虚，或久泻不止，致使脾胃阳虚，中阳不振，下元亏虚，寒湿内郁大肠，以致水谷并下而发本病证。

【主证】 精神倦怠，毛焦体瘦，鼻寒耳冷，四肢发凉，食欲、反刍日渐减少；不时努责，泻痢不止，水谷并下，带灰白色，或呈泡沫状，时有腹痛；严重者，肛门失禁，甚或带血；口色淡白或灰白，舌苔白滑，脉象迟细。
【治则】 温脾补肾，收涩固脱。
【方例】 四神丸合参苓白术散加减。
【针治】 针脾俞、后海等穴。

（三）疫毒痢

疫毒痢常见于夏秋之间，多因感受疫毒之气，毒邪壅阻胃肠，与气血相搏化为脓血成本病证。

【主证】 发病急骤，高热，烦躁不安，食欲减少或废绝；弓腰努责，里急后重，有时腹痛起卧，泻粪黏腻，夹杂脓血，腥臭难闻；口色赤红，舌苔干黄，脉象洪数或滑数。
【治则】 清热燥湿，凉血解毒。
【方例】 白头翁汤加减。

【针治】 针带脉、后三里、后海等穴。

八、便秘

便秘是粪便干燥，排便艰涩难下，甚至秘结不通的病证。马、骡结症也属便秘范畴，但因其有明显的腹痛，已在腹痛部分论述，这里主要指的是腹痛不明显的便秘。临床上，根据便秘发生的原因及主证不同，常将其分为以下证型：

(一) 热秘

热秘是外感之邪，入里化热；或火热之邪，直接伤及脏腑；或饲喂难以消化的草料，又饮水不足，草料在胃肠停积，聚而生热，均可灼伤胃肠的津液，致粪便传导受阻而发病。

【主证】 拱腰努责，排便困难、色深，或完全不能排便，肚腹胀满，小便短赤；口干喜饮，口色红，苔黄燥，脉沉数。牛鼻镜干燥或龟裂，反刍停止；猪鼻盘干燥，有时可在腹部触诊到硬粪块。

【治则】 清热通便。

【方例】 大承气汤加味。

【针治】 针关元俞、脾俞、带脉、尾本等穴。

(二) 寒秘

寒秘是外感寒邪，脾阳受损；或畜体素虚，正气不足，真阳受损，寒从内生，不能温热脾阳，致使运化无力，粪便难下。

【主证】 形寒怕冷，耳鼻俱冷，四肢欠温，排便艰涩，小便清长，腹痛，口色青白，舌苔薄白，脉象沉迟。

【治则】 温中通便。

【方例】 大承气汤加味。

【针治】 针交集、关元俞、百会等穴。

(三) 虚秘

虚秘是畜体素弱，脾肾阳虚，运化传导无力，以致粪便艰涩难下。

【主证】 神倦力乏，体瘦毛焦，多卧少立，不时拱腰努责，大便排出困难，但粪便并不是很干硬，口色淡白，脉弱。

【治则】 益气健脾，润肠通便。

【方例】 当归苁蓉汤加减。

九、呕吐

呕吐是胃失和降，胃气上逆，食物由胃吐出的病证。猪、犬、猫多见，牛、羊次之，马属动物较难发生呕吐。临床上常见的有以下证型：

(一) 胃热呕吐

因暑热或秽浊疫疠之气侵犯胃腑，使胃失和降，气逆于上，故而呕吐。

【主证】 体热身倦，口渴欲饮，遇热即吐，吐势剧烈，吐出物清稀色黄，有腐臭味，吐后稍安，不久又发。食欲减退或废绝，粪干尿短，口色红黄，苔黄厚，口津黏腻，脉洪数或滑数。

【治则】 清热养阴，降逆止呕。
【方例】 白虎汤加味。
【针治】 针玉堂、脾俞、关元俞、带脉、后三里、大椎等穴，或顺气穴巧治。

(二)伤食呕吐

因过食草料，停于胃中，滞而不化，致使胃气不能下行，上逆而呕吐。

【主证】 精神不振，间有不安，食欲废绝，肚腹胀满，嗳气及呕吐物酸臭，吐后病减。口色稍红，苔厚腻，脉沉实有力或沉滑。
【治则】 消食导滞，降气止呕。
【方例】 保和丸加减。
【针治】 同胃热呕吐。

(三)虚寒呕吐

因劳役太重，饲喂不当，致使脾胃运化功能失职；再遇久渴失饮，或突然饮冷水过多，寒凝胃腑，胃气不降，上逆而呕吐。

【主证】 消瘦，慢草，耳鼻俱凉，有时寒颤，常在食后呕吐，呕吐物无明显气味，吐后口内多涎；口色淡白，口津滑利，脉象沉迟而无力。
【治则】 温中降逆，和胃止呕。
【方例】 理中汤加味。
【针治】 针脾俞、六脉、后三里、中脘等穴。

十、慢草与不食

慢草即草料迟细，食欲减退；不食即食欲废绝。慢草与不食是多种疾病的临床症状之一，这里主要指的是因脾胃功能失调而引起的，以食欲减少或食欲废绝为主要症状的一类病证。引起脾胃功能失调，造成慢草与不食的原因很多。临床上根据病因，常将其分为以下证型：

(一)脾虚

因劳役过度，耗伤气血；饲养不当，草料质劣，缺乏营养，或时饥时饱，损伤脾胃；导致脾阳不振，胃气衰微，运化和受纳功能失常，从而出现慢草或不食。此外，肠道寄生虫也能引起本证型。

【主证】 精神不振，肷吊毛焦，四肢无力；食欲减退，日见羸瘦，粪便粗糙带水，完谷不化；舌质如绵，脉虚无力。严重者，肠鸣泄泻，四肢浮肿，双唇不收，难起难卧。
【治则】 补脾益气。
【方例】 四君子汤、参苓白术散、补中益气汤加减。
【针治】 针脾俞、后三里等穴。

(二)胃阴虚

多因天时过燥，或气候炎热，渴而不得饮，或温病后期，耗伤胃阴所致。

【主证】 食欲大减或废绝，粪球小而干，肠音不整，尿少色淡；口腔干燥，口色红，少苔或无苔，脉细数。
【治则】 滋阴养胃。
【方例】 养胃汤加减。

(三)胃寒

因外感风寒，寒气传于脾经；或过饮冷水，采食冰冻草料，以致寒邪直中胃腑；脾胃受寒，致使脾冷不能运化，胃寒不能受纳，发生慢草与不食。

【主证】 食欲大减或废绝，毛焦肷吊，头低耳耷，鼻寒耳冷，四肢发凉；腹痛，肠音活泼，粪便稀软，尿液清长；口内湿滑，口流清涎，口色青白，舌苔淡白，脉象沉迟。

【治则】 温胃散寒，理气止痛。

【方例】 温脾散或桂心散加减。

【针治】 针脾俞、后三里、后海等穴。

(四)胃热

多因天气炎热，劳役过重，饮水不足，或乘饥喂谷料过多，饲后立即使役，热气入胃，或饲养太盛，谷料过多，胃失腐熟，聚而生热；热伤胃津，受纳失职，引发本病证。

【主证】 食欲大减或废绝，口臭，上腭肿胀，齿龈红肿，口温增高；耳鼻温热，口渴贪饮，粪干小，尿短赤；口色赤红，少津，舌苔薄黄或黄厚，脉象洪数。

【治则】 清胃泻火。

【方例】 清胃散或白虎汤加减。

【针治】 针玉堂、通关、唇内等穴。

(五)食滞

因长期饲喂过多精料，或突然采食谷料过多，或饥饿后饲喂难以消化的饲料，致使草料停滞不化，损伤脾胃而发病。

【主证】 精神不振，厌食，肚腹饱满，轻度腹痛；粪便粗糙或稀软，有酸臭气味，有时完谷不化；口内酸臭，口腔黏滑，苔厚腻，口色红，脉数或滑数。

【治则】 消积导滞，健脾理气。

【方例】 曲蘖散或保和丸加减。

【针治】 针后海、玉堂、关元俞等穴。

十一、黄疸

黄疸是以眼、口、鼻黏膜及母畜阴户黄染为主要症状的一类病证。各种动物均可发生，尤以犬、猫多见。临床上，常将其分为阳黄和阴黄两种。

(一)阳黄

因湿热、疫毒之邪外袭，内阻中焦，脾胃运化失常，湿热交蒸，不得外泄，熏于肝胆，以致肝失疏泄，胆汁外溢，浸渍皮肤而发为黄疸。

【主证】 发病较急，眼、口、鼻及母畜阴户黏膜等处均发黄，黄色鲜明如橘；患病动物精神沉郁，食欲减退，粪干或泄泻，常有发热；口色红黄，舌苔黄腻，脉象弦数。

【治则】 清热利湿，退黄。

【方例】 热重于湿阳黄，方用加味茵陈蒿汤；湿重于热者用五苓散加减。

【针治】 猪可针尾尖、耳尖、太阳穴；马可针眼脉、玉堂穴。

(二)阴黄

阴黄时眼、口、鼻等可视黏膜发黄，黄色晦暗；患病动物精神沉郁，四肢无力，食欲减退，耳、鼻末梢发凉；舌苔白腻，脉沉细无力。

【治则】 健脾益气，温中化湿。

【方例】 用茵陈术附汤。

【针治】 针肝俞、脾俞、肾俞等穴。

十二、淋证

淋证是排尿频数、涩痛、淋漓不尽的病证。根据病因及主证的不同，常将其分为以下证型：

（一）热淋

因湿热蕴结于下焦，膀胱气化失利，以致排尿淋漓涩痛，发为热淋。

【主证】 排尿时拱腰努责，淋漓不畅，疼痛，频频排尿，但尿量少，尿色赤黄；口色红，苔黄腻，脉滑数。

【治则】 清热降火，利尿通淋。

【方例】 八正散加减。

（二）血淋

因湿热蕴结膀胱，伤及脉络，血随尿排出，遂成血淋。血淋与尿血，均可见尿中带血，一般排尿涩痛、淋漓不尽者为血淋，无排尿涩痛、尿淋漓者为尿血。

【主证】 排尿困难，疼痛不安，尿中带血，尿色鲜红；舌色红，苔黄，脉数；兼血瘀者，血色暗紫，混有血块。

【治则】 清热利湿，凉血止血。

【方例】 小蓟饮子。

（三）砂淋

多由湿热蕴结膀胱，煎熬尿液成石所致。常发于公畜，母畜少发。

【主证】 尿道不完全阻塞时，尿频，排尿困难，疼痛不安，尿淋沥不尽，有时排尿中断，尿液混浊，常见有大小不等的砂石，或尿中带有血丝。尿道完全阻塞时，虽常做排尿姿势，但无尿排出，动物痛苦不安。犬、猫等动物触诊腹部，可感觉膀胱充盈；马、牛等触诊可触摸到充满尿液的膀胱，大如篮球。口色、脉象通常无明显变化，或口色微红而干，脉滑数。严重者，因久不排尿，包皮、会阴发生水肿，同时伴有全身症状。

【治则】 清热利湿，消石通淋。

【方例】 八正散加减。

（四）劳淋

因体质素虚，或劳役过度，或淋证失治、误治，耗伤正气，致使脾肾俱虚，膀胱气化不利而发为劳淋。

【主证】 精神倦怠，四肢无力，卧多立少，体瘦毛焦，甚或耳鼻发凉，四肢不温；排尿频数，淋漓不尽，但疼痛不显，遇劳则淋重；口色淡白，舌质如绵，舌苔薄白，或无苔，脉沉细无力。

【治则】 补益脾肾，利尿通淋。

【方例】 肾虚者，用六味地黄汤加味；脾虚者，用补中益气汤加味。

(五)膏淋

因湿热蕴结于膀胱、气化不利，清浊相混，脂液失约，遂成膏淋。

【主证】 身热，排尿涩痛、频数，尿液混浊不清，色如米泔，稠如膏糊。口色红，苔黄腻，脉滑数。

【治则】 清热利湿，分清化浊。

【方例】 草薢分清饮。

十三、五攒痛

五攒是指动物因四肢疼痛，不堪重负，站立时前肢后伸，后肢前伸，腰曲头低，五处攒集。五攒痛相当于现代兽医学中的蹄叶炎，马、牛常见。多发于两前肢，也可四肢同时发病。根据病因的不同，常分为走伤型和料伤型两种。

(一)走伤型

多因负载或乘骑时，奔走太急，致使气血凝滞于胸膈或四肢所致；或因车船长途运输，站立不稳，四肢强力负重，致使四肢血脉旺盛，流注于蹄，凝滞不散所致。

【主证】 站立时，腰曲头低，四肢攒于腹下；运步时，束步难行，步幅极短，把前把后，气促喘粗，卧多立少，有时体温升高，口色稍红，蹄温升高，蹄前壁敏感。

【治则】 和血顺气，破滞开郁。

【方例】 茵陈散。

【针治】 发于两前肢者，可血针鹘脉、胸膛穴，或前蹄头、前缠腕穴；发于两后肢者，可血针肾堂、后蹄头、后缠腕穴。

(二)料伤型

多因过食谷料，运动不足；或胃肠阻滞，饮水不足，致使谷料毒气凝于胃肠，吸收入血，凝滞不散所致。多发生于长期休闲而谷料不减，又突然使役的动物。

【主证】 除具有走伤型的一般症状外，尚见食欲大减，或只吃草而不吃料，粪稀带水，有酸臭味；呼吸迫促，口色鲜红，脉象洪大。

【治则】 化谷宽肠，消积破瘀。

【方例】 红花散加减。

【针治】 同走伤型。

十四、虚劳证

虚劳是动物因脏腑亏损、气血不足而发生的一类慢性、虚损性病证。临床上常见有以下证型：

(一)气虚

气虚主要指脾、肺气虚，多因素体虚弱，或老龄体弱，或久病体弱，或久病失治、误治耗伤正气，或长期饲养管理不当，劳役过度，脏腑功能衰退所致。

【主证】 食欲减少，精神不振，肷吊毛焦，体瘦形羸，四肢无力，急行好卧，口色淡白，脉沉细无力。肺气虚者，呼吸气短，咳声无力，动则气喘、汗出；脾气虚者，粪便清稀，完谷不化或水粪齐下，双唇不收，舌软绵无力。

【治则】 益气。

【方例】 肺气虚者用补肺散；脾气虚者用补中益气汤或参苓白术散加味。

(二)血虚

血虚主要指心、肝血虚，多由先天不足，体质素虚，或后天失养，脾胃虚弱，血液生化无源；或各种急慢性出血，肠道寄生虫等所致。

【主证】 精神不振，体瘦毛焦，口色和结膜淡白无华，脉象细弱。心血虚者，有时心悸，见物易惊；肝血虚者，筋脉拘挛、抽搐，蹄甲焦枯，有时视力减退或失明。

【治则】 心血虚者，养血安神；肝血虚者，补血养肝。

【方例】 心血虚者用八珍汤加味；肝血虚者用四物汤加味。

(三)阴虚

阴虚主要指肺、肾阴虚，多由营养不足，饮水缺乏，或久病体虚，或泄泻、大汗、失血以及高热伤津所致。

【主证】 精神倦怠，体瘦毛焦，虚热不退，午后热盛，盗汗，口色红，少苔或无苔，脉象细数。肺阴虚者，干咳无痰，咳声低微，或有气喘；肾阴虚者，腰拖胯軃，公畜举阳滑精，母畜不发情或不孕。

【治则】 肺阴虚者，养阴润肺；肾阴虚者，滋阴补肾。

【方例】 肺阴虚者用百合固金汤加减；肾阴虚者用六味地黄丸加减。

(四)阳虚

阳虚主要指脾、肾阳虚，多因素体阳虚，或老龄体弱，久病不愈，脾肾阳虚；或劳损过度，感受寒邪，阳气受损所致。

【主证】 体瘦毛焦，畏寒怕冷，耳鼻四肢发凉，口色淡白，脉象细弱。脾阳虚者，慢草或不食，久泄不止，四肢虚浮；肾阳虚者，腰膝痿软无力，公畜阳痿、滑精，母畜不孕。

【治则】 脾阳虚者，温中健脾；肾阳虚者，温肾助阳。

【方例】 脾阳虚者用理中汤加减；肾阳虚者用肾气丸加减。

十五、痹证

痹证是由于动物体受风寒湿邪侵袭，致使经络阻塞、气血凝滞，引起肌肉关节肿痛，屈伸不利，甚至麻木、关节肿大变形的一类病证，相当于现代兽医学的风湿症。临床上常见有以下证型：

(一)风寒湿痹

风寒湿痹多因动物体阳气不足，卫气不固，再逢气候突变、夜露风霜、阴雨若淋、久卧湿地、穿堂贼风、劳役过重、乘热渡河等，风寒湿邪便乘虚而伤于皮肤，流窜经络，侵害肌肉、关节、筋骨，引起经络阻塞，气血凝滞，而成本病。由风、寒、湿三邪偏盛的不同，症状也有差异，风邪偏盛者为行痹，寒邪偏盛者为痛痹，湿邪偏盛者为着痹。

【主证】 关节或肌肉肿痛，皮紧肉硬，四肢跛行，屈伸不利，跛行随运动而减轻。重则关节肿大，肌肉萎缩，甚或卧地不起。风邪偏盛者，疼痛游走不定，常累及多个关节，脉缓；寒邪偏盛者，疼痛剧烈，痛处固定，得热痛减，遇寒痛重，脉弦紧；湿邪偏盛者，疼痛较轻，痛处固定，肿胀麻木，缠绵难愈，易复发，脉沉缓。

【治则】 祛风散寒，除湿通络。

【方例】 风邪偏盛者，用防风散加减；寒邪偏盛者，用独活寄生汤加减；湿邪偏盛者，用薏苡仁汤加减。

【针治】 根据疾病的具体部位进行选穴，如颈部针九委穴；肩部针抢风、冲天、膊尖、肺门等穴；腰背部针百会、肾俞、肾角、腰前、腰中、腰后等穴；后肢针百会、巴山、大胯、小胯等穴。可酌情选用白针、火针、水针、醋酒灸和软烧等不同方法。

(二)风湿热痹

风湿热痹是动物素体阳气偏盛，内有蕴热，又感风寒湿邪，里热为外邪所郁，湿热壅滞，气血不宣；或痹症迁延，风、寒、湿三邪久留，郁而化热，壅阻经络关节，均可导致风湿热痹。

【主证】 关节发病较急，患部肌肉关节肿胀、温热、疼痛，常呈游走性，伴有发热、出汗、口干、舌红、脉数等症状。

【治则】 清热，疏风化湿。

【方例】 独活散加减。

【针治】 选穴同于风寒湿痹，但一般不用火针、醋酒灸及软烧等方法。

十六、不孕

适龄母畜经健康公畜交配而不受孕，或产一二胎后，不能再怀孕的，均称为不孕症。以马、牛、犬多见，猪也常患此病。不孕症有先天性不孕和后天性不孕两种。先天性不孕多因生殖器官的先天性缺陷所致，难以治疗。后天性不孕，多由疾病或饲养管理不当等原因造成。根据发病原因可分为以下证型：

(一)虚弱不孕

因饲养和管理不当，如饲料品质不良，饲料数量不足，长期过度劳役，挤奶过度等，均可造成气血化生之源不足或耗伤过度，导致气血亏虚，命门火衰，胞脉失养，冲任空虚而不孕。

【主证】 发情不正常，或发情表现不明显，屡配不孕；精神倦怠，形体消瘦，口色淡白，脉沉细无力，或见阴门松弛。

【治则】 益气补血，健脾温肾。

【方例】 复方仙阳汤或催情散加减。

【针治】 针雁翅、百会、后海、肾俞、阴俞、关元俞等穴。

(二)宫寒不孕

多因畜体素虚，或感受寒邪，或阴雨苦淋，久卧湿地，或采食过多冰冻草料，寒邪客于胞中，致使肾阳不足，宫寒不能养精；或湿寒困脾，脾虚不能化生营血为精而不能受胎。常见于慢性子宫内膜炎、慢性子宫颈炎、慢性阴道炎、前庭炎和阴门炎等子宫及产道的慢性炎症过程中。

【主证】 不发情，或发情周期不正常，发情表现不明显，屡配不孕；喜热恶寒，腹内肠鸣，便溏尿清，带下清稀，口色青白，脉沉弱或沉迟。

【治则】 暖宫散寒，温肾壮阳。

【方例】 艾附暖宫丸。
【针治】 同虚弱不孕。

(三)肥胖不孕

多因蓄养太盛，运动不足，致使胎液丰满，痰湿内生，阻塞胞宫而不能摄精受孕。

【主证】 除发情不正常或发情表现不明显，屡配不孕外，患畜体肥膘满，动则易喘，不耐劳役，口色淡白，舌苔白滑或稍腻，带下稠而量多，脉滑。
【治则】 燥湿化痰。
【方例】 启宫丸加减或苍术散加减。
【针治】 同虚弱不孕。

(四)血瘀不孕

因舍饲期间运动不足，或长期发情不配，或胞宫原有旧疾，或情期气候突变，致使胞宫气滞血凝，形成肿块，不能受孕。

【治则】 活血祛瘀。
【方例】 调经散。
【针治】 选用电针疗法，电针雁翅、百会、后海、肾俞等穴道；也可用氦氖激光照射阴蒂及交巢穴；或百会穴注射当归或丹参注射液，可明显提高受孕率。

十七、疮黄疔毒

疮、黄、疔、毒是皮肤与肌肉组织发生肿胀和化脓感染的一类病证，简称疮黄。

(一)疮

疮是局部化脓性感染的总称。多由六淫之气侵入经络，气血运行受阻，致使气血凝滞而成。或因劳役过度，饮喂失调，久之畜体衰弱，营卫不和，气血凝滞而成。

【主证】 初期患部肿胀，灼热疼痛。严重的可出现发热、精神不振、食欲减退、脉象洪数等全身表现。若局部按之柔软，则脓已成。后期，皮肤逐渐变薄，破溃后流出黄色或绿色稠脓、带恶臭味脓液，或夹杂有血丝或血块，疮面呈赤红色，有时疮面被痂皮覆盖。
【治则】 以祛除毒邪，疏通气血为主，并根据病程的发展阶段、病变的部位，分别采用内治和外治相结合的方法。

初起尚未成脓者，采用消法，以散风清热、行瘀活血为主；若成脓迟缓，则采用托法，以托里透脓为主；溃后若无全身症状，则只用外治即可；若气血虚弱，久不收口，则采用补法，以补气血为主。

【方例】 初期脓未成者，内服真人活命饮、黄连解毒汤、五味消毒饮，外敷如意金黄散或雄黄散；成脓迟缓者，内服透脓散；脓已成未破口者，应切开排脓，然后外用防腐生肌散；疮毒内陷者，用清营汤以凉血解毒，清心开窍；溃后气血虚弱，久不收口者，可内服八珍汤，外敷防腐生肌散或冰硼散。

(二)黄

黄是皮肤完整性未被破坏的软组织肿胀。多因饲养失调，劳役过度，外感病邪，正邪相搏于肌肤，卫气受阻，经络郁塞，气血凝滞而成。黄发于不同的部位，有不同的名称，如胸黄、肘黄、肚底黄等。

【主证】 起初患部肿硬，间有疼痛或局部发热，继则面积扩大而变软，有的出现波动，刺之流出黄水。因黄的部位和名称不同，具体主证也有所不同。

(1) 锁口黄：病初口角肿胀，硬而疼痛，口角内侧赤热，咀嚼缓慢，水草渐减；继则肿胀逐渐扩大蔓延，唇角破裂，口内流涎，口禁难开，口色鲜红，脉洪数。

(2) 鼻黄：单侧或双侧鼻部肿胀，软而不痛，久之破溃流出黄水，呼吸稍粗，口色鲜红，脉洪数。

(3) 颊黄：颊部一侧或双侧发生软肿，压之不痛，初期肿胀较小，后逐渐扩大，甚至牵延到食槽，口流涎水，咀嚼困难，口色赤红，脉洪数。

(4) 耳黄：单侧或双侧耳根肿胀，患耳下垂。一般软而无痛者易消，硬肿而痛者则溃破成脓。

(5) 腮黄：一侧或双侧腮部发生肿胀，初期肿胀较小而硬，随后逐渐扩大，可向前肿至食槽，引起口内流涎，水草难进，咀嚼困难；或向颈部蔓延，导致颈部肿胀，影响颈部活动；若波及咽喉，则出现呼吸困难，严重时引起窒息。

(6) 背黄：病初背部热痛肿硬，日久软化，触之有波动感，内有黄水。

(7) 胸黄：病初胸前发生肿胀，较硬，有热痛感，继之则扩大变软，甚至布满胸臆，无痛感，针刺流出黄水，口色鲜红，脉洪大。

(8) 肚底黄：肚底肿胀，发展迅速，肿胀界限不明，初如碗口，后逐渐增大，布满肚底。重者肿胀可蔓延至前胸和会阴部，不热不痛，或稍有痛感，指压成坑。患病动物精神不振，水草减少，行走困难，不能卧底，站立时四肢开张。

(9) 肘黄：初期肘部肿胀无痛，后肿胀渐大，时有发热疼痛。站立时前肢前伸，运步时呈现跛行，口色鲜红，脉洪大。

(10) 腕黄：病初腕部微肿发热，稍有疼痛，也有软肿而不发热者。行走时患肢不灵活，站立时患肢伸向前方，不敢负重，频频换肢。以后肿胀渐大，疼痛加剧，屈伸不利，起卧困难，行走迟缓。

【治则】 清热解毒，消肿散瘀。

【方例】 消黄散加减。

【针治】 局部消毒后，用大宽针散刺，以排黄水。

(三) 疔

疔属于鞍伤感染，因其坚硬、根深、形状如钉而得名。多因乘骑负重过久，鞍具未及时解卸，瘀汗积于毛窍，败血凝于皮肤；或鞍具不适当，磨伤体表，邪毒侵入所致。

【主证】 根据鞍伤感染后发展的阶段不同，所受损伤的程度不同，可分为黑疔、血疔、筋疔、气疔、水疔五种。若经久不愈，则可能形成瘘管。

(1) 黑疔：皮肤浅层组织受伤，疮面覆盖有血样分泌物，变干后形成黑色痂皮，形似钉盖，坚硬色黑，不红不肿，无血无脓。

(2) 血疔：皮肤组织破溃，久不结痂，色赤常流脓血。

(3) 筋疔：脊间皮肤组织破溃，疮面溃烂无痂，暴露灰白色而略带黄色的肌膜，流出淡黄色水。

(4) 气疔：疮面溃烂，局部色白；或因坏死组织分解，排出带有泡沫的脓汁或黄白色的渗出物。

(5) 水疗：鞍伤初期伤浅，患部红肿疼痛，渗出物光亮似水。

【治则】 以外治为主。未溃者，可针其周围，以防走窜；已溃者，用防风汤洗，根据情况用药，干则润之，湿则燥之，肿则消之，腐则脱之，毒则解之。如形成瘘管，则以拔毒去腐之药腐蚀之。

【方例】 黑疗，可先揭去盖，以防风汤洗后，外敷防腐生肌散；血疗，外用葶苈散；筋疗，可外用丹矾散；气疗，可按疮治疗，必要时可内服真人活命饮，外敷防腐生肌散；水疗，必要时可内服消黄散，外敷雄黄拔毒散。

(四) 毒

毒为脏腑毒气积聚，反映于体表的病证。毒有好多种，其中阴毒和阳毒具有特殊性，其他种类的毒基本与疮相似。

1. 阴毒 乃阴邪结毒，阴火挟痰而成。《元亨疗马集》说："阴毒浑身生瘰疬"。

【主证】 多在前腹底或四肢内侧发生瘰疬结核，累累相连，肿硬如石，不发热，不易化脓，难溃，难敛，或敛后复溃。

【治则】 消肿解毒，软坚散结。

【方例】 内服土伏苓散。慢性虚弱性阴毒可内服阳和汤加黄芪、忍冬藤，苍术，外用斑蝥酒涂擦。

2. 阳毒 多由于体壮膘肥，热毒内盛，加之鞍具不适，或气候骤变，劳役中汗出雨淋，湿热交结，郁于肤腠而成肿毒。

【主证】 两前肢、梁头、脊背及四肢外侧发生肿块，大小不等，发热疼痛，脓成易溃，溃后易敛。

【治则】 清热解毒，软坚散结；溃后排脓生肌。

【方例】 内服昆海汤，外敷雄黄散。

第六篇　实验指导

实验一

寒邪、热邪致病的实验观察

【实验目的】 通过观察寒邪、热邪致病后实验动物出现的症状表现,加深理解寒邪、热邪的致病特点。

【实验材料】 ①动物:小鼠(雄性)4只。②药品:食盐,冰块。③器材:鼠笼,台秤,广口瓶(带有两孔的胶塞),500mL烧杯,温度计($-20 \sim 100$℃),酒精灯,三角支架,石棉网,火柴,体温计,镊子,白瓷板。

【实验方法】

1. 热邪致病

①称取体重相近的雄性小鼠2只,测试体温后分别放入两个广口瓶内,一广口瓶内小鼠为实验用,另一广口瓶内小鼠为对照观察。

②将存有500mL水的大烧杯置于三角支架上。

③把实验用的广口瓶置于上述杯内,然后用酒精灯慢火加温,控制火焰,使瓶内温度保持在35~40℃,随着温度逐渐升高,观察小鼠有何异常表现,待小鼠出现热汗、四肢无力、惊厥等症状时,从广口瓶中取出,再测体温,观察精神、黏膜色彩、被毛、四肢等,并与对照鼠进行比较。

2. 寒邪致病

①同热邪致病的第一步。

②将食盐与冰块按1:2比例混匀放入500mL烧杯内。

③将实验用的广口瓶置于上述500mL烧杯内,随着环境温度逐渐降低,观察小鼠有何异常表现,待小鼠表现出末梢皮肤黏膜变得苍白、皮紧毛乍、肢体僵硬时,从广口瓶中取出,再测体温,放于白瓷板上观察行走步态等,并与对照鼠进行比较。

【结果记录】

组别		精神	黏膜色彩	被毛	四肢	体重
实验鼠	实验前					
	实验后					
对照鼠	实验前					
	实验后					

【思考题】 热邪致病有哪些症状,本实验能看到哪些?为什么会出现这些症状?本实验寒邪致病动物表现哪些症状?是属于外寒还是内寒,为什么?

实验二

猪的切诊

【实验目的】 通过本实习掌握猪病切诊的具体方法。
【实验材料】 ①动物：猪。②器材：猪保定台，保定绳，体温计，听诊器，病历夹，病历表。
【实验方法】

1. 切脉

猪一般以切股内动脉为主，配合听诊心音节律，相互合参，作为猪的脉诊依据。切脉时，先应通过搔痒等方法使患猪安静下来，然后诊者蹲于患猪一侧，在膝关节上部沿腹壁伸向股内侧正中部，用食指、中指、无名指三指触之并轻轻移动，触到脉象为度，进一步诊察体会脉搏的性状。

2. 触诊

①凉热：主要摸皮温、耳温、鼻温、四肢温度，以感知患猪体温的高低，在实际诊断过程中，常常配合体温计测定直肠温度，作为参考依据。如耳根发热，耳尖发凉，常为发热较重，全耳较热为热证，全耳较凉为寒证，耳部时热时凉为半表半里证。全耳冰冷常为危症。四肢发热为热证，四肢较冷常为寒证，四肢冰冷常为危症。皮温较高常为热证，皮温较凉常为寒证，皮温不均常为半表半里证。

②肿胀：触摸体表有无肿块，病灶的性质、性状、大小及敏感度等，从中判定疾病的寒热虚实。

③腹诊：主要是感知腹部皮肤的紧张度、敏感性及腹腔内部的状态，如按压或叩打时患猪躲避或拒按，则多为腹壁炎症；如肚腹硬如鼓，常为气胀或食肿，如腹内有硬块，常为便秘；压腹还可感知胎儿情况。

【结果记录】 将切诊所得资料，一一记录，并进行分析综合。
【思考题】 中兽医对猪病的切诊方法和特点。

实验三
药用植物的采集及标本制作

【实验目的】 掌握药用植物采集的方法，了解药用植物绿色保存法的原理和步骤。

【实验材料】 ①药品：冰醋酸-醋酸铜混合固定液，福尔马林。②器材：掘铲，丁字镐，采集筒，塑料袋，记录纸，小号牌，工作日记，铅笔，标本缸，标签纸等。

【实验方法】

1. 采集

采集常见的小型绿色草本植物，如牛筋草、大飞扬草、莲子草、酢浆草、细叶麦冬等。采集时注意植物需发育正常且无病虫害，根、茎、叶等力求齐全。每一种标本通常采 3~5 份，以供鉴定、交换、保存等用。

2. 标本制作

用快速着绿法对植物进行绿色固定，将采集的药用植物用清水洗净后，放入 85℃ 左右的冰醋酸-醋酸铜混合固定液中加热 10min 左右，当植物转变为褐色又转变为绿色时，将其取出并洗净，放入装有福尔马林的标本缸中。封口，并在标本瓶的外面贴上标签，注明标本的名称、日期、制作人等。

【结果记录】 记录采集药材的名称和性味归经，采集地点和时间等。同时，将标本的制作过程进行详细记录。

【思考题】 快速着绿法的原理是什么？

实验四

中药的炒制

【实验目的】 了解中药炮制中炒制的常用方法和意义。

【实验材料】 ①药品：决明子，山楂，地榆，白术。②器材：铁锅，铲，炉，燃料等。

【实验方法】 炒，分清炒和辅料炒两类。

1. 清炒

炒决明子：取决明子，用文火炒至微有爆裂声并有香气时，取出放凉；焦山楂：取净山楂，用强火炒至外表焦褐色，内部焦黄色，取出放凉；地榆炭：取地榆片入锅，炒成焦黑为止。

2. 辅料炒

麸炒白术：称取白术 500g，麸皮 50g，先将锅烧热，撒入麦麸，待冒烟时投入白术片，不断翻动，炒至白术呈黄褐色取出，筛去麦麸。

【结果记录】 记录各中药炒制前后的性状变化。

【思考题】 中药炒制的意义是什么？

实验五

中药粉末的显微观察

【实验目的】 了解中药粉末显微鉴别的技术，掌握淀粉粒、草酸钙结晶、花粉粒等显微鉴别特征，熟悉粉末装片的方法。

【实验材料】 ①药品：半夏，槟榔，益智仁，大黄，金银花，砂仁，巴戟天，广藿香，水合氯醛试液，稀碘液，蒸馏水。②器材：显微镜，酒精灯，牙签，镊子。

【实验方法】

1. 淀粉粒观察

用牙签挑取少许中药粉末，置于载玻片的蒸馏水中，加盖玻片。将标本片置显微镜下观察到淀粉粒，加稀碘液一滴，可见淀粉粒被染成蓝色。

2. 草酸钙针晶、簇晶观察

在载玻片中央加水合氯醛试液 1~2 滴，用牙签挑取少许中药粉末，置于水和氯醛液滴中，拌匀，置酒精灯上微热，并用牙签不断搅拌，稍干（切勿烧焦），冷却，加蒸馏水 1~2 滴拌匀，微微倾斜玻片，用吸水纸吸去蒸馏水，在剩余物上再滴加水合氯醛试液，如上法再处理一次，最后滴加甘油，盖上盖玻片。将标本片置显微镜下观察。

3. 金银花花粉粒观察

在载玻片中央加水合氯醛试液 1~2 滴，用牙签挑取金银花粉末适量，置于水和氯醛液滴中，拌匀，微微倾斜玻片，用吸水纸吸去蒸馏水，在剩余物上再滴加水合氯醛试液，最后滴加甘油，盖上盖玻片。将标本片置显微镜下观察。

【结果记录】 绘出中药淀粉粒，花粉粒，草酸钙针晶、簇晶。

【思考题】 哪些种类的中药中淀粉粒较多？中药粉末的显微鉴别过程中，应注意哪些问题？

实验六

黄芩苷的提取

【实验目的】 通过黄芩苷的提取，了解常用的中药提取方法。掌握黄芩中提取黄芩苷的工艺。

【实验材料】 ①药品：黄芩，乙醇，氢氧化钠，浓盐酸。②器械：中药提取分离装置。

【实验方法】 ①取黄芩生饮片200g，加水1600mL，煎煮1h，四层纱布滤过，药渣再加水1200mL，煎煮0.5h，同法滤过。②合并滤液，滴加浓盐酸，酸化至pH 1~2，80℃保温0.5h，使黄芩苷沉淀析出。③弃去上清液，沉淀物抽滤，取滤饼加入10倍量水，使之呈混悬液，用40%氢氧化钠溶液调至pH 7，混悬物溶解，加入等量乙醇，滤去杂质，滤液加浓盐酸调至pH 1~2，加热至80℃，保温0.5h。④黄芩苷析出后，滤过，沉淀物以少量50%乙醇洗涤后，再以5倍量乙醇洗涤，干燥，即为黄芩苷粗品。

【结果记录】 记录黄芩苷粗品的提取率。

【思考题】 黄芩苷提取中应该注意哪些问题？

实验七

蟛蜞菊中黄酮的提取及含量测定

【实验目的】 通过对蟛蜞菊中黄酮成分的提取，了解中药黄酮提取的原理，掌握蟛蜞菊黄酮的提取方法和含量测定。

【实验材料】 ①药品：蟛蜞菊，40%乙醇，60%乙醇，芦丁标准品，5%亚硝酸钠溶液，10%硝酸铝溶液，4%氢氧化钠溶液等。②器械：中药提取分离装置。

【实验方法】

1. 蟛蜞菊黄酮的提取

称取10g蟛蜞菊粉末，加入500mL的60%乙醇，80℃恒温提取1h，四层纱布滤过后，抽滤，收集滤液，得到蟛蜞菊黄酮提取液。

2. 蟛蜞菊黄酮的含量测定

称取5.0mg芦丁标准品（105℃烘干恒重），用60%的乙醇配成50mL溶液，分别准确吸取1.0mL、2.0mL、3.0mL、4.0mL、5.0mL芦丁标准液，置于10mL比色管中，分别加入5%亚硝酸钠溶液0.3mL，摇匀后放置10min，再加入10%硝酸铝溶液0.3mL，摇匀后放置10min，再加入4% NaOH 溶液2mL，用30%乙醇稀释至刻度，摇匀放置10min，用分光光度计在510nm处测吸光度，以试剂空白为对照，作出标准曲线。吸取5mL蟛蜞菊黄酮提取液，置于10mL比色管中，按标准品测定方法操作，于510nm处测吸光度，做三次重复。计算蟛蜞菊黄酮的含量。

【结果记录】 记录蟛蜞菊黄酮的提取率。

【思考题】 芦丁法测黄酮含量的原理是什么？蟛蜞菊黄酮提取中应该注意哪些问题？

实验八

广藿香中多糖的提取及含量测定

【实验目的】 通过对广藿香中多糖成分的提取,了解中药多糖提取的原理,掌握广藿香多糖的提取方法和含量测定。

【实验材料】 ①药品:广藿香,95%乙醇,葡萄糖标准液,5%苯酚溶液,浓硫酸。②器械:中药提取分离装置,紫外-可见光分光光度计。

【实验方法】

1. 广藿香多糖的提取

采用水提醇沉法,对广藿香多糖进行提取。取 50g 广藿香粉末,水 500mL,煎煮 1h,四层纱布滤过,重复三次,合并煎煮液。将煎煮液浓缩至 50mL,向煎煮液中缓慢加入 95%乙醇,使醇浓度达到 70%,边加乙醇边搅拌,静置,过夜。离心(4000r/min,10min)去上清,将沉淀置于 65℃真空干燥箱烘干。

2. 多糖的测定

称取 50.0mg 葡萄糖标准品(105℃烘干恒重),用蒸馏水定溶于 50mL 容量瓶中。分别准确吸取 1.0mL、2.0mL、3.0mL、4.0mL、5.0mL 葡萄糖标准液,定溶于 50mL 容量瓶中。分别准确吸取 2.0mL 各浓度标准品,置于 15mL 试管中,加入 1.0mL 5%苯酚溶液,混匀后加入 5.0mL 浓硫酸,立即摇匀。冷却至室温后,用分光光度计在 490nm 处测吸光度,以试剂空白为对照,作出标准曲线。

称取 50.0mg 广藿香多糖粉末,用蒸馏水定溶于 50mL 容量瓶中。准确吸取 5.0mL 溶液,定溶于 50mL 容量瓶中。按标准品测定方法操作,于 490nm 处测吸光度,做三次重复。计算广藿香多糖含量。

【结果记录】 记录广藿香的提取率。

【思考题】 苯酚-浓硫酸法测定糖含量的原理是什么?在广藿香多糖的提取中应该注意哪些问题。

实验九
中药多糖的纯化与分离

【实验目的】 通过 Sevage 法和层析法进行广藿香多糖的纯化与分离，学习中药多糖纯化与分离的基本方法。

【实验材料】 ①药品：广藿香粗多糖，氯仿，正丁醇，氯化钠，DEAE-52，Sephadex G-100。②器械：部分自动收集器，恒流泵，层析柱，紫外-可见光分光光度计。

【实验方法】

1. 去蛋白

准确称取 200mg 广藿香粗多糖，溶解于 40mL 蒸馏水中，与 10mL Sevage 试剂（氯仿：正丁醇为 4:1）混合，剧烈振荡 10min。4000r/min 离心 5 min，取上清液。重复上述操作 5 次，将多糖溶液浓缩至 10mL，得到去蛋白的广藿香多糖溶液。

2. 阴离子交换层析

量取 10mL 去蛋白的广藿香多糖溶液，加到装有 DEAE-52 的层析柱上（2.6cm×30cm）。分别用 300mL 蒸馏水、0.2mol/L 氯化钠溶液、0.4mol/L 氯化钠溶液进行洗脱，流速为 0.5mL/min。用部分自动收集器收集，10mL 收集一管。用苯酚硫酸法测定每管溶液中的糖含量，将同一峰内的多糖溶液合并收集，并进行浓缩，得到不同组分的广藿香多糖溶液。

3. 凝胶层析

分别量取 10mL 上述不同组分的广藿香多糖溶液，加到装有 Sephadex G-100 的层析柱上（2.6cm×90cm）。分别用 500mL 蒸馏水进行洗脱，流速为 0.5mL/min。用部分自动收集器收集，每管 10mL。用苯酚硫酸法测定每管溶液中的糖含量，将同一峰内的多糖溶液合并收集，并进行浓缩，得到单一组分的广藿香多糖溶液。将各个单一组分的广藿香多糖溶液进行冷冻干燥，得到精制的广藿香多糖。

【结果记录】 记录阴离子交换层析和凝胶层析过程中出现的多糖峰。

【思考题】 采用 Sevage 法去蛋白的优缺点各是什么？阴离子交换层析和凝胶层析的原理各是什么？

实验十

中药水提物与醇提物的抗氧化活性比较

【实验目的】 通过对中药水提物和醇提物进行抗氧化活性比较，了解中药活性成分抗氧化作用的研究方法。

【实验材料】 ①药品：淫羊藿，广藿香，巴戟天，DPPH，乙醇，铁氰化钾，三氯乙酸，三氯化铁，磷酸缓冲溶液（0.2mol/L，pH=6.6）。②器械：紫外-可见光分光光度计，水浴锅。

【实验方法】

1. 中药水提物和醇提物的制备

分别取 10g 淫羊藿、广藿香和巴戟天粉末，加入 100mL 蒸馏水，煎煮 1h，四层纱布滤过，重复三次，合并煎煮液。将煎煮液浓缩至 50mL，得到淫羊藿、广藿香和巴戟天水提物。

分别取 10g 淫羊藿、广藿香和巴戟天粉末，加入 250mL 的 60% 乙醇，80℃ 恒温提取 1h。四层纱布滤过后，抽滤，收集滤液，将滤液浓缩至 50mL，得到淫羊藿、广藿香和巴戟天醇提物。

2. DPPH 自由基清除试验

量取 2mL 中药水提物或中药醇提物，与 2mL DPPH（0.2mmol/L）混匀，避光静置 30min，于 517nm 下测定吸光值 A；量取 2mL 中药水提物或中药醇提物，与 2mL 乙醇（体积分数为 95%）混匀，避光静置 30min，于 517nm 下测定吸光值 A_s；量取 2mL DPPH（0.2mmol/L），与 2mL 乙醇（体积分数为 95%）混匀，避光静置 30min，于 517nm 下测定吸光值 A_0。按以下公式计算 DPPH 自由基清除率：

$$清除率 = [1-(A-A_s)/A_0] \times 100\%$$

3. 铁氰化钾还原法测总还原力

量取 0.25mL 的中药水提物或中药醇提物，加入 0.25mL 磷酸缓冲溶液（0.2mol/L，pH=6.6）以及 0.25mL 质量分数为 1% 的铁氰化钾溶液，混匀。于 50℃ 水浴反应 20min。加入 0.25mL 10% 三氯乙酸溶液、0.5mL 蒸馏水、0.1mL 质量分数为 0.1% 三氯化铁溶液，反应 10 min。以蒸馏水为参比，在 700nm 波长下测定吸光值。吸光值越大，总还原力越高。

【结果记录】

项目	淫羊藿		广藿香		巴戟天	
	水提物	醇提物	水提物	醇提物	水提物	醇提物
DPPH 自由基清除率						
总还原力（A_{700}）						

【思考题】 中药水提物和醇提物哪种成分的抗氧化能力强？为什么？

实验十一

清热药体外抗菌实验

【实验目的】 通过实验，掌握中药体外抗菌实验的方法，了解清热药对病原菌的抑制和杀死作用。

【实验材料】 ①药品：黄连、黄芩、蟛蜞菊100%水煎剂，肉汤培养基。②菌种：大肠杆菌。③器械：恒温培养箱，接种环，移液器。

【实验方法】

1. 试管法

分别用肉汤培养基与黄连、黄芩、蟛蜞菊100%水煎剂进行稀释，稀释度为1:5、1:10、1:20、1:50、1:100、1:200，每管1mL。然后将菌液分别接种于不同浓度的药液培养基中，接种量为已稀释好的菌液0.1mL。同时设药液（药液与培养基1:2）、细菌（细菌与培养基0.1:1）、培养基（不加药液与菌液）各一管，作为对照。将上述试管摇匀后，置于37℃恒温箱中培养24h，再观察结果。

2. 平板法

先分别将黄连、黄芩、蟛蜞菊100%水煎剂按试管法稀释为1:5、1:10、1:20、1:50、1:100、1:200的不同浓度。将各稀释度的药液1mL，置于无菌平皿中，然后再加入已溶化的琼脂培养基9mL，迅速与药液混匀，对照用10mL琼脂培养基。已凝固的平板做标记后置于37℃恒温箱中1~2h，使其水分干燥。取出平皿，将细菌以划线法接种于平板上，再置于37℃恒温箱内培养24h后观察结果。

【结果记录】

1. 试管法

首先在观察细菌对照管呈混浊，而培养基对照管、药物对照管呈透明清朗的前提下，再观察试管的混浊情况，以判查不同浓度药液的抑菌作用。如试管内液体混浊，证明有细菌生长，用"+"表示；如试管内澄清透明，证明无细菌生长，用"-"表示，将观察结果记入下表。

药物	药物浓度						对照管		
	1:5	1:10	1:20	1:50	1:100	1:200	细菌	药液	培养基
黄连									
黄芩									
蟛蜞菊									

2. 平板法

主要观察平板上有无细菌生长。注意应在观察对照皿无细菌生长的前提下记录结果。观察和判断方法同试管法。

【思考题】 比较三种中药的体外抑菌效果。

实验十二

清热药体内抗菌实验

【实验目的】 用某些清热药，对人工感染的实验动物进行抗菌活性试验，以了解清热药的体内抗菌作用。

【实验材料】 ①药品：黄连、黄芩、蟛蜞菊的100%水煎剂。②动物：健康小鼠15只，体重20g左右，等分为5组，即健康对照组、感染组、黄连组、黄芩组、蟛蜞菊组。③感染菌：可用临床分离出的大肠杆菌24h的培养物。④器械：注射器，剪毛、消毒用品等。

【实验方法】 将小鼠分5组并编号记录，饲养在同一条件下。①健康对照组：不感染，不给药，观察其生活情况，做为对照。②感染组：用分离出的大肠杆菌培养物进行腹腔接种感染，但不给药。以观察其是否发病，发病后的情况及其结果。③黄连组：按上述感染组进行感染，感染后1h腹腔注射黄连100%水煎剂液0.5mL，并观察其情况及结果。④黄芩组：按黄连组进行给药和观察。⑤蟛蜞菊组：按黄连组进行给药和观察。

【结果记录】 试验开始后，每隔一定时间观察各组小鼠的情况，并详细记录其发病情况，最后观察其存活结果。

【思考题】 比较三种中药的体内抑菌效果。

实验十三

清热药体内抗病毒实验

【实验目的】 用某些清热药，对人工感染的实验动物进行抗病毒活性试验，以了解清热药的体内抗病毒作用。

【实验材料】 ①药品：山豆根、黄芩、蟛蜞菊的100%水煎剂。②动物：健康小鼠15只，体重20g左右，等分为5组，即健康对照组、感染组、山豆根组、黄芩组、蟛蜞菊组。③病毒：可用临床分离出的猪圆环病毒2型。④器械：注射器，剪毛、消毒用品等。

【实验方法】 将小鼠分5组并编号记录，饲养在同一条件下。①健康对照组：不攻毒，不给药，观察其生活情况，做为对照。②病毒对照组：用分离出的猪圆环病毒2型进行腹腔注射，但不给药。以观察其是否发病，发病后的情况及其结果。③山豆根组：按上述病毒对照组进行攻毒，攻毒后1h腹腔注射山豆根100%水煎剂液0.5mL，并观察其情况及结果。④黄芩组：按黄连组进行给药和观察。⑤蟛蜞菊组：按黄连组进行给药和观察。

【结果记录】 试验开始后，每隔一定时间观察各组小鼠的情况，并详细记录其发病情况，最后观察其存活结果。

【思考题】 比较三种中药的体内抗病毒效果。

实验十四

补气药的免疫调节作用

【实验目的】 用某些补气药,对实验动物进行免疫调节活性试验,以了解补气药的体内免疫调节作用。

【实验材料】 ①药品:黄芪、山药、白术的100%水煎剂。②动物:健康小鼠12只,体重20g左右,等分为4组,即对照组、黄芪组、山药组、白术组。③器械:注射器,剪毛、消毒用品等。

【实验方法】 将小鼠分4组并编号记录,饲养在同一条件下。黄芪组、山药组、白术组的小鼠,分别灌喂黄芪、山药、白术100%水煎剂,每天一次,剂量为10mL/kg。空白组每天灌喂蒸馏水。连续灌喂2周后,称取小鼠体质量并颈椎脱臼处死,分离胸腺与脾脏并称重。分别计算胸腺与脾脏指数。

【结果记录】 记录每组小鼠的胸腺指数与脾脏指数。

【思考题】 比较三种中药的免疫调节效果。

实验十五

理气药对离体肠管的作用

【实验目的】 观察了解枳实、青皮、木香和槟榔对离体肠管蠕动的影响作用。

【实验材料】 ①药品：50%枳实煎剂，10%青皮煎剂，50%木香煎剂，10%槟榔煎剂，硝酸毛果芸香碱，硫酸阿托品，台氏液。②动物：健康家兔1只。③器械：电动记纹仪，描记笔，记时器，麦氏浴皿，L形管，球胆，万能夹，石棉网，酒精灯，螺旋夹，温度计，恒温水浴，烧杯，平皿，缝针，剪刀，镊子，滴管，铁台，双凹夹，乳胶管。

【实验方法】

1. 离体兔肠的实验装置

于实验前调节水浴锅，使温度保持在38℃±0.5℃，在水浴锅内的麦氏浴皿中盛50mL台氏液，另将橡皮球胆充满空气(氧气)，连接一通气管，备用。

2. 离体兔肠肌的制备

取健康兔一只，击头致毙，剖开腹腔，找出邻近胃的十二指肠(或近阑尾处的回肠)，用剪刀剪下数段，每段长1.5~2cm，浸入一盛有38℃±0.5℃台氏液的平皿中，将一端用小镊子轻轻夹住，用玻璃吸管以台氏液将肠段内冲洗干净，然后将肠段内一端用线扎紧并结一小环，以便将肠固定于通气管上，另一段用丝线结紧，以便将丝线连接于描记笔杆上，置于盛有台氏液的麦氏浴皿中，观察并描记实验前肠管蠕动情况。然后向麦氏浴皿中滴入10%青皮煎剂0.2~0.4mL，观察肠蠕动情况，并进行描记。1min后用38℃台氏液冲洗麦氏浴皿中的液体。待肠蠕动恢复后，向麦氏浴皿中滴入2%硝酸毛果芸香碱0.8~0.9mL，描记肠蠕动，洗之再滴入10%青皮煎剂0.5~0.7mL，观察并记录结果变化。如上法分别作枳实、木香煎剂的试验，每换一种试验煎剂应另取一段肠管，使用槟榔煎剂后不滴入毛果芸香碱而改用阿托品试验。

【结果记录】 整理肠蠕动的强度、次数、时间等数据。

【思考题】 比较各药品对离体肠管蠕动的影响。

实验十六

五苓散的利尿作用

【实验目的】 通过本实验，主要观察五苓散的利尿作用，以加深对利湿方药功效的理解。

【实验材料】 ①药品：3%异戊巴比妥钠注射液或25%氨基甲酸乙酯，生理盐水，将五苓散(猪苓3份、茯苓3份、泽泻4份、白术2份、桂枝2份)制成1∶1煎剂。②动物：选同一品种健康家兔，体重2kg左右，雌雄各2只。③器械：磅秤，兔手术台，常规手术器械(套)，塑料导尿管(用市售18号无毒聚氯乙烯医用塑料管代替)，10mL玻璃注射器及针头，剪毛剪，烧杯，缝合丝线，记滴器或秒表。

【实验方法】

3%异戊巴比妥钠注射液做耳缘静脉麻醉家兔(0.8mL/kg)，或25%氨基甲酸乙酯(1g/kg)做耳缘静脉注射麻醉。将兔仰卧保定于手术台上。

在下腹部剪毛(约一掌大的面积)，于近耻骨联合上缘，沿腹中线旁开约0.5cm处，做7cm的腹壁切口，开腹找出膀胱(若充满尿液，可用手轻轻压迫使之排空)。在膀胱底部前3~4cm处，用小止血钳剥离出两侧输尿管，右手持眼科剪在输尿管上剪开一斜向创口(剪口为输尿管的1/2)，再将一根充满生理盐水的细塑料导尿管向肾脏方向插入2cm，然后用缝合线结扎固定。再以同样方法将对侧输尿管也插入塑料导管。最后将两支塑料导管的游离端合并在一起，使其开口向下，固定于手术台的一侧，尿液即由导管慢慢滴出。下面放一烧杯，收集尿液。腹部手术创口用浸有温生理盐水的纱布覆盖。其余3只家兔也进行同样的手术。

尿液记滴有两种方法。其一，将塑料导管开口连接于记滴器上，自动记滴；其二，人工记滴，即从导尿管排出第一滴尿液的时间算起，计数5min内排出的滴数(或排出3滴尿液所用的时间，也可作为一种记数方法)，作为实验用药前泌尿指标的自身对照。

分组，2只为实验组(雌雄各1只)，实验前对尿液记滴，然后用注射器向小肠内注射五苓散煎剂(5mL/kg)，给药后每隔15min观察1次，连续观察60min。另外两只兔为对照组，用生理盐水(5mL/kg)注于小肠，做对照，观察记数方法同实验组。

【结果记录】

		给药前尿量		给药后尿量	
		各兔尿量	平均值	各兔尿量	平均值
实验组	1号				
	2号				
对照组	3号				
	4号				

【思考题】 根据实验结果，分析并讨论五苓散的利尿作用。

实验十七

犬常用穴位的取穴法

【实验目的】 掌握犬常用穴位的位置和取穴方法，以便准确定位，为临床应用奠定基础。

【实验材料】 ①动物：犬。②器械：针具，保定用具，犬针灸穴位挂图及模型。

【实验方法】

1. 头部穴位

人中、山根、三江、承泣、睛明、上关、下关、翳风、耳尖、天门。

2. 前肢穴位

肩井、肩外俞、抢风、郗上、肘俞、曲池、前三里、外关、内关、阳池、膝脉、涌滴（前肢称涌泉，后肢称滴水）、指间。

3. 躯干部穴位

大椎、身柱、灵台、中枢、悬枢、命门、阳关、百会、肺俞、心俞、肝俞、脾俞、三焦俞、肾俞、大肠俞、关元俞、二眼、胸堂、中脘、天枢、后海、尾根、尾本、尾尖。

4. 后肢穴位

环跳、肾堂、膝上、膝下、后三里、阳辅、解溪、后跟。

【思考题】 犬常用穴位的取穴方法有几种？犬常用穴位的主治是什么？

实验十八

兔常用穴位的取穴法

【实验目的】 掌握兔常用穴位的位置和取穴方法,以便准确定位,为临床应用奠定基础。

【实验材料】 ①动物:兔。②器械:针具,保定用具,兔针灸穴位挂图及模型。

【实验方法】

1. 头部穴位

人中、顺气、承浆、迎香、睛明、太阳、耳尖、天门、风门。

2. 前肢穴位

抢风、臂臑、肘俞、曲池、前三里、四渎、外关、内关、合谷、指间。

3. 躯干部穴位

大椎、身柱、至阳、命门、阳关、百会、肝俞、脾俞、肾俞、膻中(理中)、中脘、后海、尾根、尾尖。

4. 后肢穴位

环跳、委中、后三里、阳辅、三阴交、太溪、追风。

【思考题】 兔常用穴位的取穴方法有几种?兔常用穴位的主治是什么?

实验十九

猪常用穴位的取穴法

【实验目的】 掌握猪常用穴位的位置和取穴方法,以便准确定位,为临床应用奠定基础。

【实验材料】 ①动物:猪。②器械:针具,保定用具,猪针灸穴位挂图及模型。

【实验方法】

1. 头部穴位

山根、鼻中、玉堂、承浆、锁口、开关、睛明、睛俞、太阳、脑俞、耳根、安神、卡耳、耳尖、天门。

2. 前肢穴位

抢风、七星、前(后)缠腕、涌泉、前(后)蹄头。

3. 躯干部穴位

刮喉、大椎、身柱、苏气、断血、肾门、百会、肺俞、六脉、脾俞、关元俞、六眼、三脘、乳基、阳明、后海、莲花、尾根、尾本、尾尖。

4. 后肢穴位

大胯、小胯、汗沟、后三里、曲池。

【思考题】 猪常用穴位的取穴方法有几种?猪常用穴位的主治是什么?

实验二十

白针疗法

【实验目的】 掌握白针(毫针、圆利针、小宽针)的操作方法,体验与观察针感反应。
【实验材料】 ①动物:猪。②器械:毫针,圆利针,小宽针。
【实验方法】
1. 针前准备
①针具检查:按不同穴位选择适当针具,并检查有无生锈、弯裂、卷刃、针锋不利、针尾松动等,发现问题,及时修理或废弃。
②保定患畜。
③消毒:穴位剪毛后用碘酊消毒,针具和刺手用酒精消毒。
2. 切穴法
①切押法:用左手拇指尖切押穴位皮肤,右手持针,使针尖沿押手拇指甲前缘刺入。
②舒张法:用左手拇、食指按压穴位皮肤上,并向两侧撑开,使穴位皮肤紧张,以利进针。穴位皮肤松弛时用此法。
③夹持法:用左手拇、食指将穴位皮肤捏起,针尖从侧面刺入,如锁口穴。
3. 持针法
①毫针持针法:因其细而长,易弯易颤,持针时,用刺手的拇指、食指捏针柄,中指和无名指护住针身或用拇、食、中指捏握针柄,捻转进针。长毫针可用拇、食、中三指捏针尖部,留出适当深度,先将针尖刺入皮肤,再持针柄捻转进针。
②全握式持针法:此法持针有力,用于圆利针、小宽针或大宽针,即用拇指、食指捏持针尖,留出适当深度,其余三指握针身,并将针尾抵于手心中。
③持笔式持针法:用拇、食、中三指握针尾,中指尖抵按针身以控制入针深度。
4. 进针法
①捻转进针法:左手切穴,右手持针,针尖刺入皮肤,左右捻转刺入所需深度。此法用于毫针进针,如因皮厚针细不易进针时,可先将14~16号短针头刺入穴位,再把毫针沿针头孔刺入。
②急刺进针法:圆利针、小宽针多用此法,即用轻巧的而敏捷的手法,将针快速刺入穴位。
③飞针法:圆利针、小宽针可用,实属急刺法。其特点是不用切手,以刺手点穴并施针,辅助动作多,进针速度快,能分散患畜注意力,减少刺皮痛,故入针完毕患畜安然不动或稍有回避。多用于不老实的患畜。

5. 运针法

①提：将针向外、向浅拔谓之提。
②插：将针向内、向深扎，谓之插。
③捣：快速连续提插谓之捣。
④捻：左右捻转针身谓之捻
⑤搓：单向捻针谓之搓。
⑥颤：留针期间，用指弹击针尾使针颤抖。
⑦拔：手捻针柄摆动穴内的针尖谓之拔。

6. 留针

将针留在穴内一定时间。

7. 退针

①捻转退针法：押手轻按穴位皮肤，刺手握针柄捻转退出。
②抽拔退针法：刺手握针柄迅速拔出。

8. 针刺角度

①直刺：针体与穴位皮肤呈90°角垂直刺入。
②斜刺：针体与穴位皮肤呈45°角刺入。
③平刺：针体与穴位皮肤呈15°角沿皮刺入。

9. 针刺深度

不同穴位要求不同深度，但火针穴位施毫针可适当深些。

10. 针穴举例

①毫针睛俞穴：左手切穴，下压眼球，右手持针，以捻转进针法，斜向后上方刺入6cm，留针不运针，捻转退针。
②毫针脾俞穴：入针4～6cm，捻转运针或搓针，观察针感——肌肉收缩、颤抖、凹腰、举尾。
③小宽针急刺抢风穴：不留针或留针不捻针。
④圆利针飞针百会穴：针法见前飞针法。

【思考题】 如何体验针感？

实验二十一

血针疗法

【实验目的】 掌握宽针和三棱针的使用方法,掌握血针不同穴位的术式。

【实验材料】 ①动物:牛。②器械:大宽针,中宽针,小宽针,三棱针,玉堂钩,针槌,针杖。

【实验方法】

1. 术前准备

患畜根据施针要求进行保定,施针穴位剪毛、消毒。

2. 三棱针刺血法

多用于体表浅刺,如三江、大脉穴;口腔内穴位,如通关、玉堂穴等。针刺时右手拇、食、中指持针,使针尖露出适当长度,呈垂直或水平方向,用针尖刺破血管,起针后不要按闭针孔,让血液流出,待达到适当的出血量后,用酒精棉球轻压穴位,即可止血。

3. 宽针刺血法

①手持针法:以右手拇、食、中指持针体,根据所需的进针深度,留出针尖一定长度,针柄抵于掌心内,进针时动作要迅速、准确。使针刃一次穿破皮肤及血管,针退出后,血即流出。针刺缠腕、曲池等穴位时常用此法。

②针锤持针法:先将宽针夹在锤头锯缝内,针尖露出适当长度,推上锤箍,固定针体。施针时,术者手持锤柄,挥动针锤使针刃顺血管刺入,随即出血。针胸堂、肾堂、蹄头等穴位常用此法。

③手代针锤持针法:以持针手的食、中、无名指握紧针体,用小指的中节放在针尖的内侧,抵紧针尖部,拇指抵押在针体的上端,使针尖露出所需刺入的长度。挥动手臂,使针尖顺血管刺入,血随即流出。

4. 泻血量的掌握

血针的泻血量直接影响治疗效果。泻血量的多少应根据患畜的体质强弱、疾病的性质、季节气候及针刺穴位来决定。一般膘肥体壮的病畜放血量可大些,瘦弱体小病畜放血量宜小些;热证、实证放血量应大;寒证、虚证可不放或少放;春、夏季天气炎热时可多放;秋、冬季天气寒冷时宜不放或少放;体质衰弱、孕畜、久泻、大失血的病畜,禁忌施血针。施血针后,针孔要防止水浸、雨淋、术部宜保持清洁,以防感染。

【思考题】 血针疗法的作用原理有哪些?各个常用的血针穴位的主治是什么?

实验二十二

火针疗法

【实验目的】 掌握火针疗法的缠针、烧针和针刺方法，为临床应用打下基础。
【实验材料】 ①动物：牛。②器械：各种型号火针。
【实验方法】

1. 烧针法

①缠裹烧针法：用棉花将针尖及针体的一部分缠裹成梭形，内松外紧，或用一些小布块叠穿于针尖及部分针体上，然后浸透植物油（一般用普通食油），点燃烧针体，针尖向上并不断转动，使其受热均匀。待油尽火将熄时，用镊子夹去棉花（或小布片）残余灰烬，即可进针。

②直接烧针法：用植物油灯或酒精灯的火焰，直接烧热针尖及部分针体，而后立即刺入穴位。

2. 针刺法

烧针前预先选好穴位，一般选定3~4穴，经剪毛消毒，用碘酊或龙胆紫标记穴位，待火针烧透后，左手按穴，右手拇、食、中三指执针身尾端，速取掉棉灰，急刺穴中，进针深度根据穴位而定。一般可留针5~10min，也可不留针。

3. 起针法

起针时，轻轻捻转针身，即可将针拔出。针孔需用碘酊棉球消毒，外敷消炎膏、胶布或贴膏药均可，敷以薄棉以火棉胶封闭则更好。术后应加强护理，防止摩擦啃咬及雨水淋烧针孔，以防感染（若发生针孔化脓，应及时行外科处理）。火针经7~10天后，才可行第二次扎针，二次选穴不宜重复上次已用过的穴位。

4. 火针穴位

火针穴位基本与白针穴位相同，但应注意避开血管，常用的有颈上九委、膊上八穴、胯上八穴、腰间七穴等。

【思考题】 火针的作用原理是什么？

参考文献

刘钟杰，许剑琴，2011. 中兽医学[M]. 北京：中国农业出版社.
胡元亮，2013. 中兽医学[M]. 北京：科学出版社.
李德新，2008. 李德新中医基础理论讲稿[M]. 北京：人民卫生出版社.
汪德刚，2005. 中兽医基础与临床[M]. 北京：中国农业大学出版社.
钟秀会，2016. 中兽医学实验指导[M]. 北京：中国农业出版社.